판데믹

PANDEMIC

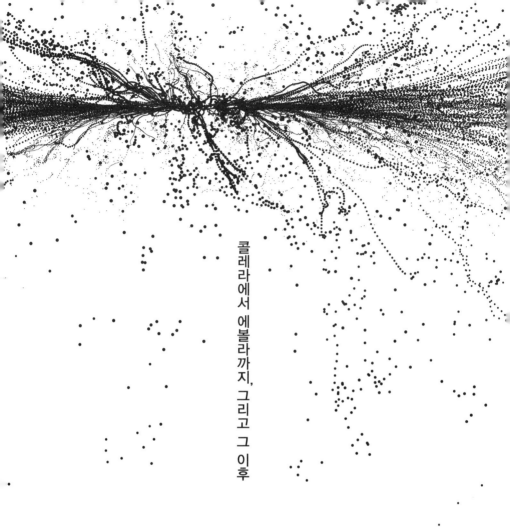

콜레라에서 에볼라까지, 그리고 그 이후

PANDEMIC
바이러스의 위협

소니아 샤 지음 정해영 옮김

나눔의집

대유행병
Pandemic

———

'모든'을 뜻하는 그리스어 pan과 '사람들'을 뜻하는 dēmos에서 유래.
한 나라 전체, 대륙 또는 전 세계로 퍼져 나가는 질병의 집단 발병

"그런데 페스트가 의미하는 게 뭐겠어요?
그건 인생이지요. 그게 전부예요."

– 알베르 카뮈, 『페스트』

차례

들어가며: 콜레라의 후예 _ 11

1 종간 전파 _ 31

2 이동 _ 67

3 오물 _ 103

4 밀집 _ 137

5 부패 _ 173

6 비난 _ 211

7 치료법 _ 247

8 바다의 복수 _ 285

9 판데믹의 논리 _ 309

10 새로운 전염병을 추적하며 _ 345

옮긴이 후기 _ 375
미주 _ 379

일러두기

1. 원서의 용어 정리 부분과 내용상 추가 설명이 필요하다고 판단된 부분은 옮긴이 주 *로 표시하 였으며, 글쓴이 주는 책 말미에 실었습니다.
2. 인명, 지명 및 외래어는 관례로 굳어진 것을 빼고, 국립국어원의 외래어 표기법과 용례를 따랐 습니다.

들어가며

::

콜레라의 후예

콜레라는 사람을 빠르게 죽인다. 시간을 끌면서 점차 쇠약해지는 과정이 없다. 막 감염된 환자는 처음에는 아무렇지도 않다. 그러다 반나절쯤 지나면 온몸에서 수분이라는 수분은 모두 빠져나가기 시작하여 오글쪼글하고 푸르뎅뎅한 송장처럼 된다.

그래서 콜레라에 감염된 후에도 호텔에서 멀쩡하게 아침식사로 계란 반숙과 미지근한 주스를 먹고, 울퉁불퉁한 흙길을 달려 공항으로 올 수 있는 것이다. 공항의 긴 대기 줄도 거뜬히 버텨낼 만큼 컨디션이 완벽할 것이다. 심지어 그 살인자가 창자에서 조용히 활동을 시작할 때도, 가방을 보안검사대에 밀어 넣고 어쩌면 커피숍에서 크루아상을 사들고 탑승 안내 방송이 나올 때까지 시원한 게이트 앞 플라스틱 의자에 앉아 한숨 돌리며 잠시 여유를 즐길 것이다.

기내 통로를 따라 걸어 들어가 군데군데 해어진 천으로 덮인 좌석을 찾고 나서야, 비로소 뱃속의 낯선 존재는 치명적이고 폭발적

11

인 배설의 공격으로 자신의 존재를 알리고, 해외여행은 갑작스레 중단되어 버리고 말 것이다. 이때 신속하게 처방되는 현대 의학의 이기가 없다면, 50%의 생존 확률에 직면하게 될 것이다.

그것이 2013년 여름, 내가 아이티의 포르토프랭스에서 플로리다의 포트로더데일로 향하는 스피릿 항공 952편 항공기를 탑승하기 위해 줄을 섰을 때 내 앞에 서있던 한 탑승객이 처한 운명이었다. 콜레라가 그 남자를 정복한 순간, 나머지 탑승객들은 게이트와 항공기 사이의 후텁지근한 복도를 빽빽이 채우고 탑승할 준비를 하고 있었다. 기내에서 비상 소독 작업이 진행되는 동안, 우리는 그곳에서 마냥 기다렸다. 항공사에서는 갑작스러운 장시간의 탑승 지연이 무엇 때문인지 알려 주지 않았다. 항공사 직원이 기내 물품을 더 가지러 항공기에서 뛰어나왔을 때, 초조한 탑승객들은 일제히 질문 세례를 퍼부었다. 그가 뛰어가며 어깨 너머로 소리쳤다.

"어떤 남자가 똥을 쌌어요!"

그곳은 치명적인 콜레라 유행*의 한복판인 아이티였고, 무슨 일이 일어난 것인지 의문의 여지가 없었다.

만일 그 희생자가 한두 시간 뒤에 감염되었더라면, 그래서 우리가 좁은 좌석에서 그와 팔을 맞대고 앉았거나 그가 만졌던 머리 위 짐칸을 만졌거나 오가면서 그와 무릎을 스쳤다면, 콜레라는 우

---

* epidemic, 종종 전염병에 의해 초래되는, 특정 지역 내에서 질병 발생의 이례적인 증가

리의 몸속에도 자리 잡게 되었을지 모른다. 나는 비행기에 오르기 전 아이티를 여행하는 내내 콜레라를 직접 목격하기 위해 콜레라 치료 병원과 콜레라가 발생한 마을을 돌아다니며 동분서주했다. 그리고 집으로 돌아오는 여정을 이 가공할 대유행병*과 함께할 뻔 했다.

○─●─○

다음번 대유행병을 야기할 질병 유발 미생물**, 또는 병원체는 지금도 우리들 사이에 잠복해 있다. 우리는 아직 그것의 이름도, 어디서 오는지도 모르지만, 그것이 콜레라가 걸어온 것과 똑같은 경로를 따를 가능성이 크다는 것은 안다. 그러니 일단 그것을 '콜레라의 후예'라고 부르자.

콜레라는 페스트와 인플루엔자, 천연두, HIV를 포함하여, 현대에 인간 집단 사이에 널리 전염된 대유행병을 일으킬 수 있었던 몇 안 되는 병원체 중 하나며, 그중에도 단연 독보적인 존재다. 페스트와 천연두, 인플루엔자와 달리, 콜레라의 등장과 확산은 시작부터 잘 기록되어 있다. 그리고 앞서 언급한 952편 항공기 사건에서 보여준 것처럼 첫 등장 후 2백 년이 지난 지금도 콜레라는 여전히 혼란과 죽음을 초래할 수 있는 강력한 존재로 남아 있다. 또한 HIV처럼 비교적 새로 등장한 병원체와는 달리, 콜레라는 노련한

13

---

* Pandemic, 특정 지역에서 시작되어 여러 지역이나 대륙으로 확산된 감염 질병
** 너무 작아서 육안으로 볼 수 없는 유기체

백전노장이다. 2010년 아이티를 강타한 가장 최근의 사례를 비롯하여, 콜레라는 지금까지 무려 일곱 차례나 대유행병을 일으켰다.

오늘날 콜레라는 주로 가난한 나라에서 발생하는 질병으로 알려져 있지만 항상 그랬던 것은 아니다. 19세기에는 파리와 런던에서부터 뉴욕과 뉴올리언스에 이르기까지 세계에서 가장 근대적이고 번화한 도시들을 덮쳐서 빈부를 가리지 않고 많은 사람을 희생시켰다. 1836년 콜레라는 이탈리아로 망명한 샤를 10세를 쓰러뜨렸고, 1849년 뉴올리언스에서 제임스 포크 대통령을, 그리고 1893년에는 상트페테르부르크에서 작곡가 차이코프스키를 희생시켰다. 19세기에만 콜레라는 수억 명의 사람들을 감염시켰고, 그중 절반 이상이 사망했다. 그것은 세계에서 가장 빠르게 퍼지고 가장 두려운 병원체 중 하나였다.[1]

콜레라를 일으키는 콜레라균$^{Vibrio\ cholerae}$*은 영국이 남인도 내륙에 식민지를 건설했을 때 인간에게 처음 전파되었다. 그러나 그 미생물이 대유행병을 일으키는 병원체로 돌변할 기회를 제공한 것은 산업혁명이 가져온 급격한 변화였다. 증기선과 운하, 철도 같은 새로운 운송 수단은 콜레라균을 유럽과 북미의 내륙 깊숙이까지 실어 날랐다. 빠르게 성장하는 도시의 과밀하고 비위생적인 환경 덕분에 콜레라균은 아주 효율적으로 한 번에 수십 명씩 감염시킬 수 있었다.

반복되는 콜레라의 유행은 사회의 정치, 사회 제도에 심각한

---

* 콜레라의 원인 인자인 세균성 병원체

도전을 제기했다. 질병을 억제하려면 국제적 협력과 효율적인 지방 정부, 그리고 사회적 결속이 필요했지만, 이런 것들은 새로 산업화된 도시에 아직 형성되어 있지 않았다. 또한 콜레라의 치료법이 다름 아닌 깨끗한 물이라는 것을 발견하기 위해 의사와 과학자들은 건강과 질병의 확산에 대한 오랜 상식을 뛰어넘어야 했다.

뉴욕과 파리, 런던 같은 도시들이 콜레라의 도발에 대응할 수 있기까지 거의 100년에 가까운 시간이 걸렸다. 그러기 위해 주거 방식을 바꾸고 식수와 하수를 정비하고 공중보건을 관리하며 국제적 협력을 도모하고 건강과 질병에 대한 학문을 이해해야 했다.

대유행병이 세상을 변화시키는 힘이란 이런 것이다.

o—●—o

콜레라 같은 19세기 병원체를 억제하기 위해 의학과 공중위생 부문에서 이루어진 진보는 무척 효과적이어서, 20세기 들어 이제 선진 사회는 감염병을 완전히 정복했다는 것이 역학자와 의학사 연구자를 비롯한 전문가들에게 상식이 되었다. 1951년 맥팔레인 버넷 경은 서구 사회가 '사회생활의 중요한 요인으로써 감염병의 사실상 퇴치'를 달성했다고 선언했다.[2] 그리고 1962년 그는 "감염병에 대해 쓰는 것은 이제는 역사의 뒤안길로 사라진 무언가에 대해 쓰는 것과 마찬가지다."라고 덧붙였다.[3] 20세기 초에 미국인의 평균 연령은 약 50세였지만 같은 세기가 끝나갈 무렵에는 거의 80세에 달했다.[4]

이집트의 학자 압델 옴란이 처음 주장한 '역학적 전환epidemiological transition"*이라는 유명한 이론에 따르면, 부유한 국가에서 감염병이 사라진 것은 경제적 발전의 불가피한 결과였다. 사회가 번영함에 따라 질병의 면면도 바뀐 것이다. 그런 사회의 사람들은 전염병**에 시달리는 대신, 심장병이나 암처럼 서서히 진행되는 비전염성 만성 질환으로 고통 받았다.

고백하건대, 나도 한때는 이 이론의 진정한 신봉자였다. 나는 예전부터 아버지가 성장한 인도 뭄바이 남부 빈민촌 같은 곳들을 여러 차례 가봤기 때문에, 감염병의 큰 부담을 안고 있는 사회가 실제로 가난하고 과밀하며 비위생적인 환경이라는 것을 알고 있었다. 우리는 여름이면 뭄바이에 있는 친척의 집을 찾아가 허물어져 가는 방 두 칸짜리 공동 주택에서 함께 복작이며 생활했다. 수백 명의 다른 주민들과 마찬가지로, 우리는 쓰레기를 마당에 투기하고, 낡은 플라스틱 양동이에 소변을 담아 공용변소로 나르고, 쥐가 들어오지 못하도록 문지방 위로 60센티미터 높이의 널빤지를 댔다. 사람들이 북적이고 쓰레기 천지에 하수도 시설이 열악한 여느 사회와 마찬가지로, 그곳에는 감염의 위험이 항상 존재했다.

그러나 여름이 끝나면 우리는 비행기를 타고 집으로 돌아왔고, 그때마다 부모님이 플라스틱 액자에 끼운 의학박사 학위를 가방에 넣고 처음으로 뉴욕을 향해 떠날 때처럼 병균이 들끓는 생활 방식으로부터 영원히 떠난 것만 같았다. 정수된 식수를 공급하고 하

---

* 사망의 주요 원인과 양상이 감염병에서 만성질환으로, 조기사망에서 후기사망으로 이행되는 현상—옮긴이 주
** 직접 또는 간접 접촉을 통해 전염되는 감염 질병

수를 처리해 먼 곳에서 폐기하고 공중위생시설이 세워진, 내가 사는 미국의 마을에서 감염병은 이미 다 해결된 문제였다.

그러나 19세기인 지금, 뉴욕 시 해안과 파리, 런던에 콜레라가 나타났을 때와 똑같은 조건이 조성되고 있는 덕분에 미생물들은 재기를 노리고 있다. 한때는 외딴 서식지였던 곳들이 개발되면서 새로운 병원체가 인간들 사이로 파고들어 왔다. 급변하는 세계 경제는 더욱 빠른 여행 수단을 가져왔고, 그와 함께 병원체가 확산될 기회를 제공했다. 도시화와 빈민가, 공장식 축산 농장의 성장은 유행병을 촉발했다. 그리고 콜레라가 산업혁명의 덕을 본 것처럼, 콜레라의 후예는 산업혁명이 낳은 부작용의 덕을 보고 있다. 그 부작용이란 수백 년간 화석연료를 태운 결과, 대기 중 이산화탄소 농도가 높아지면서 초래된 기후 변화다.

17

번영을 이룬 서구 세계를 급습하며 '탈감염postinfection' 시대라는 관념을 흔들어놓은 첫 번째 감염병은 1980년대 초에 등장한 인체면역결핍바이러스, 즉 HIV였다. 그것이 어디에서 왔는지, 어떻게 치료해야 하는지 아무도 몰랐지만, 많은 논평가들은 의학이 그 신생 바이러스를 정복하는 것은 시간문제라고 확신했다. 약물로 치료하고, 백신으로 뿌리를 뽑을 것이라는 확신이었다. 정작 사람들 사이에 공론화된 주제는 HIV가 제기하는 가공할 생물학적 위협이 아닌, 어떻게 의료계가 HIV에 신속하게 대처하도록 만들 것인지에 관한 것이었다. 사실 초기의 명명을 보면 HIV가 감염병이라는 생각 자체를 부정하는 것 같았다. 그 바이러스의 감염성을 인정하기를 꺼리는(그리고 동성애를 희생양으로 삼으려는) 몇몇 논평가

들은 그것을 '게이들의 암'이라고 불렀다.[5]

그리고 이와 비슷하게 우리가 오랫동안 당연시했던 예방 전략과 통제 대책이 먹히지 않는, 다른 감염성 병원체들도 등장했다. HIV 외에도, 웨스트나일 바이러스와 사스, 에볼라, 그리고 인간을 감염시킬 수 있는 신종 조류 인플루엔자가 있었다. 다제내성 결핵과 다시 부활한 말라리아, 그리고 콜레라까지, 미생물들은 우리가 미생물 억제를 위해 사용해 온 약물치료를 피하는 방법을 터득하게 되었다. 1940년과 2004년 사이에 총 300종 이상의 감염병이 예전에 한 번도 등장한 적이 없는 장소와 집단에서 새롭게 출현하거나 재출현*했다.[6] 이들의 집중 공세가 얼마나 대단했으면, 컬럼비아대학 바이러스학자인 스티븐 모스 교수는 이러한 이상한 생명체들이 외계에서 왔을지도 모른다고 생각했음을 인정했다. 어쩌면 하늘에서 우리에게 쏟아진 진정한 안드로메다 균주**일지도 모른다는 생각까지 들었다는 것이다.[7]

그리고 2008년에 이르러, 한 유명 의학저널은 이제 많은 사람들에게 명백해진 사실을 인정했다. 선진 사회에서 감염병이 사라졌다는 주장은 '지나친 과장'이라는 것이다.[8] 감염성 병원체는 돌아왔고, 그것은 비단 가난하고 소외된 세계의 후미진 구석들뿐 아니라, 가장 발전된 도시와 번영하는 교외에서도 마찬가지다. 2008년 질병 전문가들이 새로운 병원체가 나타난 지역을 세계 지도에 빨

---

* 기존의 질병이 발병 사례가 증가하거나 새로운 영역으로 확산됨.
** 마이클 크라이튼의 동명 소설에서 유래한, 미지의 통제 불가능한 위험한 병원체를 말한다. — 옮긴이 주

간 점으로 표시했다. 적도의 북쪽으로 30~60도와 남쪽으로 30~40도에 이르는 구역 전체에 선홍색 띠가 둘러졌다. 미국과 서유럽, 일본, 호주 남부 등 전 세계 경제의 심장부 전체가 빨갛게 물들었다. 결국 경제 발전이 전염병의 만병통치약은 아니었다. 옴란이 틀린 것이다.[9]

이러한 깨달음이 의료계 전체로 퍼지면서, 미생물의 힘, 다시 말해 세균*과 바이러스**, 곰팡이류, 원생동물, 미세 조류 같은 육안으로 보이지 않는 초미세 유기체 군단의 힘이 크게 다가왔다. 오늘날 감염병 전문가들은 정복이라는 말 대신 감소율이라는 말을 사용하고, 어쩌면 한때 우리가 생활습관과 유전자***의 탓으로 돌렸던 암과 정신 질환조차 사실은 다른 길들여지지 않은 미생물의 소행일지도 모른다는 가능성까지 얘기한다.[10] UCLA 감염병 전문가 브래드 스펠버그 박사는 2012년 동료들 앞에서 이렇게 말했다. "우리가 미생물과의 전쟁에서 승리해야 한다는 비유를 들으실 겁니다. 그런데 그게 가능할까요? 미생물은 그 수가 워낙 많아서 다 합치면 우리보다 무게가 십만 배는 더 나갈 겁니다."[11]

새로운 병원체의 수가 증가함에 따라 사망자 수도 증가하고 있다. 1980년과 2000년 사이에 미국에서만 병원체로 인한 사망자 수가 거의 60%나 증가했다. 물론 이런 사망의 원인은 대부분 HIV였지만, 모두가 그런 것은 아니었다. HIV를 제외한 병원체에 의한

19

---

* 현미경으로 볼 수 있는 미세한 단세포 유기체
** 다른 유기체의 살아있는 세포 내에서만 증식되는 미세한 감염성 인자
***DNA의 일부분을 이루는 유전의 기본 단위

사망자의 수 역시 22%나 증가했다.[12]

많은 전문가들은 콜레라와 같은 대유행병이 곧 닥칠 것이라고 믿는다. 전염병학자 래리 브릴리언트 박사가 주도한 설문조사에서 전염병학자의 90%가 다음 두 세대 안에 10억 명의 감염자와 1억 6천 5백만 명의 사망자를 낳을만한 가공할 전염병이 등장할 것이며, 이로 인해 약 3조 달러의 비용을 치를 수 있는 전 세계적인 불황이 초래될 것이라고 말했다.[13] 지금까지는 새롭게 등장한 병원체 HIV와 신종플루^{H1N1}*가 초래한 두 가지 대유행병 중 어느 것도 콜레라처럼 빠르고도 치명적이지 않았다. HIV는 물론 치명적이지만 확산이 느리다. 2009년에 신종플루는 빠르게 널리 확산되었지만, 사망자 수는 전체 감염자의 0.005%에 불과했다.[14] 그러나 동물 친구들에게 종을 파괴하는 대유행병을 초래한 신종 병원체들이 등장했다. 1998년에 처음 발견된 호상균류는 현재 많은 양서류 종의 존립을 위협하고 있다. 2004년에는 벌과 같은 꽃가루 매개 곤충들이 여전히 원인을 알 수 없는 소위 벌집군집붕괴현상에 희생되어 사라지기 시작했다. 2006년에는 가성-김노아스쿠스 데스트럭탄스$^{Pseudogymnoascus destructans}$**라는 곰팡이류 병원체가 초래한 박쥐 괴질로 북미 지역의 박쥐들이 대량으로 죽기 시작했다.[15]

부분적으로는 대유행병이 임박했다는 이러한 인식은 대유행

---

* 1918년 인플루엔자 대유행병과 2009년 '돼지 독감' 대유행병을 일으킨 인플루엔자의 아류형
** 박쥐 괴질을 일으키는 곰팡이 병원체

병을 일으킬 수 있는 생물학적 능력을 가진 병원체 후보자의 수가 증가한 데서 비롯된 것이다. 그러나 그것은 또한 우리의 공중위생 기반시설 부족과 국제적 협력 부족, 그리고 전염병에 직면했을 때 사회적 응집력을 유지하는 능력의 부족을 반영하기도 한다. 근대 사회가 지금까지 새로운 질병의 집단 발병에 어떻게 대처해 왔는 지를 생각해 보면 그다지 징조가 좋지 않다. 2014년 초에 기니의 오지 숲에서 에볼라 바이러스가 발생했다. 만약 발생지에서 조기에 진압했더라면 가장 간단하고 저렴한 방법으로 전염병을 쉽게 억제할 수 있었을 것이다. 그러나 이전에는 한 번에 2~3백 명 이상을 감염시키지 않았던 바이러스가 이웃한 다섯 나라로 퍼지면서 1년 만에 2만 6천여 명을 감염시켰고, 더 이상 번지는 것을 막기 위해 수십 억 달러의 비용이 소요되었다.[16] 또한 약물과 백신으로 손쉽게 진압할 수 있는 잘 알려진 질병들이 가장 유리한 조건의 부유한 국가들에서조차 통제를 피해 갔다. 2014년에는 디즈니랜드에서 백신으로 예방 가능한 홍역의 집단 발병이 시작된 후 일곱 개 주로 퍼져 수천 명이 전염되었다. 1996년과 2011년 사이에 미국은 그런 집단 발병을 15차례나 경험했다.[17]

신종 병원체 중에 과연 어떤 것이 다음번에 인간에게 대유행병을 초래하게 될지는 두고 볼 일이다. 아이티에서 비행기에 탑승할 무렵 나는 이미 몇몇 후보를 직접 경험한 적이 있었다.

○—●—○

2010년 당시 열 살, 열세 살이었던 나의 두 아들은 모두 딱지가 떨어질 날이 없었다. 얇은 운동복 반바지 아래로 맨 다리를 드러낸 채, 아스팔트에서 낡은 축구공을 차고 집 뒤에 있는 다리에서 돌투성이 강바닥으로 뛰어내리고 거칠거칠한 슬레이트 바닥에서 뒹굴며 몸싸움을 하곤 했다.

그래서 나는 그해 봄 큰 아들이 무릎에 붙인 반창고를 눈여겨보지 못했다. 아들이 통증을 호소했을 무렵 반창고 가장자리가 해어지기 시작했고 노출된 접착제에 자잘한 모래 부스러기들이 달라붙어 있었다. 아들은 무릎이 아프다고 했지만, 이유를 설명하기는 어렵지 않아 보였다. 아마도 무릎 위에 딱지가 앉아 있는데 아직 딱딱해질 만큼 오래되지 않은 것이리라. 반창고 가운데에 어렴풋이 비치는 적갈색 얼룩만으로도 충분한 근거가 되었다. 딱지가 아직 아물지 않은 것이다. '이런! 아주 아프겠어.' 나는 속으로 생각했다.

며칠 후에 아들은 일어설 때마다 움찔거렸다. '엄살도 심하군.' 나는 생각했다. 다음날 아침에는 아들이 다리를 절며 주방으로 내려왔다.

우리는 반창고를 떼어 봤다. 딱지는 없었다. 대신 벌겋게 곪아서 부어오른 부분이 산처럼 보였다. 못해도 손가락 한 마디 정도는 솟아 있는 봉우리에서 진물이 흘러나와 반창고를 적시고 있었다.

이 농양을 만든 병원체가 메티실린 내성 황색포도상구균^{MRSA*}

이라는 것을 우리는 곧 알게 되었다. 그것은 1960년대에 처음 등장하여 2010년까지 에이즈보다 많은 미국인을 사망에 이르게 한 항생제내성세균이었다.[18] 평소에는 아주 쾌활한 소아과 의사가 아들의 무릎을 보곤 갑자기 심각하고 사무적인 태도로 돌변하더니 검사 결과가 나오기도 전에 급하게 처방전을 줄줄이 써내려갔다. 처방전에는 강력한 항생제** 클린다마이신과 오랜 비상상비약 박트림, 여기에 뜨거운 온습포를 이용해 고름을 짜내야 하는 끔찍한 치료법까지 포함되었다. 고름 층이 피하조직 깊은 곳까지 침범했으니 극심한 통증이 동반될 것은 물론이고(상상만으로 아들의 얼굴에 눈물이 흘렀다), 고름에 수많은 MRSA균이 우글거릴 테니 세심한 주의를 요하는 일이기도 했다. 한 방울 한 방울 조심스럽게 짜내고 처리하지 않으면, 자칫 우리 피부의 미세한 틈을 파고들거나 카펫이나 시트, 소파, 테이블에 자리 잡고 1년 동안 잠복할 수도 있을 터였다.[19]

　　고름을 짜내고 약을 사용한지 몇 주 만에, 감염은 치료된 것처럼 보였다. "운이 좋았습니다." 유명한 미생물학자가 내게 말했다. "자칫 다리를 잃을 수도 있었어요."[20] 그러나 나중에 추적 검사를 위해 병원을 다시 찾았을 때, 우리는 이 예측할 수 없고 통제하기 힘든 신종 병원체가 아직 뿌리 뽑히지 않았다는 얘기를 들었다.

　　일단 MRSA에 감염되면 가족 전체에 퍼져서 계속 서로가 서로

23

---

* 인간에게 치료하기 어려운 다양한 감염을 일으키는 세균
** 세균 감염 치료에 이용되는 세균을 죽이거나 성장을 늦추는 화합물

를 감염시킨다고 의사는 말했다. 그때쯤은 나도 이런 저런 자료를 찾아본 터여서 이 세균이 사람을 죽일 수도 있다는 사실을 알고 있었다. 그러나 우리가 찾은 많은 의사들 중에 어떻게 하면 감염의 재발을 막을 수 있는지, 어떻게 하면 세균이 아들에게서 다른 가족에게 전염되는 것을 방지할 수 있는지 알고 있는 의사는 없었다. 어떤 의사는 일주일에 두 번 20분씩 표백제를 탄 물에 몸을 담글 것을 제안했다. "이건 미용 요법이 아닙니다." 마치 부연설명이 필요하다는 듯 그가 덧붙였다. 더 이상 위험이 없을 것이라는 확신이 들 때까지, 다시 말해 수개월, 또는 심지어 수년 동안 그 짓을 계속해야 한다고 했다. 또 다른 의사도 비슷한 요법을 권했지만 구체적인 방법은 달랐다. 이 의사의 경우 욕조에 표백액을 1/2컵 넣어야 한다고 했다. 의사가 기간이나 빈도에 대해서는 말하지 않았는데도, 나는 그만 정신이 멍해져서 묻지도 못했다.

이러한 분명한 합의의 부족과 끝을 알 수 없는 기간, 혐오스러운 치료 방식이 우리의 의지를 흔들어 놓기 시작했다. 우리는 의문을 품기 시작했다. 그들이 그냥 대충 꾸며낸 방법이 아닐까? 당시에 표백제 요법의 효과에 대한 연구는 단 한 건뿐이었다. 2008년에 이루어진 이 연구는 적정한 농도의 표백제 목욕이 MRSA의 '군락을 해체'할 수 있다는 것을 보여 주었다. 그러나 효과가 얼마나 오래 지속되는지, 그것이 연구에 사용된 물질뿐 아니라 인간의 피부에 어떤 작용을 하는지, 그리고 무엇보다 과연 그것이 MRSA의 감염 빈도에 영향을 미치는지는 누구도 알지 못했다. 게다가 어쩌면 우리 남편이 지적한 것처럼, 강력하게 염소 처리로 MRSA를 중화시킨 수영장에서 주기적으로 수영을 하거나 피부를 주기적으로 햇빛에 노출시키는 방법으로 동일한 효과를 얻을 수 있을지도 모를 일이었다.

이 건방진 녀석을 다스리는 방법에 대한 의학적 불확실성에 나는 심기가 불편해졌다. 부모님이 모두 의료 전문가(정신과 의사와 병리학자)인 영향인지, 나는 어려서부터 의학이 모든 질병을 해결할 수 있다고 생각하며 성장했다. 그런데 어떻게 과거에 그토록 확실했던 것들이 그렇게 빨리 '아마도'와 '어쩌면'으로 바뀐 것일까?

내가 느끼는 불안감이 더욱 커진 것은 MRSA가 우리의 삶 속으로 들어오기 1년 전에 있었던 사건이 떠올랐기 때문이다. 2009년에 H1N1이라는 신종 인플루엔자 바이러스가 지역 초등학교와 중학교에 발생했다. 나는 아이들에게 H1N1 백신을 맞히려고 수십 명의 다른 부모와 함께 서둘러 병원으로 달려갔다. 그러나 H1N1은 너무 빠르게 퍼졌고, 너무 강했고, 백신은 충분하지 않았다. 우리 아이들이 주사를 맞았을 때는 이미 너무 늦어버린 후였다. 인플루엔자 바이러스(그해 겨울에 유행했던 바이러스가 H1N1이었으므로, H1N1라고 추정되는)는 이미 아이들의 몸에 잠복해 있었다. 며칠 동안 두 아이는 바이러스를 퇴치하기 위해 체온이 39도 4부까지 올라서, 걷지도 못하고 그야 말로 죽은 듯 누워만 있었다. MRSA와 마찬가지로, 우리가 아이들에게 해줄 수 있는 것이 없었다. 마침내 우리 아이들은 회복했지만, 미국에서 1만 2천 명 이상을 비롯하여 세계에서 50만 명 이상이 H1N1으로 사망했다. 그해 겨울, 우리 아들의 축구팀 합승차는 소년들의 똑같은 마른기침 소리로 가득

했다.[21]

그리고 H1N1과 MRSA가 우리 가정을 침범하고 몇 개월 만에, 콜레라가 그때까지 1세기 이상 등장하지 않았던 아이티를 거세게 덮쳤다.

○─●─○

이처럼 거의 연달아 발생한 일련의 사건들은 나로 하여금 우리가 경험한 이상한 새로운 감염들이 서로 무관하게 우연히 발생한 사건들이 아니라, 보다 큰 전 세계적인 현상의 일부라는 확신을 갖게 만들었다. 그렇지 않아도 수년 전부터 인류의 가장 오래된 병원체 중 하나인 말라리아에 대한 글을 써왔던 터여서, 나는 즉시 호기심이 발동했다. 대유행병에 대한 이야기는 대부분 병원체가 이미 개체군 속에 자리 잡아 큰 피해를 입힌 다음부터 시작된다. 병원체가 어떻게 그곳에 이르게 되었으며 어디서 왔는지에 대한 배경 이야기는 마치 퍼즐을 맞추듯 별개의 단서와 징후들로 끼워 맞춰야 한다. 특히 그 대상이 역동적이고 계속해서 진화하는 경우, 그것은 아주 어려운 과제다. 그러나 무엇보다 중요한 것은 바로 이런 배경 이야기다. 애초에 대유행병이 정착하는 것을 방지하기 위해 필요한 지식을 제공하기 때문이다. 잇따른 새로운 병원체의 등장은 그런 배경 이야기를 실시간으로 포착할 기회였다. 미생물이 대유행병을 일으키는 병원체로 바뀌게 되는 잘 알려지지 않은 메커니즘과 경로를 직접 추적하는 것이 가능한 상황이었다.

그러나 나는 어떻게 추적할 것인지의 문제를 두고 고민에 빠졌다. 새로 등장하는 병원체 하나를 선택해서 그 추이를 추적하는 것도 한 가지 방법이었다. 그러나 내가 볼 때 이 방법은 위험하고 무모해 보였다. 과연 어떤 병원체를 선택해야 할 것인가? 대유행병의 위험 자체는 증가하고 있지만, 새롭게 등장하거나 거듭해서 등장하는 수많은 병원체들 중에 어떤 것이 대유행병을 일으킬지 알 수 있는 방법이 없었다. 물론 지식에 근거하여 추리를 할 수 있겠지만, 추리가 틀릴 가능성도 제법 컸다. 대부분의 신종 병원체는 대유행병을 일으키지 않는다. 그것은 확률적인 문제였다. 대유행병을 일으키는 병원체는 극히 드물다.

또 다른 방법은 이미 유행병을 일으키는 데 고수가 된 병원체의 역사를 파고드는 것이었다. 물론 비교적 안전한 전략이지만, 이것은 현재 벌어지고 있는 상황을 부분적으로밖에 보여 주지 못할 것이다. 콜레라나 천연두에 대한 이야기는 무척 흥미롭지만, 모든 이야기는 필연적으로 특정 시대와 장소에 한정될 수밖에 없다. 또한 내재적인 역설도 존재한다. 누군가 보다 상세한 역사를 제공하면 할수록, 역사적인 대유행병을 초래한 여건들이 특정 대유행병에만 해당되는 아주 특별한 것처럼 보이게 되고, 따라서 내일의 대유행병 이야기와는 별로 관계가 없는 것처럼 느껴진다는 것이다.

나는 신종 질병들에 대한 논문들을 훑어보다가, 1996년『사이언스』지에 실린 미생물학자 리타 콜웰의 논문을 발견했다. 그녀가 미국과학진흥협회에서 연설한 내용을 수정해서 올린 논문이었다. 그녀는 자신이 '콜레라 패러다임'이라고 부르는 것을 사실로 상정했다. 그것은 다른 신종 질병들의 주요 동인을 이해하는 데 필요한 모든 단서가 그녀의 오랜 전문 분야인 콜레라에 관한 이야기 속에 있다는 견해였다. 그 순간 문득 내가 그동안 별개의 것으로 생각하고 거부해 온 두 가지 접근법을 결합해야 한다는 생각이 들었다. 역사 속에 존재했던 대유행병의 렌즈를 통해 새로운 병원체들에 대한 이야기를 함으로써, 새로운 병원체들이 어떻게 등장하고 전파되는지, 그리고 역사적으로 그러한 경로를 취했던 병원체가 어떻게 대유행병을 일으켰는지를 동시에 보여줄 수 있을 것이다. 두 줄기의 희미한 빛을 교차시켜 미생물에서 대유행병으로 넘어가는 경로를 비출 셈이었다.

그래서 나는 기존의 병원체와 새로운 병원체의 발생지를 찾아 포르토프랭스의 빈민가와 중국 남부의 농축수산물 시장, 그리고 뉴델리의 외과 병동으로 떠났다. 또한 많은 문헌 기록과 우리의 유전체에 아로새겨진 대유행병의 역사를 파고들었다. 진화론과 전염병학에서 인식론과 정치사에 이르기까지 광범위한 분야와 나의 특별한 개인사까지 이용했다.

내가 발견한 것은 오늘날의 경제적, 사회적, 정치적 변화의 속도가 19세기 산업화 시대의 그것과 비슷함에도 불구하고 한 가지 중요한 차이가 있다는 사실이다. 과거에는 대유행병의 등장을 견인한 힘들을 희생자들이 알지 못했다. 19세기에 사람들은 선박과 운하를 통해 콜레라를 바다 건너로 실어 날랐고, 그것이 과밀한 빈민가에서, 그리고 상업적 교역을 통해 콜레라를 확산시켰다. 또한 그것이 무엇인지, 어떻게 해야 할지 모르는 데다 치료약이 없으니 증상이 더욱 치명적이 될 수밖에 없었다. 우리가 다음 판데믹이 도래할 시점에 서 있는 오늘날, 무해한 미생물이 대유행병을 일으키는 병원체로 넘어가는 다단계의 여정은 더 이상 눈에 보이지 않는 대상이 아니다. 이제 각각의 단계가 만천하에 밝혀질 수 있다.

이 책은 남아시아 식민지의 미개척지와 19세기 뉴욕의 빈민가에서부터 오늘날 중앙아프리카 정글과 미국 동해안 교외 주택의 뒷마당에 이르기까지, 그러한 여정을 추적하고 있다. 그 출발점은 콜레라와 그 후예를 품고 있는 우리 주변 야생동물들의 몸속이다.

1
—

종간 전파

2011년 초의 어느 비오는 쌀쌀한 날, 나는 새로운 병원체의 발생지를 찾아 중국 남부 광둥성의 성도인 광저우에 있는 야생 동물 시장으로 향했다.

야생 동물 시장은 상인들이 야생에서 포획한 동물을 산 채로 소비자에게 파는 야외 재래시장이다. 뱀과 거북이에서부터 박쥐에 이르기까지 특이한 야생 동물을 특별식으로 만들어 먹는 소위 '야웨이野味' 요리를 즐기는 중국인들의 취향을 충족하는 곳이다.[1]

2003년 거의 대유행병에 가까운 전염병을 일으킨 바이러스가 탄생한 곳은 광저우의 야생 동물 시장이었다. 이 특별한 바이러스는 보통의 경우 관박쥐의 몸속에 산다. 그것은 대부분 가벼운 호흡기 질환을 일으키는 코로나 바이러스*의 일종이다.(인간이 걸리는 감기의 약 15% 정도가 코로나 바이러스로 인해 발생한다.) 그러나 광저우 시장에서 발생한 바이러스는 달랐다.[2]

그것은 관박쥐로부터 근처에 있는 너구리와 족제비 오소리, 뱀, 사향고양이를 비롯한 다른 야생 동물들에게로 전파되었다. 바

---

* 사스와 메르스를 일으키는 바이러스가 속한 바이러스 속

이러스는 전파되면서 돌연변이를 일으켰다. 2003년 11월, 관박쥐 바이러스의 돌연변이종이 사람들을 감염시키기 시작했다.

다른 코로나 바이러스와 마찬가지로, 그것은 기도 내막의 세포를 감염시킨다. 그러나 다른 평범한 종과 달리, 이 신종 바이러스는 인간의 면역 체계를 교란시켜 감염된 세포가 주변 세포에게 바이러스의 침입을 경고하지 못하도록 방해했다. 그 결과 감염자의 약 4분의 1이 처음에는 단순한 독감처럼 보였던 것이 감염된 폐에 물이 차고 산소 공급이 차단되어 생명을 위협하는 폐렴으로 급격하게 악화되었다. 몇 개월 만에 8천 명이 넘는 사람들이 급성호흡기증후군, 즉 사스SARS*라고 알려진 이 바이러스에 감염되어 그중 774명이 사망했다.[3]

그 후 사스 바이러스는 사라졌다. 마치 밝게 불타오르는 별처럼, 자신이 가진 연료를 모두 소진하여 사람들을 너무 빨리 사망에 이르게 했기 때문에 더 이상의 전염이 불가능했던 것이다. 과학 관련 전문가들이 야생 동물 시장을 이 이상한 신종 병원체를 부화시킨 곳으로 지목한 후에 중국 당국은 시장을 엄격하게 단속했고, 그 결과 많은 시장이 문을 닫았다. 그러나 몇 년이 지난 뒤, 비록 규모는 작아졌고 형태도 은밀해졌지만, 야생 동물 시장은 다시 돌아왔다.

우리는 광저우의 쩡차 거리增槎路라는 곳 근처에 야생 동물 시장이 있다는 얘기를 들었다. 그곳은 매연을 내뿜는 고가도로 아래 나

---

* 2003년에 처음 보고된 신종 코로나 바이러스에 의해 발생하는 감염 질병

있는 혼잡한 4차선 도로였다. 우리는 주변을 몇 바퀴 돌다가 제복을 입은 경비원에게 길을 물었다. 경비원은 떨떠름하게 웃더니, 시장은 6개월 전 사스가 유행한 후에 문을 닫았다고 말했다. 그러나 곧 지나가는 인부의 소맷자락을 잡아끌더니, 우리에게 이 사람에게 질문을 다시 해 보라고 말했다. 우리는 그의 말대로 했고, 인부는 다른 이야기를 했다. 경비원이 잠자코 듣고 있는 가운데, 인부는 우리에게 건물 반대쪽으로 돌아가라고 말하며 '어쩌면' 우리가 '뭔가를' 파는 사람들을 만날 수 있을지도 모른다고 했다.

모퉁이를 돌자마자, 제일 먼저 역한 냄새가 코를 찔렀다. 자극적이고 축축한 사향 냄새 같은 것이었다. 야생 동물 시장은 시멘트 보도 가장자리에 차고처럼 생긴 노점들이 늘어서 있는 형태였다. 어떤 노점은 사무실 겸 침실 겸 부엌으로 꾸며져 있었는데, 날씨 때문에 옷을 잔뜩 껴입은 상인들이 그곳에서 손님들을 기다리며 시간을 보내고 있었다. 어떤 노점에서는 중년 남자 세 명과 여자 한 명이 접이식 테이블 위에서 카드놀이를 하고 있었고, 다른 노점에서는 따분한 것처럼 보이는 십대 소녀가 벽에 달린 텔레비전을 보고 있었다. 우리가 지나갈 때 한 남자가 보도와 노점 사이에 있는 얕은 배수구로 먹다 남은 국 찌꺼기를 쏟아 버렸다. 그의 뒤로는 여덟 식구가 김이 모락모락 나는 훠궈 냄비 주위에 옹기종기 모여 있었다. 몇 분 후에 남자는 다시 나와서 배수로를 향해 코를 풀었다.

우리가 보러 간 상품, 다시 말해 중국 내륙이나 머나먼 미얀마, 태국에서 포획되어 긴 공급사슬에서 중간 상인을 거쳐 우리에 간힌 채 이곳에 오게 된 야생 동물들은 철저히 방치되어 있었다. 흰색 플라스틱 양동이 안에는 10킬로그램이 넘는 거북이가 뿌연 회색 물웅덩이 속에 앉아 있고, 바로 옆 우리에는 야생 오리와 흰담비, 뱀, 살쾡이가 있었다. 야생에서라면 서로 마주칠 일이 없는 동물들이 이곳에 모여 바로 옆에서 호흡하고 배설을 하고 먹이를 먹었다.

그것은 몇 가지 면에서 주목할 만한 광경이었으며, 애초에 사스가 왜 그곳에서 시작되었는지 설명해 줄 수 있을지 모른다. 우선 생태학적으로 유례없는 야생 동물들의 밀집이었다. 자연 환경에서라면 동굴에 사는 관박쥐가 나무에 사는 사향고양이와 가까이 있을 일이 없었다. 그리고 두 동물 모두 인간의 손이 닿는 거리에 들어올 일도 없었다. 그러나 야생 동물 시장에서는 그 셋이 함께 있었다. 사스 바이러스가 박쥐에게서 사향고양이에게로 전파된 것은 특히 사스 사태에 있어서 결정적인 사건이었다. 사향고양이는 어떤 이유에서인지 사스 바이러스에 특히 취약했고, 이것이 마치 터널 안에서 부는 휘파람처럼 바이러스가 증폭될 기회를 주었다. 복제가 증가함에 따라 변이와 진화의 기회도 증가하여, 관박쥐의 몸에 살던 미생물이 이제 인간을 감염시킬 수 있는 미생물로 진화했다. 그러한 증폭이 없었다면 사스 바이러스가 등장했을지 알 수 없는 일이다.

우리는 전구 하나만 달랑 밝혀 놓은 한 노점의 주인에게 다가갔다. 그의 뒤로 얼룩덜룩한 큰 유리 항아리가 선반 위에 놓여 있고, 그 안에서 뱀들이 소금물에 떠있는 것이 보였다. 통역을 위해 동행한 현지 가이드가 노점상과 이야기를 나누고 있는데, 여자 두 명이 나타나서 흰색 천 주머니를 내 발 앞에 던졌다. 주머니 하나에는 서로 얽혀 있는 가느다란 갈색 뱀들이 들어 있었다. 다른 하나에는 그보다 훨씬 큰 뱀 한 마리가 사납게 고개를 획획 움직이며 쉭쉭거렸다. 동요하고 있는 것이 역력한 모습이었다. 얇은 천을 통해 뱀의 머리에 넓적한 목이 달려 있는 것이 보였다. 그러니까 그 뱀은 코브라였다.

내가 그 두 가지 사실을 인식하는 동안, 그때까지 나의 존재를 인식하지 못했던 노점상과 두 여인이 긴장된 표정으로 나를 향해 고개를 돌리며 뭐라고 말을 했다. 가이드가 그들의 질문을 통역해 주었다. "이 뱀을 몇 사람이 드실 건가요?"

나는 더듬거리며 "열 명."이라고 대답하고는 허둥지둥 고개를 돌렸다. 몇 분 뒤 한 여자가 우리에게 다가와 또 뭔가를 물었다. 그녀는 나를 가리키며 손으로 입을 가리고 히죽거리더니 가이드에게 물었다. 나 같은 외국인들은 칠면조를 먹는다는데 그게 사실이냐는 것이었다. 그녀에게 나는 이상한 식습관을 가진 사람이었다.

○─●─○

콜레라도 동물의 몸에서 시작되었다. 콜레라의 집이 되는 생물체는 요각류copepod*라는 바다에 사는 작은 갑각류의 일종이다. 약 1밀리미터 길이의 눈물방울 모양 몸체와 선홍색 눈을 가졌다. 헤

---

* 콜레라균을 포함하여 비브리오균이 종종 대량 서식하는 아주 작은 해양 갑각류

엄을 칠 수 없기 때문에 일종의 동물성 플랑크톤으로 간주되는데, 글라이더 비행기의 날개처럼 밖으로 뻗은 긴 안테나를 이용하여 심해로 당겨지는 중력을 지연하는 방식으로 물에서 떠다닌다.[4] 사람들의 입에 자주 오르내리지는 않지만, 요각류는 사실 지구에서 가장 풍부한 다세포 생명체다. 해삼 한 마리에 2천 마리, 손바닥 크기의 불가사리에는 수백 마리의 요각류가 덮여 있을 수 있다. 요각류는 철마다 한 마리당 거의 45억 마리의 후손을 생산하며, 어떤 곳은 요각류가 워낙 많아서 물이 불투명해지기도 한다.[5]

콜레라균은 요각류의 미생물 파트너다. 콜레라균은 비브리오 속에 속하는 쉼표 모양의 미생물종이다. 콜레라균은 물속에서 자유로이 떠다니며 자생할 수 있지만 요각류의 몸에 가장 많이 모여 있는데 주로 요각류의 알주머니나 내장 안쪽에 달라붙어서 산다. 비브리오균은 거기에서 중요한 생태학적 기능을 한다. 요각류는 다른 갑각류와 마찬가지로 키틴질이라고 하는 중합체로 이루어진 딱딱한 외벽이 몸을 감싸고 있는데 일생에 몇 번 마치 뱀이 허물을 벗듯 웃자란 피부를 벗는다. 이렇게 요각류가 벗어버린 껍질이 연간 천억 톤에 이른다. 비브리오균은 이러한 풍부한 키틴질을 먹고 살면서 바다에서 남아도는 키틴질의 90%를 재활용한다.[6]

비브리오균과 요각류는 예를 들어, 세계에서 가장 큰 만인 벵골 만 어귀에 펼쳐진 광활한 습지 순다르반스처럼 담수와 염수가 만나는 곳의 따뜻하고 염분 섞인 연안수에서 증식한다. 이곳은 오랫동안 인간의 접근을 거부해 온 육지와 바다로 이루어진 미지의 세계였다. 날마다 벵골 만의 조수가 순다르반스의 저지대 맹그로브 숲과 갯벌을 휩쓸며 바닷물을 내륙으로 800킬로미터까지 밀어붙여 일시적으로 '차르char'라고 하는 높은 섬을 만든다. 차르는 날마다 조수와 함께 쌓였다가 사라진다. 이 습지에는 열대성 저기압과 독사, 악어, 자바코뿔소, 아시아물소, 그리고 벵골호랑이까지 어슬렁거린다.[7] 17세기까지 인도 아대륙을 통치했던 무굴제국 황제들은 사려 깊게 순다르만을 그냥 내버려뒀다. 19세기의 논평가들은 그곳을 '밀림으로 뒤덮여 있으며 말라리아에게 공격당하고 야생 짐승이 우글거리는 '사악한 비옥함'에 사로잡힌 수몰된 땅'이라고 불렀다.[8]

그러나 1760년대에 이르러 벵골과 순다르반스는 동인도회사의 손에 넘어갔다. 영국인 정착민들과 호랑이 사냥꾼, 식민지 개척자들이 습지로 몰려왔다. 그들은 수천 명의 현지인을 동원해 맹그로브 숲을 베어 버리고 제방을 짓고 벼를 심었다. 50년도 채 안 되어 거의 2천 평방킬로미터에 이르는 순다르반스 숲이 파괴되었다. 1800년대를 거치면서 한때는 침투할 수 없었고 훼손되지 않았던 요각류가 풍부한 땅 순다르반스의 90%에 인간의 거주지가 들어섰다.[9]

비브리오가 득실대는 요각류와 인간의 접촉이 이 새로 정복된 열대 습지에서처럼 강렬했던 적은 아마 없었을 것이다. 순다르반스의 농부와 어부는 비브리오균이 득실대는 반염수에 잠긴 세계에서 살았다. 비브리오균이 인체에 침투하는 것은 그리 어렵지 않았을 것이다. 아마도 배를 타고 가던 어부의 얼굴에 물이 튀거나 사람들이 범람한 물로 오염된 우물에서 물을 떠서 마셨을 때 보이지 않는 요각류 몇 마리를 삼켰을 것이다. 요각류 한 마리에 많게는 7천 개의 비브리오균이 우글거렸을 수 있다.[10]

이런 직접적인 접촉은 콜레라균이 우리 몸속으로 '넘어오거나 spillover' '뛰어들jump in' 기회를 주었다. 처음에는 그다지 환영받지 못했을 것이다. 인체의 방어 시스템은 그러한 침입을 퇴치하게 되어 있다. 우리 위장의 산성 환경이 어지간한 세균은 모두 중화시키는 데다, 우리 내장에 사는 미생물이 길항력을 발휘하고, 불철주야 순찰을 도는 면역 세포들까지 있다. 그러나 이윽고 콜레라 바이러스는 반복되는 접촉 속에 인체에 맞게 적응했다. 예를 들어, 다른 비브리오 세포에 달라붙기 좋도록 꼬리에 머리카락처럼 생긴 긴 섬유세포가 생겼다. 그 섬유세포 덕분에, 콜레라균은 마치 샤워커튼에 달라붙은 더께처럼 인간의 내장 안쪽에 착 달라붙을 수 있는 강인한 미세집락을 형성할 수 있었다.[11]

콜레라균은 동물원성 감염증zoonosis이 되었다. (이 단어는 그리스어로 동물을 뜻하는 'zoon'과 질병을 뜻하는 'nosos'에서 유래되었다.) 그것은 인간을 감염시킬 수 있는 동물성 미생물이었다. 그렇지만 콜레라균은 아직까지 대유행병을 일으키는 살인자가 아니었다.

∘—•—∘

동물원성 감염증으로서 콜레라균은 '감염원'인 요각류에 노출된 사람들만 감염시킬 수 있었다. 자신의 제한된 범위 밖에 있는 사람은 감염시킬 수 없는 구속된 병원체였다. 요각류가 풍부한 바닷물에 노출되지 않는 사람을 감염시킬 방법이 없었다. 예를 들어,

다수의 사람이 동시에 요각류에 노출되면 콜레라가 집단 발병할 수 있지만, 그런 경우에도 항상 한정된 과정을 겪은 뒤 스스로 소멸되었다.

병원체가 일련의 연속적인 감염을 초래하려면, 다시 말해 전파 범위에 따라 유행병 또는 대유행병이 되려면, 일단 한 인간에게서 다른 인간으로 직접 전파가 가능해야 한다. 다시 말해, '기초감염 재생산수'가 1보다 커야 한다. 기초감염재생산수($R0$ 또는 영국 예찬론자들의 발음에 따라 R-Naught라고도 알려진)란 외부 개입이 없는 상태에서 감염된 한 사람에 의해 감염될 수 있는 평균 인원수를 뜻한다. 예를 들어, 당신이 감기에 걸렸는데, 아들과 아들의 친구를 감염시켰다고 가정해 보자. 이러한 가정이 인구집단 전체에 일반적으로 적용된다고 하면, 당신이 걸린 감기의 기초감염재생산수는 2가 된다. 당신이 딸까지 감염시킨다면, 기초감염재생산수는 3이 될 것이다.

이 계산은 전염병 발생의 향후 진행 과정을 즉시 예측하기 때문에 아주 중요하다. 평균적으로 각각의 감염에서 추가로 초래되는 감염이 한 건 미만이라면, 다시 말해 당신이 아들과 그 친구를 감염시켰지만 그 둘이 다른 사람을 감염시키지 않는다면, 발생한 전염병은 마치 한 가구 당 자녀를 한 명 이하로 낳는 인구집단이 소멸하는 것처럼 스스로 소멸할 것이다. 감염이 얼마나 치명적인지는 중요하지 않다. 그런데 각각의 감염이 평균적으로 감염을 한 건씩 더 초래한다면, 발병은 이론적으로 영원히 계속될 수 있다. 그리고 각각의 감염이 한 건 이상의 추가 감염을 초래한다면, 감염

41

된 인구집단은 즉각적이고 긴급한 관심을 요하는 실재적 위협에 직면하고 있는 것이다. 이는 개입이 없을 경우 집단 발병이 기하급수적으로 확대될 것임을 뜻한다.

달리 말하면, 기초감염재생산수는 그냥 동물원성 감염증 병원균과 문턱을 넘어 인간 감염 병원체가 된 동물원성 감염증 병원체 간의 차이를 수학적으로 표현한 것이다. 사람끼리 전염되지 않는 동물원성 감염증 병원체의 기초감염재생산수는 항상 1 미만이다. 그러나 이 병원체가 인간에 대한 공격을 정교화함에 따라, 사람끼리 전염시키는 능력이 개선된다. 일단 1이라는 숫자를 넘어서게 되면, 그 병원체는 문턱을 넘어 감염원 동물들에게서 탈출한다. 인간의 몸에서 자급하는 진정한 인간 병원체가 되는 것이다.

동물원성 병원체가 감염원 동물들과 연결된 사슬을 끊고 사람들 사이에 직접 전파되는 능력을 얻기 위해 취하는 여러 가지 방식이 있다. 콜레라균의 경우는 독소 생산 능력을 획득하는 방식을 취했다.

독소는 콜레라균의 주 무기다.[12] 일반적으로 인간의 소화기는 음식과 소화액 및 췌액, 담즙과 다양한 장 분비물을 창자로 보내고, 거기서 내장 내벽의 세포들이 영양소와 수분을 뽑아낸 뒤 단단한 배설물을 남긴다. 그런데 콜레라균의 독소는 창자의 생화학적 특성을 바꿔놓음으로써 장기의 원래 기능을 반전시킨다. 균에 감염된 내장은 수분을 흡수하여 인체 조직에 영양분을 공급하는 대신, 오히려 인체 조직에서 수분과 전해질을 빨아들여 배설물과 함께 몸 밖으로 쓸어 낸다.

독소는 콜레라균으로 하여금 인간 병원체로서의 성공에 필수적인 두 가지 과제를 달성할 수 있게 해 주었다. 첫째, 콜레라균이 경쟁자를 제거하는 것을 도왔다. 엄청난 양의 체액이 장내의 다른 박테리아를 쓸어냄으로서 (강한 미세집락을 이루어 내장에 착 달라붙은) 콜레라균이 방해받지 않고 조직을 감염시킬 수 있도록 해 주었다. 둘째, 독소는 콜레라균이 한 희생자에서 다른 희생자로 옮겨갈 수 있게 해 주었다. 아주 작은 배설물 한 방울이라도 손에 묻거나 음식 또는 물에 들어가면 새로운 희생자에게 옮겨갈 수 있었다. 일단 균이 한 사람에게 들어가서 질병을 일으킬 수 있게 되면, 이제부터는 요각류를 접촉한 사람이건 아니건, 비브리오균이 득실대는 순다르반스 물을 삼킨 사람이건 아니건, 다른 사람들에게 전파될 수 있었다.

43

콜레라가 초래한 최초의 대유행병은 1817년 8월 순다르반스 지역의 제소르라는 도시에서 시작되었다. 바다에서 염분 섞인 물이 그 지역에 범람하여 요각류가 풍부한 바닷물이 농장과 가정, 우물로 스며들었다. 콜레라균은 지역민들의 몸속으로 들어가 내장을 감염시켰다. 현대의 수학적 모델에 따르면, 콜레라균의 기초감염재생산수는 그것이 가진 독소 덕분에 2에서 6에 이르렀다.[13] 말하자면 감염자 한 사람이 최대 여섯 명까지 감염시킬 수 있다는 것이다. 콜레라의 첫 희생자들은 하루에 약 15리터의 뿌연 배설물을 쏟아내 몇 시간 이내에 완전히 탈수 상태에 빠졌고, 순다르반스의 개울과 수채구덩이를 배설물로 채웠다. 그것은 농가의 우물로 새 들어갔고, 작은 배설물 방울이 사람들의 손과 옷에 묻었다. 한 방

울 한 방울마다 새로운 숙주를 감염시킬 준비가 된 비브리오균들이 득실거렸다.[14]

벵골인들은 그 신종 질병을 '제거'라는 뜻을 가진 올라^{ola}라고 불렀다. 그것은 인류에게 알려진 그 어떤 질병보다 빠르게 사람들을 죽음에 이르게 했다. 1만 명에 달하는 사람들이 죽었다. 몇 달 만에 그 신종 전염병은 거의 50만 평방킬로미터에 이르는 벵골 지역을 장악했다.[15]

콜레라는 그렇게 화려하게 데뷔했다.

○—●—○

미생물이 어디에나 있다는 사실을 생각하면, 신종 병원체는 어디서나 올 수 있을 것처럼 보인다. 보이지 않는 구석구석에 도사리고 있다가 인간의 몸속으로 침입하기 위해 사방에서 나타날 것만 같다. 어쩌면 이미 우리 내부에 살고 있다가 새로 발견된 기회를 틈타 병원체로 돌변하거나, 아니면 토양이나 암석의 구멍, 얼음의 중심부 같은 무생물 환경 또는 다른 미생물들 틈에서 불현듯 나타날 수도 있지 않을까.

그러나 대부분의 새로운 병원체는 그런 식으로 탄생하지 않는다. 병원체는 닥치는 대로 아무렇게나 인체로 들어오는 것이 아니다. 미생물은 우리가 닦아놓은 길을 따라 병원체가 되고, 이 길은 특정한 경로를 따른다. 인간 병원체가 될 수 있는 미생물의 수는 무궁무진하지만, 대부분의 신종 인간 병원체는 콜레라와 사스 바이러스처럼 다른 동물의 몸에서 기원한다. 새로 등장한 병원체의

60% 이상이 우리 주변에 사는 털과 날개가 달린 짐승들에게서 비롯된다. 개중에는 애완동물과 가축에게서 비롯되는 병원체도 있지만, 70%가 넘는 대다수의 병원체는 야생 동물에게서 온다.[16]

미생물은 종들 사이를 옮겨 다녀 왔고, 인간이 다른 종들 사이에서 살아온 동안 새로운 병원체로 변해 왔다. 동물을 사냥하고 먹는 것은 인간을 다른 동물의 내장 조직과 체액에 노출시키기 때문에 미생물이 전파될 좋은 기회가 된다. 또한 모기나 진드기 같은 곤충에 물리면 다른 동물의 체액이 우리 몸속에 유입되기 때문에, 그것 역시 똑같은 역할을 한다. 이것은 태초부터 시작된 호모사피엔스와 다른 동물들 간의 오래된 직접 접촉 방식이며, 흡혈 모기에 의해 영장류의 몸에서 우리에게 전달된 말라리아 같은 가장 오래된 병원체는 이런 방식으로 등장했다.

동물성 미생물이 인간 병원체로 바뀌려면 종들 간의 직접 접촉이 오래 지속되어야 하기 때문에, 역사적으로 우리는 다른 동물보다 특정 동물의 미생물에 더 취약하다. 우리가 알게 된 지 몇 만 년밖에 되지 않는 신대륙 생물들보다 우리가 수백만 년 동안 함께 살아온 구대륙 생물들의 몸에서 비롯된 병원체가 훨씬 더 많다. 또한 상당히 높은 비율의 인간 병원체가 다른 영장류에서 나온다. 영장류는 척추동물의 5%에 불과함에도 불구하고, 우리에게 가장 부담스러운 병원체(HIV와 말라리아 포함)의 20%는 이들에게서 옮겨진다. 많은 인간 병원체가 1만 년 전 농업이 시작되면서 인간이 다른 종들을 가축으로 만들고 그들과 장시간 직접 접촉하기 시작했을 때 등장한 것도 바로 이런 이유에서다. 우리는 소에게서 홍역과 결핵

45

에 옮고, 돼지에게서 백일해에 옮고, 오리에게서 독감에 옮는다.[17]

그러나 동물 미생물이 수천 년 동안 인간에게 넘어오긴 했지만 (그 반대이기도 하다), 역사적으로 그 과정은 다소 더딘 편이었다.

그러나 더 이상 그렇지 않다.

o━o

피터 다스작 박사는 관박쥐가 사스 바이러스의 감염원이라는 것을 발견한 과학자다. 그는 인간과 야생동물에게 나타나는 질병을 조사하는 학제 간 연구 조직을 이끌고 있다. 어느 날 오후, 나는 뉴욕 시에 있는 다스작 박사의 사무실에서 박사를 만났다. 그는 우연히 질병 사냥을 업으로 삼게 되었다고 말한다. 어린 시절 잉글랜드 맨체스터에서 자란 박사는 동물학자가 되고 싶었다. "제가 좋아하는 건 도마뱀입니다." 그는 방문 옆에 있는 조명을 밝힌 유리 수조 안에 부동자세로 있는 애완용으로 포획 사육 중인 마다가스카르 데이 도마뱀붙이를 가리키며 말했다. 그러나 대학에 다닐 때 도마뱀의 행동에 관한 모든 연구 프로젝트에 인원이 모두 차는 바람에 어쩔 수 없이 도마뱀의 질병에 대한 프로젝트로 만족해야 했다고 한다. "어찌나 따분하던지." 그가 당시를 회상하며 말했다.[18]

그러나 이 연구는 그를 세계 최고의 질병 사냥꾼으로 만들었다. 1990년대에 다스작 박사가 질병통제센터CDC에서 일하고 있을 때, 파충류 학자들이 세계적으로 양서류 개체 수가 갑자기 감소하고 있다는 것에 주목하기 시작했다. 질병을 의심하는 사람은 거의 없었다. 당시 생물학자들은 병원체성 미생물은 숙주 집단의 생존을 위협하지 않는다고 믿었다. 그런 독성은 자기 파괴적이라고 여겨졌다. 다시 말해 병원체가 너무 빨리 너무 많은 희생자를 죽이게 되면, 자신이 기생해 살아갈 대상이 남지 않는다는 것이었다. 그래서 양서류의 대량 폐사를 설명하기 위해, "그들은 모든 표준 이론들을 내놓고 있었지요."라고 다스작 박사는 회상했다. 그들은 아마도 범인은 오염물질이거나 갑작스러운 기후 변화일 거라고 생각했다. 그러나 다스작은 전에 본 적이 없는 전염병이 양서류를 죽이고 있을 것이라고 의심했다. 그는 이미 남태평양에서 나무달팽이 종의 멸종을 초래한 질병을 발견한 바 있었다.

1998년에 다스작 박사는 곰팡이 병원체가 전 세계적인 양서류 개체 수의 감소를 초래했다고 보고하는 논문을 발표했다. 와호균* 또는 양서류 호상균으로 밝혀진 이 병원체는 인간의 파괴적 행동, 특히 애완용 및 과학연구용 양서류에 대한 수요 증가로 인해 확산되었을 확률이 크다.[19]

그런데 다스작 박사는 문득 떠오르는 생각이 있었다. 인간 역시 양서류가 양서류 호상균에 감염되게 만든 것과 똑같은 가속화된 파괴적인 요인들이 불러온 병원체들에 취약하다는 생각이었다. 습지에 아스팔트가 덮이고 숲이 벌목됨에 따라, 서로 다른 종들이 전에 없이 장시간 접촉하게 되면서 동물성 미생물이 인체로 전파되었다. 이러한 전개는 유례없는 규모와 속도로 세계적으로 진행되고 있었다.

---

* 세계적인 양서류 감소에 책임이 있는 곰팡이 병원체

동물성 미생물에서 인간 병원체로 넘어가는 길이 고속도로로 바뀌고 있었다.[20]

○━○

서아프리카에 위치한 기니의 남서부 지역을 예로 들어 보자. 한때 그곳은 세계에서 생물학적으로 가장 다양한 숲으로 덮여 있었다. 인간이 침투하기 힘든 개발되지 않은 넓은 숲은 야생 동물과 인간 사이의 접촉을 제한했다. 야생동물은 인간이나 인간의 거주지를 마주치지 않고 숲에서 살 수 있었다.

그런데 1990년대에 이르러 기니 숲이 꾸준히 줄어들면서 상황이 변했다. 이웃한 시에라리온과 라이베리아에서 정부군과 반군 사이의 피비린내 나는 길고 복잡한 충돌을 피해 난민들이 숲으로 몰려든 것이다. (처음에는 '게케두'라는 삼림지역 중심지에 있는 난민촌에 정착하려 했지만, 반군과 정부군이 지속적으로 난민촌을 공격하는 바람에 숲속으로 밀려들어오게 되었다.)[21]

난민들은 농작물을 심고 오두막을 짓고 숯을 만들기 위해 많은 나무를 베었다. 반군 역시 전쟁 비용을 충당하기 위해 목재를 벌목해서 내다 팔았다.[22] 1990년대 말에는 우주에서도 숲의 변화가 보일 정도였다. 1970년대 중반에 찍은 위성사진에서는 라이베리아와 시에라리온을 접하고 있는 기니 밀림의 모습이 작은 갈색 섬들(마을을 만들기 위한 작은 개간지 공간)이 곳곳에 박힌 푸른 바다처럼 보였다. 그런데 1999년에 찍은 위성사진은 완전히 전도된 모습을 보여 주었다. 나무 없는 갈색 바다 사이사이에 초록색 숲이 점점이

48

박힌 것처럼 보였다. 지역 전체의 숲 중에 살아남은 것은 15%뿐이었다.[23]

이런 대규모 산림벌채가 숲 생태계에 어떤 영향을 끼쳤는지는 아직 완전하게 설명되지 않았다. 인간이 서식지로 이주하면서 아마도 숲에 사는 많은 종들이 그냥 종적을 감췄을 것이다. 그러나 알려진 바에 따르면 어떤 종들은 그대로 머물렀다. 그들은 점점 인간의 거주지와 가까워지는 남아 있는 숲에 의지하여 좁아진 공간을 비집고 들어가서 살았다.

박쥐도 그랬다. 그럴만한 이유가 있었다. 박쥐는 광범위한 지역에 분포되어 살아가는 적응유연성이 좋은 동물이었다. 지구상의 포유류 4,600종 중 20%가 박쥐다. 그리고 파라과이에서 이루어진 연구에 따르면, 특정 박쥐 종들은 멀쩡한 숲에서보다 파괴된 숲에서 오히려 더 잘 산다.[24] 불행히도 박쥐들 역시 인간을 감염시킬 수 있는 미생물의 훌륭한 인큐베이터 역할을 한다. 박쥐는 수백만 마리씩 군집을 이루어 산다. 어떤 종들은 작은 갈색 박쥐처럼 35년간 생존할 수 있다. 그리고 박쥐는 특이한 면역체계를 가지고 있다. 예를 들어, 새들처럼 뼛속이 비어 있기 때문에 다른 포유류와 달리 골수에서 면역 세포를 생산하지 않는다. 그 결과 박쥐는 다른 포유류에게는 낯선 광범위한 미생물들의 숙주가 된다. 게다가 날아다닐 수 있기 때문에 그런 미생물들과 함께 상당한 거리까지 이동한다. 심지어 한 번에 수천 킬로미터를 날아서 마치 철새처럼 이동하는 박쥐 종도 있다.[25]

기니의 숲이 벌채됨에 따라, 박쥐와 인간 간의 새로운 충돌이 발생했다. 인간은 고기를 얻기 위해 박쥐를 사냥했고, 도살 과정에서 미생물이 득실대는 박쥐 조직에 노출되었다. 박쥐는 인간의 정착지 근처에 있는 과일 나무를 먹고 살면서 침과 분비물에 인간을 노출시켰다. (과일박쥐는 지저분하게 먹기로 유명하다. 잘 익은 과일을 따서 과즙을 빨아 먹고 반쯤 먹은 침이 잔득 묻은 과일을 바닥에 버린다.)

그리고 정확하게 언제인지는 아무도 모르지만, 어느 시점엔가 필로 바이러스*인 에볼라 바이러스가 종간 장벽을 넘어와서 인간들을 감염시키기 시작했다. 에볼라는 출혈열**을 일으켜 감염자의 90%를 사망에 이르게 할 수 있다.[26] 2006년과 2008년 사이에 시에라리온 동부와 라이베리아, 기니의 사람들에게서 채취한 혈액 샘플을 이용한 연구에서 거의 9%가 에볼라 바이러스에 노출되었던 것으로 나타났다. 그들의 면역체계는 바이러스에 대응하여 항체***라는 특이단백질을 만들어 냈다.[27] 에볼라의 집단 발병이 발생하지 않았던 가봉의 농촌에서 4천여 명을 대상으로 2010년에 실시한 연구에서도 마찬가지로 20%에 육박하는 사람들이 에볼라에 노출되었음을 발견했다.[28]

그러나 아무도 알아차리지 못했다. 지속적인 무력 충돌로 보급로와 통신망이 끊어져 난민들은 외부의 도움 없이 밀림에서 숨어 살게 되었다. 국경없는 의사회처럼 가장 신뢰할만한 원조 조직들마저 철수할 수밖에 없었다. 이처럼 폭력과 맞물린 고립으로 인해

---

* 사람, 원숭이에게 치명적인 출혈열을 일으키는 사상 바이러스—옮긴이 주
** 바이러스 감염에 의해 발생하는, 출혈 증상을 동반하는 열병
*** 병원체를 인식하고 무력화하기 위해 면역 체계에서 생산해내는 단백질

유엔은 서아프리카 난민의 수난을 '세계 최악의 인도주의적 위기'라고 선언했다.[29]

2003년에 정치적 폭력이 완화되고 기니 숲에 숨어 있던 사람들이 서서히 세상과 다시 연결되기 시작한 후에야 비로소 바이러스의 존재가 분명하게 드러났다. 2013년 12월 6일에 게케두 외곽의 작은 숲속 마을에 사는 두 살배기 아기가 에볼라 바이러스에 감염되어 사망하는 일이 발생했다. 어쩌면 그 아기는 근처의 나무에서 떨어진 박쥐 침이 묻은 과일을 갖고 놀았을지도 모른다. 아니면 부모가 최근에 도살한 박쥐를 만진 뒤, 아이를 안아주었을 가능성도 있다. 게케두 사람들이 지역 박쥐를 통해 에볼라 바이러스를 접한 것이 처음은 아니었을 것이다. 그러나 이번에는 상황이 달랐다. 게케두 사람들은 예전처럼 고립되어 있지 않았고, 바이러스는 전파될 수 있었다.

51

2014년 2월 한 의료계 종사자가 다른 숲속 마을로 에볼라 바이러스를 옮겼다. 한 달 안에 기니 삼림 지역에서 적어도 4건의 에볼라 사례군이 발생하여 각기 다른 독립적인 전파 경로가 생겨났다.[30]

2014년 3월 의료진이 기니 보건부와 세계보건기구에 기니 숲에서의 집단 발병을 보고할 무렵, 바이러스는 이미 시에라리온과 라이베리아에 전파된 상태였다.[31] 6개월 뒤 바이러스는 지역 전체의 도심에서 나타났고, 유행의 규모는 2~3주마다 두 배로 증가했다. 수학적 모델로 계산한 바에 따르면, 기초감염재생산수가 1.5에서 2.5 범위였으며 따라서 감염자 한 사람 당 적어도 한 명, 또는 두 명을 감염시킨 셈이었다. 통제 대책이 없다면, 집단 발병은 기

하급수적으로 증가하게 되어 있었다.[32]

에볼라는 과거에도 아프리카 대륙에서 집단 발병한 적이 있었다. 1970년대 이래로 중앙아프리카의 외딴 마을에서 주로 우기에서 건기로 넘어가는 시기에 간헐적이고 제한적으로 발생했었다. 아마도 과수에 열매가 열리는 시기, 그리고 철새처럼 이동하는 박쥐들이 대거 돌아오는 시기와 관련이 있는 것으로 보인다. 그러나 전에는 에볼라 바이러스가 서아프리카에서처럼 참혹한 피해를 입힌 적이 없었다. 가장 큰 타격을 입은 세 나라의 취약한 경제와 의료 기반시설은 수천 명의 에볼라 감염자를 감당하지 못했다. "집단 발병을 통제한 경험이 있는 우리 중에 누구도 이런 규모의 비상사태를 본 적이 없다."고 세계보건기구의 마가렛 챈 사무총장은 말한다.[33]

2014년 9월, 질병통제예방센터는 에볼라가 서아프리카 전역에서 백만 명 이상의 사람들을 감염시켰을 수 있다고 추산했다.[34] 그 추산은 과장된 것으로 밝혀졌지만, 당시에는 많은 사람들이 그럴 수도 있다고 믿었다. 에볼라는 이미 과일박쥐와 같은 과수의 과일을 먹고 사는 고릴라와 침팬지 같은 영장류에게도 치명적인 피해를 입혔다. 1990년대와 2000년대에 걸쳐서, 에볼라는 전 세계 고릴라 개체군의 3분의 1과 그에 버금가는 침팬지의 생명을 앗아갔다. 2015년 초 기니와 시에라리온, 라이베리아에서 마침내 에볼라 유행이 잠잠해지기 시작할 무렵까지 1만 명 이상의 사람들이 사망했다.[35]

　　　　　　　　　　o─●─o

　　에볼라는 아프리카 숲속의 동물에게서 사람으로 넘어온 동물
성 병원체 가운데 가장 극적인 사례이긴 하지만 유일한 사례는 아
니었다.

　　원숭이천연두monkeypox*는 중앙아프리카 설치류의 몸에 사는
바이러스다. 지금은 사라졌지만 20세기에 3억 명에서 5억 명을 사
망에 이르게 했던 천연두와 동일한 바이러스 속屬에 속한다. 원숭
이천연두는 인간에게 특히 얼굴과 손을 비롯한 전신에 특유의 발
진 또는 수두를 동반하는 천연두와 임상적으로 구분할 수 없는 질
환을 일으킨다. 원숭이천연두는 천연두와는 달리 동물원성 감염
증이다. 그러나 캘리포니아 대학의 전염병학자 앤 리모인 박사가
수행한 연구에 따르면, 원숭이천연두가 인간에게 넘어오는 빈도
가 증가하고 있다.[36]

　　2005년과 2007년 사이에 리모인 박사는 콩고민주공화국에서
발생한 원숭이천연두의 사례를 추적했다. 그녀는 감염자의 혈액
샘플을 채취하여 실제로 원숭이천연두가 범인이었음을 확인했다.
수치를 계산해 본 결과 인간의 원숭이천연두 감염이 1981년에서
1986년까지의 기간과 비교해 스무 배 증가한 것으로 나타났다.[37]

　　이러한 증가를 설명해 줄 다양한 요인이 있을 것이다. 우선, 설

53

---

* 설치류의 몸에서 살고 인간에게 천연두와 임상적으로 구분할 수 없는 질병을 일으
키는 바이러스

치류와 인간 사이의 긴밀한 접촉이 빈번해졌다. 숲의 파괴로 인해, 예전보다 많은 사람들이 원숭이천연두에 감염된 설치류가 있는 중앙아프리카 숲에서 살고 있다.[38] 사냥감과 지역 어장의 감소로, 많은 사람들이 예전 같으면 쳐다보지도 않았을 설치류를 비롯한 야생 동물을 사냥하게 되었다. 천연두 예방 접종이 중단된 것도 중요한 역할을 했다. 1970년대 초에 천연두를 뿌리 뽑은 전 세계적인 대대적 예방 접종 캠페인은 접종을 한 사람들에게 원숭이천연두를 비롯한 천연두 속 바이러스 전체에 대한 면역력을 평생 제공했다. 그러나 1980년에 콩고공화국에서 그러한 캠페인이 중단되었다. 이후에 태어난 사람들은 수백 년 전 예방접종을 하지 않은 사람들이 천연두에 취약했던 것과 마찬가지로 원숭이천연두에 취약하다.[39]

현재로서는 원숭이천연두의 전염은 여전히 매개체인 설치류(리모인 박사는 그 매개체가 감비아 다람쥐일 수 있지만 확실하지는 않다고 했다)에 한정되어 있으며, 사람끼리는 전염되지 않는다. 리모인 박사의 동료인 생태학자 제임스 로이드-스미스 박사에 따르면, 인간들 사이에서 원숭이천연두의 기초감염재생산수는 0.57에서 0.96 사이라고 한다. 원숭이천연두에 감염된 중앙아프리카 인구는 비교적 외딴 곳에 국한된다. 한마디로 원숭이천연두가 침범할 만한 사람들이 많지 않은 곳이다.[40]

다행히 원숭이천연두가 동물 미생물에게서 인간 병원체로의 이행을 마친다 해도, 천연두와 똑같은 영향을 미칠 것으로 보이지는 않는다. 또한 천연두를 퇴치하기 위해 개발된 백신과 약물이 인간에게 적응된 원숭이천연두의 집단 발병을 억제하는 데 도움이 될 것이다. 원숭이천연두는 우리가 알고 대처할 수 있는 악마라고 리보인 박사는 말한다. 천연두와 비슷한 데다 확실하고 독특한 증상을 일으키는 원숭이천연두는 추적하기가 비교적 쉬운 미생물이다. 그런데 즉각적으로 알아차리기 힘든 증상을 일으키는 미생물은 들키지 않고 동일한 이행 과정을 쉽게 통과할 수 있다. 어쩌면 어떤 미생물은 이미 성공했을지도 모른다.

o—●—o

사스 바이러스의 등장도 마찬가지로 갑작스러운 팽창의 결과였다. 이 경우 야생 동물 시장의 규모와 시장에서 파는 이상한 동물들의 다양성이 문제였다.

사스는 새로운 바이러스가 아니었으며, 중국 남부에서 사람이 박쥐를 접하는 것도 새삼스러운 일이 아니었다. 사스 바이러스는 '수백 년 동안 박쥐의 몸속에 있었을 것'이라고 홍콩 대학의 바이러스학자 말리크 페이리스 박사는 말한다.[41] 그는 사스 바이러스를 최초로 분리한 연구팀에서 일했다. 중국 남부에서 박쥐와 사람들을 같은 공간에 있게 만든 야웨이, 즉 야생 동물 요리와 야생 동물 시장도 오래 전부터 있어 왔다.

야웨이 요리는 사람들이 야생동물의 힘과 정력, 장수의 기운을 얻고자 동물을 가까이 하는 다양한 중국의 전통적 문화 관습의 일환이다. 사람들은 야생 동물을 애완동물로 키우거나(또는 야생 동물을 동경하여 개를 호랑이나 판다처럼 보이게 하려고 털을 염색하기도 했다), 쿵푸 같은 무술에서도 동물들의 동작을 흉내 냈다. 전통적인 한의원들은 야생 동물의 특정 신체 부위를 약으로 사용했다. 예를 들어, 치통에는 호랑이 수염, 간질환에는 곰의 담즙, 신장결석에는 박쥐의 뼈 같은 것을 처방했다.[42] 야생 동물을 귀한 자연의 재료로 보는 사람들에게, 야생 동물을 섭취하는 것은 동물의 자연적 에너지를 받아 기력을 북돋고 몸을 회복시키는 보신이다. 더 희귀할수록, 더 야생적일수록, 더 특이할수록, 더 귀한 대접을 받았다.[43]

그러나 오랫동안 경제적, 지리적 장벽으로 인해 중국에서 야웨이 요리의 소비는 제한되었고, 그와 함께 야생 동물 시장의 규모도 줄어들었다. 중국은 대부분의 특이한 동물들이 서식하는 태국과 라오스, 베트남 같은 이웃 국가들과의 정치적 관계에서 마찰을 빚어 왔고, 그래서 공급이 희소하고 가격이 높았다. 소수의 지배 계층은 곰발바닥에 잉어 혀, 고릴라 입술, 돼지 뇌를 와인 소스에 졸인 요리와 낙타 혹을 넣어 쪄서 배로 장식한 표범 태반 요리를 먹을 여유가 있었지만, 서민들은 평범한 메뉴로 때우거나 직접 야생 동물을 사냥했다.[44]

그러다가 1990년대 초에 이르러 중국의 경제가 매년 10% 이상 성장하기 시작했다. 갑자기 호황을 누리게 된 도시에서 가진 돈을 주체할 수 없는 젊고 패기 있고 부유한 신흥 졸부 계급이 생겨났다. 서양의 사치품을 사들이는 것은 물론이고(2011년에는 루이비통 백이 세계 어느 곳보다 중국에서 가장 많이 팔렸다), 더 많은 야웨이 요리를 요구하기 시작했다. 공작새와 개리, 해삼과 그밖에 특이한 동물을 파는 새로운 음식점이 속속 들어섰다.[45] 중국은 많은 동남아시아 이웃 국가와 교역 관계를 다시 수립했고, 덕분에 밀렵꾼과 거래상들은 높아진 수요를 충족하기 위해 시골 지역으로 더 깊숙이 들어갈 수 있게 되었다. 그들은 야생 동물들을 훨씬 더 커진 시장으로 몰아넣었고, 아시아 각지에서 온 짐승들이 우리에 나란히 들어가 야웨이 요리에 굶주린 손님들에게 팔려가기를 기다렸다.[46]

관박쥐의 바이러스를 인간 병원체로 변하게 만든 일련의 우연적인 사건들이 가능해진 것은 야생 동물 시장의 크기와 규모가 커진 이후였다.

마찬가지로 말레이시아 양돈장의 규모가 커지면서 니파Nipah라는 박쥐 바이러스가 인간에게 넘어올 수 있었다. 규모의 성장과 함께 양돈장은 점점 박쥐가 사는 숲 가까이로 뻗어 나갔고, 그로 인해 돼지와 박쥐는 전에 없이 직접 접촉하게 되었다. 돼지 구유가 박쥐가 쉬는 과일 나무 근처에 놓여 있어서, 박쥐 배설물이 구유에 떨어질 때 돼지가 박쥐 미생물에 노출된다. 그중에서도 특히 규모가 큰 한 양돈장에서, 워낙 많은 돼지가 니파 바이러스*에 감염되고 이것이 현지 농민들에게 전파되어 감염자의 40%를 사망에 이르게 했다. 니파 바이러스는 또한 남아시아에서도 발생했고, 현재 방글라데시에서도 거의 매년 발생하여 감염자의 70%가 사망하고 있다.[47]

---

* 1999년에 인간에게 처음으로 나타난 박쥐 바이러스

이처럼 바이러스가 종간 경계를 넘어오는 것은 비단 외딴 사회나 가난한 열대 지역에만 국한된 현상이 아니며, 뉴욕 같은 전 세계 경제의 중심지 도시와 미국 북동부의 번듯한 교외에서도 일어나고 있다.

○─●─○

웨스트나일 바이러스는 철새에게서 비롯되는 플라비 바이러스로, 1937년에 그것이 처음 확인된 우간다의 지역에서 이름을 따왔다. 아마도 수십 년간 철새들이 미국으로, 그중에서도 특히 뉴욕 시로 바이러스를 유입한 것으로 보인다(뉴욕 시는 북미 지역 4대 철새 이동 경로 중 하나인 대서양 비행경로상에 있다). 웨스트나일 바이러스에 감염된 새를 물었던 모기가 인간을 물면, 바이러스가 새의 몸에서 인간에게 넘어올 수 있다.

그러나 바이러스 유입과 모기 물림 현상은 반복해서 있었던 일임에도 불구하고, 처음 확인된 1937년으로부터 1999년까지 50여 년이 지나도록 미국에서 웨스트나일 바이러스가 질병을 일으킨 적은 없었다.

이는 지역 조류 개체군의 다양성 덕분에 바이러스에 대한 노출이 제한되었기 때문이었다. 조류는 종마다 바이러스에 대한 취약성이 다르다. 울새와 까마귀는 바이러스에 특히 취약하다. 반면, 딱따구리와 뜸부기는 그렇지 않다. 풍성한 털이 보호막 역할을 해주기 때문이다. 딱따구리와 뜸부기를 포함해 지역 조류 개체군이 다양했을 때는 주변에 바이러스가 많지 않았고, 바이러스가 조류에게서 인간에게로 넘어올 가능성은 희박했다.

그러나 다른 종들과 마찬가지로 조류의 생물다양성이 급격히 감소했다. 도시 난개발과 산업형 농업, 기후 변화 같은 인간의 행동에 의해 초래된 요인으로 조류 서식지가 꾸준히 파괴되어 우리 주변에 사는 종의 수가 감소되었다. 그러나 서식지 파괴가 모든 종에게 고르게 영향을 미치는 것은 아니다. 소위 '특수종'이라고 불리는 종들은 특히 더 타격을 입는다. 그들은 왕나비와 도롱뇽, 딱따구리, 뜸부기처럼 까다로운 조건에 의지해서 살아가고 그런 조건이 변화하면 쉽게 생존하지 못하는 종들이다. 숲이 벌목되고 보금자리에 포장도로가 들어서면, 이런 종들이 제일 먼저 사라지는 경향이 있다. 이는 울새와 까마귀 같은 '일반종'들에게 먹이와 영역이 더 늘어나게 됨을 뜻한다. 이들은 어디서나 살 수 있고 아무 것이나 먹을 수 있는 기회주의적이고 적극적인 종들이다. 공백을 틈타 이들의 개체 수가 급증했다.

미국에서 조류 다양성이 감소됨에 따라, 딱따구리와 뜸부기 같은 특수종들은 사라지는 반면, 울새와 까마귀 같은 일반종들은 번성했다. (미국 울새의 개체군은 지난 25년에 걸쳐서 50~100% 증가했다.)[48] 이러한 지역 조류 개체군의 재구성은 바이러스가 인간에게 넘어오기에 충분한 밀도에 도달할 기회를 꾸준히 증가시켰다. 그리고 어느 시점에 문턱을 넘었다. 1999년 여름 웨스트나일 바이러스는 뉴욕 시 퀸즈 인구의 2% 이상(약 8천 명)을 감염시켰다.[49]

일단 자리를 잡게 되자, 바이러스는 거침없이 확산되었다. 5년 이내에 미국 본토의 48개 주 모두에서 바이러스가 발견되었다.

2010년까지 뉴욕과 텍사스, 캘리포니아에 이르기까지 북미 지역에서 180만 명의 사람들이 감염되었다. 전문가들은 웨스트나일 바이러스가 한동안 지속될 것이라고 입을 모은다.[50]

마찬가지로 미국 북동부 숲에서의 종 다양성 감소는 진드기 매개 병원체가 인간에게 넘어올 수 있게 해 주었다. 원래의 손상되지 않은 북동부 숲에서는 줄무늬다람쥐와 족제비, 주머니쥐 같은 다양한 삼림지대 동물이 풍부했다. 주머니쥐 한 마리가 털 손질 과정에서 일주일에 거의 6천 마리씩 진드기를 제거하기 때문에, 이런 동물들은 지역 진드기 개체 수를 제한하는 데 크게 기여했다. 그러나 북동부에 교외 지역이 증가함에 따라, 숲은 도로들이 교차하는 작은 삼림 지대로 파편화되었다. 주머니쥐와 줄무늬다람쥐, 족제비 같은 특수종들은 사라지고, 사슴과 흰발붉은쥐 같은 일반종들이 그 자리를 차지했다. 그러나 사슴과 흰발붉은쥐는 주머니쥐와 줄무늬다람쥐와 달리 진드기 개체 수를 억제하지 않는다. 주머니쥐와 줄무늬다람쥐가 사라지자, 진드기 개체 수가 폭발적으로 증가했다.[51]

그 결과 진드기 매개 미생물이 점차 인간에게 넘어오고 있다. 진드기 매개 세균인 보렐리아 부르그도르페리$^{Borrelia\ burgdorferi}$*는 1970년대 후반 코네티컷 올드라임에서 처음으로 인간을 감염시켰다. 이 바이러스가 초래하는 라임병은 치료하지 않고 방치할 경우 마비와 관절염 등을 일으킬 수 있다. 1975년부터 1995년까지

---

* 라임병을 일으키는 진드기를 매개로 전염되는 세균

20년 사이에 발병 사례가 25배로 증가했다. 질병통제예방센터의 추산에 따르면, 오늘날 30만 명의 미국인들이 매년 라임병 진단을 받고 있다. 다른 진드기 매개 미생물도 인간에게 파급되고 있다. 2001년과 2008년 사이, 말라리아와 유사한 증상을 일으키는 쥐바베스열원충Babesia microti이라는 진드기 매개 감염 사례는 20배나 증가했다.[52]

웨스트나일 바이러스도 보렐리아 부르그도르페리와 그 사촌들도 아직까지 사람끼리 직접 전염되지는 않는다. 그러나 그들은 적응과 변신을 계속하고 있다. 그리고 다른 곳에서는 바이러스가 문턱을 넘어 인간에게 전파되는 과정을 가속화시키는 야생종들의 재구성이 진행되고 있다. 전 세계적으로 조류 종의 12%, 포유류 종의 23%, 양서류의 32%가 멸종 위기에 처해 있다. 1970년 이래로, 이러한 생명체의 개체 수는 전 세계적으로 거의 30%나 감소했다. 이러한 소실이 종들 간의 미생물 분포를 어떻게 변화시키고, 어떤 미생물이 문턱을 넘게 될 것인지는 아직 두고 볼 일이다.[53]

o—●—o

우리 가족을 괴롭힌 신종 병원체 MRSA는 동물에게서 기인한다. MRSA는 돼지의 몸에 산다. 돼지는 그것을 사람들에게 옮기고, 도축되어 슈퍼마켓에서 판매되는 고기에서도 세균이 발견된다. 물론 그것을 먹는 사람이 감염되는지의 여부는 아직 밝혀지지 않았다. 아이오와 대학에서 수행된 한 연구는 아이오와 식료품 매장에서 수거한 돈육 샘플의 3%에서 MRSA를 발견했다. 네덜란드

에서 일반적으로 돼지에게 발견되는 MRSA균은 인간의 MRSA 감염의 20%를 차지한다.[54]

　나는 양돈장 근처에 살아본 적이 없다. 그러나 돼지고기를 먹기는 한다. 솔직히 말하면 그것이 별로 자랑스럽지는 않다. 나는 엄격한 채식주의 집안에서 자랐다. 부모님은 모두 자이나교도로 성장했다. 자이나교는 극단적인 비폭력을 설파하는 종교이며, 다른 생명에게 해를 끼치지 않는 것을 철칙으로 삼는다. 심지어 풀을 밟거나(벌레를 밟아죽일 수 있으므로), 미생물을 흡입하는 것조차 삼간다. 그래서 자이나교도인 우리 할머니는 입을 흰 마스크로 가리고 다니셨다. 내가 어렸을 때 고모에게 물고기모양 크래커를 권했을 때, 고모는 크래커의 형태 자체가 사악함을 암시한다며 거부했다. 자이나교도는 개미총에 설탕을 얹어 주거나 우리 할아버지처럼 자이나교에서 운영하는 동물 보호소를 찾아가 도살장에서 구조된 소와 양에게 먹이를 주거나 하는 식으로 동물들에게 선행을 베풀어야 한다. 그런데 부끄럽게도, 이런 존경스러운 전통을 따르기 위해 내가 하는 일이라고는 동물원에 가는 것을 꺼리거나 어쩌다 우리 부엌에 들어온 파리와 거미, 개미 따위를 죽이지 않는 정도가 고작이다.

　당연히 진정한 자이나교도라면 야생 동물의 서식지를 침범하거나 동물들을 대형 농장과 시장으로 몰아넣어 동물의 미생물을 인간에게 전파하는 데 어떤 식으로든 연루되는 일이 없을 것이다. 엄밀히 말해서 나는 그렇지가 못하다. 그러니 우리 아들이 MRSA에 감염된 뒤 그 해에 벌어진 상황에는 어느 정도 논리적인 측면이 있을지도 모르겠다. 한 병원체가 유행성 병원체가 되기 위한 첫 번째 필수 관문인 사람에서 사람으로 전파될 수 있는 능력을 내게 보란 듯이 증명했으니 말이다.

MRSA의 첫 공격이 있고 난 2~3개월 후에 아들은 2차 공격을 겪었고, 또 다시 독한 항생제를 투여해야 했다. 항생제 치료 기간 중에 아들이 갑자기 열이 치솟아서 학교에서 조퇴하고 집으로 돌아왔다. 하필 그때 나는 차를 타고 도시 외곽에 나가 있어서 아들은 집까지 걸어와야 했고, 나는 서둘러 집으로 돌아오는 내내 초조함에 발을 동동 굴렀다. 항생제에 대한 반응이었을까? 아니면 항생제가 듣지 않게 된 것인가? 우리가 그 차이를 어떻게 알 수 있을까? 만일 항생제에 대한 반응 때문이라면, 아들이 사용할 수 있는 다른 효과적인 약이 있는 것일까? 한 약품군 전체가 발진을 일으켜서 이미 배제된 상태였다. 반면, MRSA가 항생제를 무력화시킨 것이라면, 그것이 이제 아들의 몸과 조직과 장기에 더 깊숙이 침투해 있는 것일까? 나는 건강한 젊은이들의 사례를 읽은 적이 있었다. 폐가 MRSA에 감염된 미네소타의 20세 학생과 오른쪽 골반에 감염된 MRSA가 폐로 전이된 7세 어린이였는데 두 사람 모두 사망했다.[55]

2~3개월이 흐른 뒤 아들의 팔꿈치 안쪽에 세 번째 MRSA 감염이 나타났다. 이쯤 되니 의심의 여지가 없었다. MRSA가 아들의 몸속에 살아 있는 것이었다. 아들의 피부에는 외부 침입자가 기어들어올 만한 틈이 없었다. 감염은 안에서 비롯된 것이다. 남편이 부어오른 환부에서 다섯 수저 정도의 고름을 짜냈다.

우리는 권유 받은 대로 주기적으로 표백제 희석액에 몸을 담그지 않았다. 몇 번은 시도해 보았지만, 피부가 파충류처럼 우둘투둘해지는 것을 보고는 포기했다. 대신 우리는 세균을 억제하기 위한 다른 정교하고 위생적인 방법을 고안했다. 씻고 세탁하는 것이었다. 또한 손 살균제와 1회용 거즈, 스프레이 소독제가 들어 있는 살균 상자를 늘 비치해 두었다. 또한 헌 냄비를 스토브에 항시 올려 놓고 마치 종교의식처럼 붕대를 삶았다.

문제는 그것이 아니었다. 아들의 종기가 치유되고 6개월 뒤, 내 허벅지 뒤쪽이 불에 덴 듯 화끈거리기 시작했다.

작은 손거울과 다년간 갈고 닦은 요가 자세의 도움으로, 나는 거미에 물린 것 같은 작은 상처를 볼 수 있었다. 누군가 피부에 불을 대고 있는 것 같은 느낌이었다. 그러더니 환부가 부어오르고 딱딱해졌다. 나는 쓸리거나 눌리는 것을 피하기 위해 더 이상 청바지를 입지 않았고, 나중에는 아예 바지 자체를 입지 않았다. 그렇게 며칠을 보내고 나는 절뚝이며 병원을 찾았다. 의사는 환부에 메스를 대고 째기 시작했다. 반시간 뒤 나는 며칠 동안 MRSA가 우글거리는 고름을 흡수할 커다란 거즈 뭉치를 들고, 눈물을 찔끔거리며 비틀비틀 집으로 돌아왔다.

MRSA는 인간 병원체로서의 효과에 있어서 결정적으로 중요한 능력을 보여 주었다. 우리가 그것의 존재를 알고 있었음에도 불구하고, 그리고 그것을 통제하려는 시도를 어느 정도 했음에도 불구하고, 사람에서 사람으로 전파하는 데 성공한 것이다. 우리 가족이라는 작은 인구 집단에서 MRSA의 기초감염재생산수는 임계 한

계치 1을 넘었다.

∘•∘

MRSA와 SARS, 웨스트나일 바이러스와 심지어 에볼라 같은 병원체의 피해는 보다 큰 그림에서 보면 상대적으로 크지 않다. 미국에서 매년 자동차 사고로 사망하는 사람들이 전 세계에서 신종 병원체로 사망하는 사람들보다 훨씬 더 많다. 그럼에도 우리가 이런 병원체에 관심을 기울이는 이유는 그것들이 콜레라 같은 병원체가 끝마친 여정을 시작했기 때문이다. 그리고 우리는 그 길이 어디로 향하고 있는지 볼 수 있다.

순다르반스 습지에서 콜레라균을 탄생시켰던 변화는 분명 순간적이었다. 콜레라균은 원래 바다에 부유하는 얌전한 해양 세균이었던 원래의 기원으로부터 아주 먼 길을 걸어왔다. 그러나 병원체로서 그것은 여전히 불분명한 미래를 마주했다. 병원체가 대유행병을 일으키려면 인구 집단의 상당 부분을 감염시켜야 한다. 문제는 인구 집단이 상당히 먼 거리에 퍼져 있다는 것이다. 대유행병을 일으키려면, 콜레라는 바다를 건너고 대륙을 횡단하고 수천 킬로미터의 사막과 툰드라를 헤쳐 나가야 한다. 그런데 병원체 자체는 아주 작고 움직일 수가 없다. 날개도 다리도, 다른 독립적인 이동 수단도 없다. 저 혼자서는 마치 외딴 섬의 조난자처럼 원래의 발생지에 꼼짝없이 고립되어 있을 수밖에 없다.

대유행병으로 향하는 여정의 다음 단계로 넘어가기 위해, 콜레라는 거의 전적으로 우리에게 의존해야 했다.

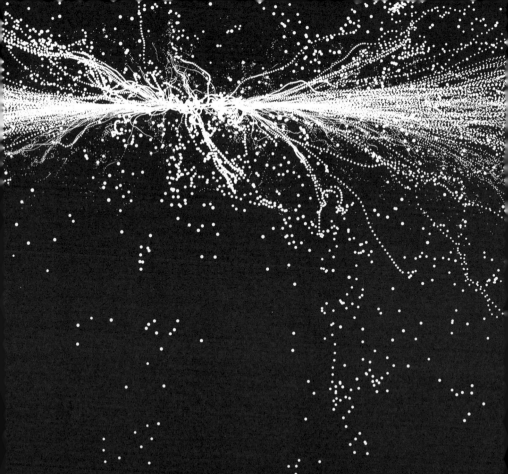

2

___

이동

어느 쌀쌀한 11월의 아침, 보스턴에 있는 웨스틴 호텔 연회실 밖에서 나는 미생물학자인 마크 슬리프카 박사에게 애완용 프레리도그* '츄이'에 대해 처음으로 듣게 되었다. 세계 최고의 수두 바이러스 전문가 중 한 명인 슬리프카 박사가 유행병의 역학에 관한 회의를 위해 모인 소수의 감염병 전문가들에게 총회 연설을 마친 직후였다.

2013년 추이의 주인이 동물 병원에 데려왔다. 주인은 애완동물이 재채기와 기침을 한다며 걱정했다. 수의사는 산소를 흡입시키기로 결정하고, 츄이를 햄스터 볼이라는 속이 빈 플라스틱 구체 안에 넣고는 호스를 통해 산소를 주입했다.

그런데 수의사가 몰랐던 사실이 있다. 츄이는 북미 지역 자생종이지만, 지구 반 바퀴 밖에서 날아온 살인적 병원체에 노출되었던 것이다. 애완동물 물류센터에서 츄이는 가나에서 항공편으로 날아온 애완용 동물들의 상자 옆에 있었다.[1] 그 상자에는 가나의 소가코프라는 곳 근처에서 포획된 자이언트캥거루 쥐 두 마리와

---

* 북미 지역 평원지대에 서식하는 얼룩다람쥐의 일종 – 옮긴이 주

겨울잠쥐 아홉 마리, 감비아다람쥐 세 마리가 들어 있었는데, 소가
코프는 그 지역 밧줄다람쥐의 40%와 주민의 3분의 1이 수두바이
러스에 노출된 곳이었다.[2]

같은 물류센터에 있었던 작은 츄이와 다른 수십 마리의 프레리
도그가 보인 재채기와 기침 증상은 원숭이천연두에 감염된 결과
였다. 바이러스는 츄이의 털 밑에 수두 병소를 만들어 바이러스를
흡수했고, 호흡을 통해 폐에서 바이러스가 분출되었다. 츄이의 수
의사는 햄스터 볼에서 츄이에게 산소를 분무함으로써 구체 안을
바이러스 연무로 가득 채웠다. 달리 말하면 수의사는 천연두 바이
러스 폭탄을 만든 셈이었다.

그리고 수의사가 츄이를 꺼내려고 볼을 여는 순간 폭탄이 폭발
했다. 원숭이천연두 바이러스 입자의 구름이 방안 가득 퍼졌다. 바
이러스는 그때 방안에 있었거나 나중에 우연히 방에 들어가게 된
열 명의 사람을 감염시켰다. 결국 가나 애완동물에게 감염된 츄이
와 다른 프레리도그가 미국 6개 주에서 72명을 감염시켰다. 다행
히 이때 유입된 원숭이천연두는 중앙아프리카 종보다 덜 치명적
인 서아프리카 종이어서, 입원 환자는 19명에 그쳤다.[3]

내가 생각할 때 슬리프카 박사가 이 이야기를 흥미롭게 느낀 이
유는 수의사가 악의 없이 치명적인 생물 폭탄을 만들게 된 아이러
니 때문이었던 것 같다. 그러나 만일 항공 여행이 없었다면, 원숭
이천연두가 가나의 정글을 벗어나 작은 츄이의 몸속으로 전파될
수 없었을 것이다. 결국 항공 여행은 병원체에게 날개를 달아 주고
전 세계에 스스로를 전파시킬 수 있는 무임승차를 시켜 준 것이다.

원숭이천연두가 우글거리는 설치류 상자를 미국으로 실어 나른 항공기는 또한 가성-김노아스쿠스 데스트럭탄스Pseudogymnoascus destructans라는 곰팡이를 유럽에서 뉴욕으로 실어 왔다. 아마도 유럽 깊은 내륙의 박쥐 동굴에서 동물탐험가의 장화에 묻어서 미국으로 온 것으로 보이는 이 곰팡이는 박쥐의 피부에 침투했다. 2006년과 2012년 사이에 이 곰팡이는 입과 코 주위가 하얗게 변하는 박쥐괴질로 미국의 16개 주와 캐나다 4개 지방에서 수백만 마리의 박쥐를 죽게 함으로써 80%의 개체 수 감소를 초래했다.[4]

항공 여행은 새로운 병원체를 실어 나를 뿐 아니라, 병원체가 일으킬 수 있는 대유행병의 형태와 확산까지 결정한다. 2013년에 이론 물리학자인 더크 브로크만 교수는 세계 지도에서 현대 대유행병인 독감 발생을 좌표로 표시했는데, 그 패턴이 무척 무질서하고 무정형적으로 나타났다. 예를 들어, 가나에서 시작된 원숭이천연두가 느닷없이 텍사스의 동물유통센터에 나타났던 것처럼, 최초에 중국 본토와 홍콩에서 발생했던 독감이 중간 경로 없이 논스톱으로 유럽과 북미로 곧장 넘어가기도 했다. 그러한 확산을 설명하거나 그 병원체가 다음에 어디로 건너갈 것인지 예측할 수 있는 패턴은 없어 보인다.

그러나 브로크만 교수는 항공 여행에 있어서의 근접성에 따라 지역들을 표시한 지도에서 동일한 대유행병을 추적해 보면 상당히 의미심장한 그림이 나타난다는 것을 발견했다. 그러한 지도에서는 직항 항공편의 유무 때문에 뉴욕 시는 불과 480킬로미터 거리의 로드아일랜드보다 4,800킬로미터나 떨어진 런던과 더 가까

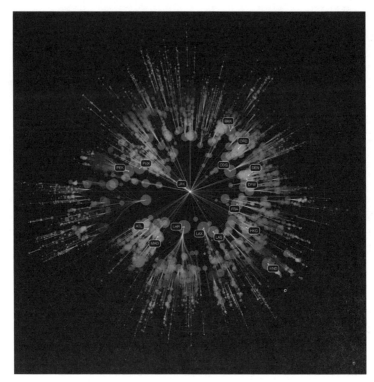

항공망에서 공간적 거리에 따라 위치와 발병 사례를 지도에 표시한 독감 대유행병 시뮬레이션

웠다. 비행 소요 시간 지도에서 대유행병의 확산을 좌표로 찍어 보
면 지리학적 지도에서처럼 혼란스럽고 느닷없는 발병은 보이지
않는다. 대유행병은 일련의 파도로 분석된다. 마치 호수에 던져진
돌이 일으키는 파장처럼 안에서 밖으로 차근차근 퍼져 나간다. 브
로크만의 지도는 우리의 교통망이 오히려 물리적인 지리보다 대
유행병의 패턴에 더 결정적인 영향을 미친다는 것을 보여 준다.[5]

19세기에 개발된 새로운 교통수단이 없었더라면, 콜레라는 결코 대유행병을 일으킬 수 없었을 것이다. 콜레라가 국제무대에 신고식을 치르기 직전, 해상 교통은 산업 세계를 이제 막 새로 구축하기 시작했다. 빠른 범선과 증기선이 대양을 가로지르고, 새로 건설된 운하는 내륙 깊숙한 곳까지 사람과 물품을 실어 날랐다. 콜레라균 같은 수인성 병원체에게 이보다 더 훌륭한 교통수단은 없었을 것이다.

콜레라균처럼 바다에 접근할 수 있는 해양 생물은 어느 해안에나 도달할 수 있을 것이라고 생각하기 쉽다. 그도 그럴 것이 바닷물은 서로 연결되어 있고 늘 순환하지 않는가? 게다가 세계에서 두 번째로 빠른 해류라는 아굴라스 해류가 인도양 남서부 콜레라 서식지의 물을 대서양 문턱의 아프리카 남단으로 곧바로 운반한다.[6] 분명 몸에 콜레라균이 득실대는 개척자 요각류가 해류에 쓸려 남아시아를 벗어날 수 있었을 것이다.

그러나 사실 콜레라 바이러스는 스스로의 이동력에만 의존할 경우 거의 붙박이에 가깝다. 요각류 종의 75% 이상이 애초에 그들이 발생한 얕은 지표수에 머물며 살아가는 경향이 있다. 어찌어찌해서 해류를 탈 수 있었던 소수의 요각류는 사하라 사막을 방불케 하는 자양분이 극도로 희박한 데다 진행 속도도 더딘 망망대해의 깊은 바닷물에 파묻히게 된다.[7]

물론 인간이 미생물을 옮길 수 있지만 그것도 한계가 있다. 콜레라 희생자는 실제로 분변과 오염된 손과 물건을 통해 균을 퍼뜨리는, 그야말로 걸어 다니는 파종기와 다름없다. 그러나 콜레라가 인간의 체내에 머무는 기간은 희생자가 그 전에 죽지 않는다고 가정했을 때, 기껏해야 일주일에 불과하다. 콜레라가 처음 등장한 19세기에는 그 정도 기간으로는 순다르반스에서 인구 밀도가 높은 유럽까지 거의 8천 킬로미터에 달하는 거리를 이동하기에 충분하지 않았다.

콜레라가 육로로 이동하려면 많은 사람들이 함께 움직여야 했다. 순차적으로 감염된 희생자들의 집단이 긴 시간과 거리에 걸쳐서 콜레라균의 생존가능성을 연장시켜야 했다. 병원체의 입장에서 이런 형태의 이동은 도중에 가로막히기가 쉽다. 너무 많은 사람들이 동시에 감염되면, 잠재적 보균자가 전부 죽거나 면역이 되어서 균이 멸종될 수 있다. 반면, 너무 적은 사람이 감염되면, 여행자들을 순차적으로 감염시켜 장기간에 걸쳐서 병원체를 퍼뜨릴 확률이 줄어든다.

그나마 병원체의 육로 이동이 가능했던 것은 구대륙에 국한되었다. 세계적인 대유행병을 일으키기 위해, 콜레라균은 감염에 취약한 19세기의 정착민과 노예, 원주민들로 북적이는 신대륙에 접근할 방법을 찾아야 했을 것이다. 콜레라는 깊은 바닷물을 건너야 했을 것이다. 누군가, 또는 무언가 그것을 옮겨야 했을 것이다.

○─●─○

유럽인과 미국인들은 후진적인 동양의 질병인 콜레라가 계몽된 서구 세계에 결코 이르지 못할 것이라고 생각했다. 1831년 프랑스의 한 책에서는 콜레라가 '아시아의 개간되지 않은 황량한 들판에서 발생하는…… 이국적인 산물'이라고 단언했다. 그들은 자신들이 '콜레라 모르버스cholera morbus'라고 부르는 평범한 급성 설사 증상과 구분하기 위해, 콜레라를 '아시아' 콜레라라고 불렀다.[8]

예를 들어, 프랑스는 별로 두려울 것이 없었다. 한 프랑스 평론가는 '잉글랜드를 제외하면 프랑스보다 더 충실하게 위생 수칙을 지키는 나라도 없을 것'이라고 자랑스럽게 말했다.[9] 부유층이 바람이 잘 통하는 정원과 향수 뿌린 물이 담긴 대리석 욕조를 향유하던 파리에 순다르반스처럼 맹그로브로 뒤덮인 질퍽질퍽한 습지 같은 곳은 없었다.[10] 게다가 파리는 계몽주의의 중심지였다. 프랑스 의사들의 최신 기술과 발견들을 배우기 위해, 전 세계에서 의학도들이 파리의 신식 병원으로 몰려들었다.[11]

그럼에도 불구하고, 콜레라는 더디지만 확실하게 유럽의 문간에 당도했다. 1817년 가을 무렵, 콜레라는 갠지스 강에서 2,500킬로미터를 거슬러 올라가 군대에서 5천 명의 사망자를 냈다. 1824년 무렵에는 중국과 페르시아로까지 확산되었다가 그해 겨울 러시아에 이르러서야 얼어붙었다. 두 번째 집단 발병은 몇 년 뒤 인도에서 시작되었다. 1827년에 영국 군대는 펀자브를 침입했고, 1830년에는 러시아 군대가 폴란드를 점령하기 위해 행군했다. 콜레라는 그림자처럼 그들을 따라다녔다.[12]

1832년 3월 하순, 콜레라는 파리를 장악했다. 당시에는 현대 의학의 이기가 없었기 때문에, 콜레라는 특유의 무시무시한 증상들을 일으키며 감염자의 절반을 사망에 이르게 했다. 폐렴처럼 비극적인 느낌을 주는 기침이나 말라리아의 낭만적인 고열 같은 증상은 없었다. 콜레라의 희생자는 불과 몇 시간 만에 탈수 현상으로 얼굴이 쪼그라들고 피부에 주름이 생기고 뺨이 움푹 패고 누관이 말랐다. 혈액이 타르처럼 찐득해져서 혈류가 막혔다. 근육에서 산소가 빠져나가면서 심하게 떨리고 때로는 파열도 일어났다. 그로 인해 장기가 손상되어, 희생자는 의식이 또렷한 채로 엄청난 양의 설사를 배출하면서 급성 쇼크에 빠졌다.[13]

식탁에 앉아 멀쩡하게 저녁 식사를 하던 사람이 디저트를 먹기 전에 갑자기 죽었다는 얘기며, 남편이 직장에서 돌아와서 아내와 가족이 병원에서 죽어가고 있다는 쪽지가 문에 붙어 있는 것을 발견했다는 얘기, 기차를 탄 사람이 다른 승객들 앞에서 갑자기 쓰러졌다는 얘기 같은 유언비어가 돌았다.[14] 감염자들이 가슴을 부여잡고 바닥에 쓰러진 것이 전부는 아니었다. 그들은 장에서 주체할 수 없는 홍수를 방출했다. 19세기의 정서로는 콜레라는 굴욕스럽고 미개하고 치욕적인 질병이었다. 리처드 에반스는 이러한 이국적인 침입자가 계몽된 유럽인들을 야만인으로 바꾸어 놓았다고 쓰고 있다.[15]

에반스는 이렇게 말했다. "시가전차나 레스토랑, 또는 거리에 있다가, 많은 사람들이 지켜보는 가운데 갑자기 통제할 수 없는 엄청난 설사의 공격을 당하게 될 수 있다는 생각은 죽음 자체에 대한 생각만큼이나 끔찍했을 것이다."[16] 어쩌면 오히려 더했을 것이다.

콜레라가 촉발한 한결같은 두려움 중 하나는 생매장이었다. 오늘날에는 생명 유지와 관련된 중요 장기가 기능을 멈추면 삑 소리를 내는 모니터가 있고, 신문 머리기사를 장식할 만한 몇몇 예외적인 경우를 제외하면 삶과 죽음 사이의 회색 영역은 매우 좁다. 그런데 19세기에는 그런 회색 영역이 훨씬 더 넓었다. 원래는 깔끔한 수의를 입은 채 똑바른 자세로 묻혔는데 나중에 뼈가 부러지고 몸이 뒤틀린 채 머리를 쥐어뜯는 자세로 발견되었다는 시신들의 이야기가 신문과 잡지에 자주 등장하곤 했다. 땅속에서 몸부림을 친 흔적이었다.

많은 의사들이 사망의 정확한 증상에 대해, 그리고 '가사apparent death'와 '실제' 사망의 차이에 대해 수세기 동안 논쟁을 벌여 왔다. 1740년에 프랑스의 저명한 의사 장-자크 윈슬로우는 일반적인 사망판정법 중에 핀으로 찌르거나 절개 수술 같은 것들은 정확성이 부족하다고 주장했다. (윈슬로 자신이 어렸을 때 오진으로 사망 판정을 받아 두 번이나 관에 갇힌 적이 있었다.) 어떤 이들은 가장 믿을 만한 사망의 흔적은 시신의 부패라고 말했다. 그러나 그것은 사랑하는 사람의 장례를 치르지 못하고 시신이 부패할 때까지 기다려야 하는 유가족에게 너무 가혹하고 지독한 방법이었다. 게다가 부패가 있어도 혼수와 괴저가 결합된 상태일 뿐 죽은 것은 아닐 수 있다는 주장까지 있었다.

사망한 육신과 가사 상태의 육신을 다루는 것과 관련한 새로운 법률과 발명, 방법들이 그 문제를 줄이는 데 도움을 주었다. 1790년대에 파리에서는 시체에 특수 장갑을 끼우도록 하는 새로운 시스템이 도입되었다. 시체의 손가락이 움직이면 현이 당겨져 커다란 망치가 경보 장치를 내리치도록 고안된 장치였다. 지역 의사들의 지시에 따라 시체 안치소에서 경비원들이 귀를 쫑긋 세우고 순찰을 돌았다. (오늘날 우리는 죽음의 징후를 찾기 위해 산 사람을 감시하는데, 당시에는 삶의 징후를 찾기 위해 죽은 사람을 감시했다.) 1803년에 제정된 법은 혹시나 모를 착오가 있을 것에 대비하여 사망 판정 시점부터 매장까지 하루의 기간을 두도록 했다. 1819년에는 르네 테오필-야생트 라에네크라는 프랑스 의사가 희미하게 뛰는 심장 소리까지 들을 수 있는 청진기를 발명했다. (청진기는 또한 점잖은 의사들이 여성 환자의 가슴에 귀를 대야 하는 민망한 상황을 피할 수 있게 해주었다.) 영국의 왕립인명구조협회Royal Humane Society처럼 익사자를 소생시킨다는 특수한 목적의 자선단체가 설립되어 산 자와 죽은 자 사이의 정밀한 구분에 관한 대중적 인식을 제고하기 위한 캠페인을 벌였다(그들은 Lateat scintillula forsan, 즉 "작은 불꽃이 숨겨져 있을 수 있다."를 오늘날까지 좌우명으로 삼고 있다.)[17]

콜레라는 이런 몇 가지 안전장치를 파괴함으로써 파리 시민들을 경악하게 만들었다. 콜레라는 산 사람을 푸르스름하고 퀭하고 움직임이 없는 상태로 만들어 마치 시체처럼 보이게 했다. 1832년 콜레라가 발생했을 때 한 의사는 이렇게 투덜댔다. "오해하기가 너무 쉽다. 한번은 내가 이미 죽었다고 진단한 사람이 사실은 몇 시간 뒤에 죽은 것으로 판명된 적도 있었다."[18] 그럼에도 대유행병이 창궐했을 때는 매장 지연 규정이 철회되었다. 죽은 사람과 가사 상태인 사람들의 시체가 마치 짐짝처럼 당장이라도 부서질 듯한 짐마차에 가득 쌓여 이동했고 가끔은 마차에서 길바닥으로 떨어지기도 했다. 모두 즉석에서 공동묘지에 세 겹으로 포개어 묻혔다.

지역 당국들은 도심 내 대중 집회를 불법화하고 장이 서는 것도 금지했다. 또한 감염자의 집에 따로 표시를 해두고 생존자들이 집밖으로 나오지 못하도록 격리시켰다. 그럼에도 장례 행렬은 계속되었다. 교회는 온통 검은 휘장으로 뒤덮였다. 병원에는 콜레라의 공격으로 피부색이 자줏빛으로 변한 채 죽음의 문턱에서 미동도 없이 누워 있는 환자들이 넘쳐났다. 아직 살아 있는 콜레라 환자들도 약이랍시고 처방된 알코올음료 때문에 정신을 못 차리는 상태였다. 당시 파리를 방문했던 미국 언론인 N.P. 윌리스는 이렇게 썼다. "기괴한 광경이었다. 사람들은 일어나 앉았고 이 침대 저 침대를 옮겨 다녔으며, 표정 없는 창백한 얼굴과 푸르스름한 입술로 흰색 환자복을 입은 모습이 마치 술에 취해 흥청거리는 시체들처럼 보였다." 자갈길을 따라 시신을 운반하는 짐마차에서 혈액과 체액이 흘러나와 여기저기 튀었다.

끔찍한 그해 봄에 파리의 엘리트들은 밤마다 가장무도회를 열고, 엽기적인 시체 분장을 한 채 '콜레라 왈츠'에 맞추어 춤을 춤으로써 콜레라에 저항하고 콜레라로 인한 피해를 부정했다.(그리고 곧 많은 사람들이 실제로 그런 모습이 되었다.) 일명 콜레라 무도회라는 곳에 참석했던 윌리스는 콜레라의 화신처럼 '해골 장식 갑옷과 충혈된 눈, 그밖에 끔찍한 장신구'로 치장한 한 남자에 대해 묘사했다. 가끔은 술을 마시며 흥청대다가 갑자기 가면을 벗고 자줏빛 얼굴로 쓰러지는 사람도 있었다. 콜레라는 사람들을 너무도 빠르게 죽음에 이르게 해서, 가장무도회에서 입은 복장 그대로 묘지로 실려 가는 경우도 있었다.[19](파리의 콜레라 무도회와 그에 대한 윌리스의 보도는 볼티모어에 사는 33세의 신랄한 작가 에드거 앨런 포가 「붉은 죽음의 가면」이라는 단편소설을 쓰는 데 영감을 주었다. 이 소설에서 포는 가면을 쓰고 '머리에서 발끝까지 주검의 수의를 입은' 인물의 등장으로 '피에 젖은 무도회장에서 술 마시며 흥청대는 사람들'이 죽음에 이르게 되는 장면을 묘사한다.)

4월 중순 무렵까지 콜레라는 7천 명이 넘는 파리 시민의 목숨을 앗아갔다. 최종 사망자 수는 여전히 알려지지 않았다. 공포심의 확산을 막기 위해, 정부가 사망자 통계수치 발표를 중단했기 때문이다.[20]

사람들은 의사와 간호사, 경찰들의 봉사에도 불구하고 콜레라가 여전히 기승을 부리는 붕괴된 사회를 뒤로 하고 파리를 탈출했다.[21] "콜레라! 콜레라! 지금은 온통 그 얘기뿐이다." 윌리스는 이렇게 한탄했다. "사람들은 장뇌 오일을 담은 주머니와 식초를 콧구멍에 대고 거리를 걷는다. 모든 계급에 보편적인 공포가 퍼져 있고, 여력이 되는 사람들은 모두 대탈출을 감행한다." 극심한 공포에 빠진 약 5천 명의 파리 시민들이 서둘러 집을 버리고 대탈출 길에 올라 도로와 강, 바다를 가득 채웠고, 예전에 선원과 상인, 군인들이 그랬던 것보다 훨씬 더 효율적으로 콜레라를 새로운 곳으로 퍼뜨렸다.[22]

그들은 도보로 탈출했고, 객차에 올라탔고, 강 하류로 노를 저었고, 바다로 가는 선박에 몸을 실었다. 새로운 교역로 덕분에, 바다 건너 북미의 깊은 내륙으로 콜레라가 빠르게 전파되었다.

콜럼버스 이후에도 수 세기 동안 대서양을 건너는 것은 위험한 일이었고, 어쩌다 한 번 돌발적으로 시도하는 정도가 고작이었다. 현재의 뉴욕 시에 해당하는 곳에 정착한 네덜란드인들은 1년에 한 번씩 배를 전세 내어 대서양을 건넜다. 그 힘들고 비용이 많이 드는 여정은 꼬박 8주가 걸렸는데, 부분적으로는 조심성 많은 선장들이 금지된 북대서양의 최단 항로를 피해 갔기 때문이다. 영국 식민지 시절에는 제약적 관세와 해적의 노략질이 대서양을 건너 물건과 사람들을 실어 나르려는 선주들의 포부에 찬물을 끼얹었고, 그래서 뉴욕과 보스턴, 필라델피아의 항구들은 한산하고 조용했다. 미국인들이 영국으로부터 독립을 쟁취한 후에도, 대서양을 건너는 유일한 방법은 선주가 출발 날짜를 광고할 때까지 기다렸다가 출항할 수 있을 만큼 충분한 화물과 승객이 모이기를 바라는 것뿐이었다. 그리고 그런 모처럼의 행운이 주어진 후에도, 바람과 기상이 협조할 때까지 항구 도시에 몇 주씩 머무는 일도 다반사였다.

미국의 해운업은 나폴레옹 전쟁 중에 호전되기 시작했다. 유럽의 혼란을 틈타 뉴욕과 보스턴, 필라델피아 항들이 중국과의 짭짤한 해상 교역의 일부를 차지하게 된 것이다. 순다르반스에서 콜레라가 발생한 1817년, 야심찬 미국 선주들은 당시에 신설된 뱅크 오브 맨해튼 컴퍼니(훗날 다국적 거대기업 JP모건 체이스가 되는)에서 융자를 받아 대서양 횡단 해운에 있어서 뭔가 새로운 것을 확립했다. 미국의 항구와 리버풀, 런던, 르아브르를 비롯한 유럽의 항구들 간의 정기선을 운항하기 시작한 것이다. 사람들은 이제 더 이상 부두 근처에서 기다릴 필요가 없었다. 블랙 볼 라인과 큐나드 라인 같은 정기선이 매주 미국에서 승객과 우편물과 기타 물품을 싣고 대서양을 건너기 위해 출항했다.[23]

17세기와 18세기를 통틀어, 유럽에서 신대륙으로 이주한 사람들은 약 40만 명에 불과했다. 그런데 대서양 횡단 정기선이 도입된 후 1년도 되지 않아 3백만 명의 유럽인들이 미국으로 향하는 배에 승선했다. 한때 콜레라 확산의 막강한 생태학적 장벽이었던 대서양은 이제 화물과 사람들, 그리고 그들이 의식하지 못한 채 데려간 보이지 않는 미생물에게 그야말로 고속도로가 되었다.

o—●—o

정기선에 승선한 감염자들은 비감염자에게 콜레라균을 쉽게 전염시켰다. 1등실 승객은 멋진 선실과 고급 식사를 누렸지만, 대부분의 승객들은 손과 몸도 씻지 못한 채 3등실 선실에서 바싹 붙어서 여행했다. 야간 시간과 기상 악화 시에는 해치를 닫아야 했기 때문에 3등실 승객들은 갑판 아래의 눅눅하고 탁한 공기 속에 갇혀 지내야 했다. "3등실 승객들이 답답하고 냄새 나는 침상이나 150명이 함께 잠을 자는 후끈하고 악취가 진동하는 방에서 벌레가 나오는 음식을 먹으면서 어떻게 자신이 인간임을 기억할 수 있겠는가?" 직접 3등실에서 여행을 했던 한 언론인의 불평이다. 몇 개 되지 않는 화장실을 수백 명의 승객들이 이용해야 했고, 배설물이 악취 나는 선박 오수와 뒤섞여 갑판을 통해 스며들었다.[24]

선박의 관행 자체도 콜레라를 승객에게 전염시키는 데 일조했을 수 있다. 출항 전에 선박은 그 지역 사람들이 몸을 씻고 변을 보는 하천과 만에서 식수통을 채우곤 했다. 만일 선박이 출발하거나 도중에 경유하는 항구 도시들 중에 한 곳이라도 콜레라가 습격했다면, 콜레라균이 선상에서 쓸 식수통에 쉽게 흘러들어갈 수 있었을 것이다. 그런 다음 이 물은 세척도 하지 않은 나무 상자와 물탱크에 담긴 채로 바다를 건넜다. 대서양을 횡단하는 동안 그 물을 승객들이 직접 마시기도 하고 조리에 이용하기도 했다.[25]

일단 콜레라가 승객들을 공격하면, 선박 전체가 그야말로 이동하는 콜레라균 살포기가 되어 지나는 바다와 만과 항구마다 오염된 배설물을 뿌렸다.[26]

설령 승객들이 감염되지 않고 무사히 넘어 갔다 해도, 선박 자체가 콜레라균을 실어 나를 수 있었다. 19세기 선박들은 온갖 포유류며 조류, 식물들을 알게 모르게 실어 날랐다. 가축과 애완동물, 해충들이 배 위에서 뛰어다녔고, 콜레라균이 기생하기 쉬운 따개비와 연체동물을 비롯한 해양 생물들이 나무 선체에 착 달라붙은 채 혼자서는 결코 불가능했을 여행을 할 수 있었다. (그런 기생자 중에는 맹그로브 숲의 뿌리 끝을 파고드는 스패로마 테레브란스^{Sphaeroma} ^{terebrans}라는 작은 갑각류 동물도 있었다. 1870년대에 이 갑각류는 이렇게 목재 선체에 파고 들어와 본거지인 인도양에서 대서양으로 진출했고, 이제는 수많은 스패로마 테레브란스가 플로리다를 비롯한 여러 지역에서 맹그로브 나무 뿌리를 갉아먹고 있다.)

선박은 배가 물에서 안정성을 유지하기 위해 채우는 바닥짐을 통해 수많은 생물을 전 세계에 퍼뜨린다. 목선木船은 게와 새우, 해파리, 말미잘, 거머리말, 해조류 등이 득실거리는 모래와 흙, 돌 같은 건식 바닥짐을 이용했다. 선원들은 출항할 때 바닥짐을 삽으로 퍼 올렸다가, 나중에 목적지에 도착하면 바다에 버림으로써 외래 침입자들이 가득한 거대한 퇴적물을 만들었다. 건식 바닥짐 더미에 섞여 바다로 던져진 콜레라균에 감염된 갑각류 몇 마리가 새로운 외래종 군집의 씨앗을 바다에 뿌릴 수 있었다.

철선鐵船에서 바닥짐으로 이용되는 선박평형수는 콜레라를 더욱 더 효율적으로 퍼뜨렸다. 철선은 물이 새지 않아 선박평형수를 실을 수 있는 데다 목선보다 빠르고 강하며 저장 공간도 많았다. 최초의 철제 증기선은 1820년에 건조되어 런던에서 프랑스 르아브르까지, 그리고 나중에는 파리까지 운항했다. 1832년 무렵에는 유럽의 철제 증기선이 아프리카와 인도까지 운항했다.

해양 생물을 실어 나르는 수단으로서 선박평형수는 "그 생물학적 폭넓음과 효율성 때문에 육지에서건 바다에서건 대적할 만한 것이 거의 없다."고 해양생태학자 J. T. 칼튼은 썼다.[27] 현대의 연구들은 선박평형수가 매주 약 1만 5천 종의 해양 생물을 바다와 대양을 건너 실어 나르고 있으며, 콜레라도 거기에 포함될 수 있다는 것을 시사한다. 항해 때마다 콜레라가 창궐한 유럽과 아시아의 얕은 만과 강어귀에서 퍼 올린 수백 톤의 평형수에는 바다에 방출되기를 기다리는 바이러스 같은 미립자가 수백억 개까지 담겨 있었을 수 있다.[28]

콜레라가 등장했을 때 육로로는 미국 내륙까지 콜레라가 침투하기 어려웠다. 대부분의 육로는 야생의 숲과 늪지를 통과하는 진흙길에 불과했으며, 쓰러진 나무와 진흙 때문에 말이 끄는 마차와 수레의 발을 몇 주씩 묶어놓기도 했다. 육로를 통해 내륙 지역으로 물품을 겨우 몇 십 킬로미터 수송하는 데 해로를 통해 잉글랜드로 수송하는 것과 똑같은 시간과 비용이 들었다.

반면, 배는 빠르고 믿을 수 있었다. 새로 개발된 증기선은 애디론댁 산맥에서 뉴욕 시까지 흐르는 약 500킬로미터 길이의 허드슨 강과 미네소타 북부에서 멕시코 만까지 흐르는 3,200킬로미터 길이의 미시시피 강 같은 자연 수로로 승객들을 실어 나를 수 있었다.[29]

1800년대 중반 이전에는 미국 동부 지역의 남북을 따라 끝도 없이 이어진 애팔래치아 산맥의 고봉준령들이 미시시피 강과 5대호를 따라 이루어지는 내륙 수로 해운업을 허드슨 강과 대서양을 따라 이루어지는 국제 해양 해운업과 분리시키는 거대한 장벽의 역할을 했다.[30] 미국 해안에 이른 콜레라나 다른 수인성 병원체는 장벽에 가로막혀 서쪽 수로에 이르지 못했다.

그런데 1825년에 개통된 이리 운하가 대서양의 염수와 내륙의 담수를 만나게 하여 이 모든 것을 바꾸어 놓았다. 운하는 애팔래치아 산맥을 관통하여 허드슨 강에서부터 이리 호 동쪽 끝에 위치한 버펄로에 이르는 480킬로미터 이상의 물길을 연결했다. 그것은

7백만 달러라는 천문학적 액수(2010년 화폐 가치로 따지면 1천 3백억 달러)로 이룩한 공학기술의 경이었으며, 나다니엘 호손이 말한 것처럼 '그때까지 서로에게 접근할 수 없었던 두 세계의 교역으로 인해 북적이는 고속 수로'였다. 이리 운하는 내륙과 해안 간의 운송비용을 95%나 절감함으로써 남쪽의 종점인 뉴욕 시 항구의 경제를 바꿔 놓았다. 이리 운하 덕분에 뉴욕은 필라델피아와 보스턴, 찰스턴 같은 경쟁관계에 있던 항구들을 무색하게 만들었고, 이 상황을 지켜본 어떤 이의 표현에 따르면 '상당한 거리까지 양쪽 둑에 줄지어 늘어선 선박들로 돛대의 숲을 이루는, 그야말로 타의 추종을 불허하는 선박의 도시'가 되었다.[31]

그러나 운하는 교역을 극적으로 증가시킨 동시에 다른 세계의 미생물 병원체가 미국 사회의 구석구석까지 침투할 수 있는 기회를 제공했다. 운하 개통식에 참석한 귀빈들은 갠지스 강과 나일 강, 템스 강, 센 강, 아마존 강을 비롯한 세계에서 가장 긴 13개의 강에서 떠온 물을 운하의 물과 함께 소용돌이치는 뉴욕 항 앞바다에 부었다. 그들은 수로 교역이 수월해진 것을 기념하고 있었지만, 엄밀하게 말하면 이 기념식은 수인성 질병의 새로운 시대를 촉발했다.[32]

운하를 통한 교통은 활발했다. 아주 작은 마을에서도 폭이 좁은 운하용 배가 날마다 밤낮으로 운항했다. 약 3만 명의 사람들이 83개의 갑문과 송수로에서 고된 노동에 종사하거나 온 가족이 이동 경로를 따라 생활하면서 말과 노새를 부려 운하를 따라 배를 끌었다.* 1832년까지 4만 5천 톤의 밀가루와 2,700톤의 밀이 이리

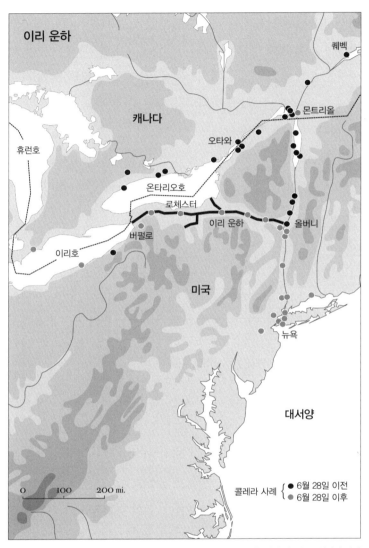

이리 운하

퀘벡

캐나다

휴런호

몬트리올

오타와

온타리오호

로체스터

이리 운하

올버니

버펄로

이리호

미국

뉴욕

대서양

O   100   200 mi.

콜레라 사례 { ● 6월 28일 이전
             ● 6월 28일 이후

1832년 이리 운하를 따라서 발생한 콜레라 사례. 1832년 정부 의사들은 이런 자료를 모았지만 이리 운하나 허드슨 강이 콜레라 확산과 관련이 있다는 것을 부정했다. 두 곳 중 어느 곳에서도 검역이 이루어지지 않았다(출처: Data compiled by Ashleigh Tuite from Lewis Beck, Report on Cholera. Transactions of the Medical Society of the State of New York, 1832. Adapted by Phillippe Rivière and Philippe Rekacewicz at Visionscarto.net from "Mapping Cholera" by the Pulitzer Center on Crisis Reporting at http://choleramap.pulitzercenter.org)

이동

운하의 정체된 얕은 물을 따라 수송되었고, 목재의 경우는 길이로 환산하여 그 해에만 1만 킬로미터나 수송되었다. 목재를 높이 적재하고 승객을 가득 채운 바지선들이 갑문에서 줄을 서서 36시간씩 기다려야 하는 일도 다반사였다.

밀과 차와 함께 이민자들도 물밀 듯이 들어왔다. 그들은 대서양을 횡단하는 스쿠너 범선에서 내려 작은 배로 갈아타고 운하를 따라 서쪽으로 여행을 계속했다. 그들은 콜레라도 데리고 왔다.[33]

o—●—o

1832년 봄에는 콜레라가 창궐한 유럽에서 건너온 수만 명의 이민자들이 북미의 동해안 항구 도시들에 속속 도착했다. 콜레라가 처음 덮친 곳은 거미줄처럼 얽힌 강과 운하들의 북동쪽 종착지인 몬트리올과 퀘벡 시였다. 그 참혹한 11일 동안 콜레라는 캐나다의 이 두 도시에서 3천 명을 죽이고, 인근 운하 도시로까지 발을 뻗기 시작했다. 일단 운하에 이르고 나니, 대륙의 나머지 지역으로 들어가는 입장권을 확보한 셈이었다. 하필 그때 수십 명의 뉴욕 병사들이 일리노이의 분쟁 지역을 두고 원주민 전사 블랙호크와 일전을 벌이기 위해 서쪽으로 향하고 있었고, 콜레라도 마치 그림자처럼 그들을 따라 서쪽으로 이동했다. 십여 명의 병사가 거룻배 위에서 병이 나는 바람에, 가는 내내 뒤처져서 새로운 콜레라 발생의

---

* 좁고 얕은 운하를 동력선이 운행하기에는 적합하지 못했고, 따라서 말이나 노새가 운하를 따라 끌고 가는 바지선이 등장했다. ─옮긴이 주

씨앗을 퍼뜨렸다. 겁에 질린 다른 병사들은 탈영을 감행했다. 휴런 호 남단에 위치한 미시건 주의 디트로이트에서 포르 그라티오로 이어진 길에서 한 행인이 콜레라에 감염된 여섯 명의 탈영병을 마주쳤다. 일곱 번째 희생자의 시신은 돼지들의 먹이가 되었다. 역사학자 J. S. 체임버스의 기록에 따르면 "숲에서 죽은 병사들은 늑대의 먹이가 되었고, 들판과 도로변에 쓰러진 병사들은 그대로 버려졌다. 본대에서 떨어져 살아남은 생존자들도 치명적 전염병의 전파자로 기피 대상이 되어 배낭을 등에 맨 채 갈 곳 모르고 헤매 다녔다." 전체 분견대 중에 절반 이상이 '총 한 번 쏴보지 못한 채' 죽거나 탈영했다.

뉴욕 하류 지역에서는 콜레라가 북미에 도착했다는 소식에 경악한 7만 명 이상의 주민이 피난을 떠났다.[34]

o—•—o

오늘날 이리 운하와 함께 시작된 대운하 시대의 잔재는 거의 남아 있지 않다. 메릴랜드의 체서피크 앤드 오하이오 운하의 현재 상태는 그것의 급격한 쇠락을 여실히 보여 준다. 1831년부터 1924년까지 앨러게니 산맥의 탄광들에서 채굴된 석탄을 실어 날랐던 이운하는 지금은 주로 휴양지로 이용된다. 긴 배수로는 대부분 말라 있고, 한때 갑문 감시원과 그 가족이 살았던 낡은 집들은 폐허가 되었으며, 포포나무 덤불 뒤에 숨겨진 우물과 그 주변의 펌프들만 덩그러니 남아 있다. 주변에 있던 옥외변소는 한때 말과 노새가 배를 끌던 운하의 예선로를 따라 질주하는 원색의 옷차림을 한 자전거 이용자들을 위한 파란색 캐비닛 화장실로 대체되었다. 자연의 모습을 그대로 간직한 배가 겨우 다닐 수 있을 정도로 얕은 강은 이제 카약과 카누를 즐기는 사람들, 그리고 여름날 멱을 감기 위해 숲을 헤치고 뛰어드는 유별난 동네 아이들을 불러들이고 있다.[35]

그러나 운하가 희미하게 잊혀져 가는 와중에도, 그곳으로부터 시작된 교역과 이동의 급물결은 계속되고 가속화되었다.

운하와 증기기관은 석탄과 방적기, 그리고 공장 시대를 일군 기적들과 함께 세계 경제를 과거의 제약으로부터 벗어나게 한 일등 공신이었다. 세기 당 성장률이 1.7%에 불과해 수백 년 동안 전 세계 경제 생산량은 거의 제자리를 걸었고, 겨우 입에 풀칠만 하는 사람들은 자신의 생존을 순전히 신진대사의 힘에 의지해야 했다. 그러다가 인간이 땅속에 묻혀 있던 화석연료 에너지의 봉인을 풀어놓음으로써 산업 혁명에 불을 당겼다. 1820년부터 1900년까지 한 세기도 채 안 되는 기간 동안 세계의 경제적 생산량은 두 배로 증가했다. 그리고 그때부터 팽창은 계속되고 있다. 지난 60년 동안 전 세계 무역은 20배라는 어마어마한 성장을 보였다. 인구 증가보다, GDP 성장보다 빠른 성장이었다.[36]

운하는 자멸의 씨앗을 뿌렸다. 처음으로 미국인들에게 국제 무역의 세계를 접하게 함으로써, 버팔로에 있는 농부들이 롱아일랜드의 신선한 굴과 차나 설탕 같은 이국적인 외국상품을 즐길 수 있게 되었고, 그에 따라 그들이 도저히 만족시킬 수 없는 욕구가 촉발되었다. 더 빠르고 더 강력한 운송에 대한 요구는 암 덩어리처럼 커졌고, 운하는 그러한 요구를 따라잡을 수 없었다. 그도 그럴 것이 운하는 깊이가 120센티미터에 불과했다. 그래서 맨 처음에 등장한 것이 철도였고, 그 다음은 고속도로였다. 그리고 마지막은 오늘날 세계에서 거래되는 최고가의 제품을 수송하며 모든 교통수단을 압도하고 있는 비행기다.

1903년에 라이트형제가 발명한 비행기는 구름을 뚫고 매년 10억 명의 사람들을 실어 나르고 있다.[37] 단지 대도시의 몇몇 유명 공항뿐 아니라 가장 외딴 국가의 소도시에 있는 수만 개의 공항까지도 비행기가 오가고 있다. 미국에는 약 1만 5천 개의 공항이 있지만 그것이 전부는 아니다. 콩고민주공화국에도 200여 개나 있고, 태국에는 100개, 그리고 2013년 현재 중국에는 거의 500개 가까이 있다.[38]

물론 뉴욕 시는 더 이상 세계 교통망의 중심이 아니다. 세계에서 가장 크고 분주한 10대 공항 가운데 아홉 곳이 아시아에 있으며, 그중 일곱 곳이 중국에 있다.[39] 한때 세계로 통하는 미국의 관문이 뉴욕이었던 것처럼, 오늘날 세계로 통하는 중국의 관문은 홍콩이며, 여기서 다른 어디보다 많은 화물(보이는 화물과 보이지 않는 화물 모두)이 비행기에 실린다. 콜레라가 범선과 증기선에 몸을 싣고 세계를 돌아다녔다면, 콜레라의 후예들은 하늘을 날아다닌다.[40]

○─●─○

사스 바이러스가 인간에게로 넘어와 적응할 수 있는 조건을 만든 것은 야생동물 시장의 성장이었지만, 그것을 널리 퍼뜨려 2003년에 전 세계적인 전염병을 촉발한 것은 현대적인 항공교통망과 홍콩의 가우룽九龍 한복판에 있는 메트로폴이라는 별 특징 없는 비즈니스호텔이었다.

중국 남부에서 사스의 최초 감염자들은 광저우의 중산기념당병원Sun Yat-Sen Memorial Hospital을 비롯한 지역 병원으로 실려 왔다. 의사들은 밤낮으로 최선을 다해 환자들을 보살폈지만, 그들에게도 사생활이 있었다. 사스 환자들을 돌보던 류젠룬이라는 의사는 교대 시간을 마치고, 몸을 깨끗이 씻고 옷을 갈아입은 뒤 친척의 결혼식에 참석하기 위해 광저우에서 140킬로미터 남쪽에 있는 홍콩으로 출발했다. 몇 시간 뒤 그는 메트로폴 호텔 911호 객실에 투숙했는데, 여기서 그의 몸에 있던 사스 바이러스가 탈출했다.[41]

그 방에서 어찌나 많은 바이러스가 그의 몸을 탈출했는지, 몇 달이 지난 후에도 조사관들이 카펫에서 바이러스의 유전적 증거를 발견했을 정도였다.[42] 정확히 어떻게 사스가 12명의 다른 호텔 투숙객에게 전염되었는지는 여전히 분명하지 않다. 어쩌면 그들은 류젠룬과 함께 엘리베이터를 탔거나 류젠룬이 기침이나 구토를 한 직후에 그의 객실 바깥쪽 복도를 지나갔을 수도 있다. 혹은 그가 재채기를 할 때 입을 막았던 손을 벽에 문지른 후에 그 벽을 만졌을 수도 있다. 아니면 그가 화장실에서 물을 내린 후에 연무질 상태로 그의 방에서 빠져나온 바이러스를 흡입했을 수도 있다.[43]

우리가 아는 것은 류젠룬과 함께 호텔에 머물렀던 투숙객들이 자유로이 이동하는 국제적인 사람들이라는 것이다. 2012년 겨울, 내가 그 호텔(지금은 '메트로파크'라고 불리는)에 방문했을 때, 나와 함께 머문 투숙객들도 그랬다. 번쩍이는 검은 타일로 덮인 이중 천장이 설치된 희미하게 불이 밝혀진 호텔 바에서, 스페인어를 하는 커플이 조용히 술잔을 기울였고, 한 백발의 호주 신사가 영자 신문의 경제면을 훑어보고 있었다. 잠시 후, 나는 그가 말끔한 아시아계 사업가와 함께 탄자니아와 인도네시아에서의 금융 거래에 대해 이야기를 나누는 것을 우연히 들었다.

2003년 류젠룬과 같은 호텔에 머문 투숙객들 중에 비행기 승무원이 한 명 있었다. 그녀는 싱가포르까지 가서 병원에 입원했고, 거기서 뉴욕으로 날아가 의학 컨퍼런스에 참석하게 되어 있는 한 의사에게 바이러스를 옮겼다. 그는 독일 프랑크푸르트까지 갔다. 한편 메트로폴에서 류젠룬과 접촉했던 다른 사람들은 비행기를 타고 싱가포르로, 베트남으로, 캐나다로, 아일랜드로, 미국으로 갔다. 류젠룬에게서 나온 사스 바이러스가 24시간 만에 5개국으로 퍼졌다. 최종적으로 사스는 32개국에서 나타났다. 항공기 여행의 기적 덕분에, 한 명의 감염자가 전 세계적 집단 발병의 씨앗을 뿌린 것이다.[44]

◦–●–◦

많은 사람들이 비행기로 여행을 하다가 병균이 옮을 것을 걱정하지만, 사실 비행 중에 쉽게 전염되는 병원체는 일부에 불과하다. HIV와 에볼라처럼 직접 접촉을 통해 전염되는 병원체는 비행 중에 증폭될 가능성이 낮다. 서아프리카에서 에볼라가 유행한 첫해인 2014년에 에볼라 감염자 중에 비행기를 탄 것으로 알려진 사람은 두 명에 불과했으며, 그들 중 누구도 비행기에서 다른 사람을

이동

감염시키지 않았다.[45](에볼라 같은 접촉성 전염 병원체는 사람들이 감염된 시신을 씻기는 매장 의식과 의사들이 감염된 환자들을 대규모로 접촉하는 의료 환경에서 전파되기 훨씬 쉽다. 실제로 2014년 에볼라가 유행했을 때 이 두 가지가 중요한 역할을 했다.) 모기를 통해 감염되는 웨스트나일 바이러스와 댕기열처럼 매개체를 통해 사람들 사이에 전염되는 병원체 역시 비행 중에 살아남을 확률이 크지 않다. 대개의 경우 현대식 항공기 기내의 서늘하고 건조한 공기가 모기에게 치명적이기 때문이다.

그러나 사스 같은 호흡기 병원체에게는 항공 여행이 전파에 이상적인 환경이다. 기침이나 재채기를 하는 동안 배출된 비말이나 공기 중에 남아 있는 연무질을 통해 확산되기 때문에, 출발할 때는 감염자가 단 한 명이었지만 도착할 때는 비행기 가득 보균자가 생긴다. 비교적 주목을 덜 받고 있지만, 항공 여행이 병원체를 퍼뜨리는 또 하나의 중요한 방식은 감염된 보균자의 기동성 확대를 통해서다. 다른 교통수단으로는 이동할 수 없을 만큼 몸 상태가 좋지 않은 환자들까지 비행기로는 이동이 가능하다는 얘기다. 예를 들어, 과거에는 수술 환자가 전염성 병원체의 전 세계적 확산에 거의 아무런 역할도 하지 못했다. 수술을 하고 나면 한동안 상대적으로 기동성이 떨어졌기 때문이다. 그러나 요즘은 그렇지가 않다. 수술실에서 병원체를 옮은 환자가 밖으로 나와서 지구의 반대편까지 균을 퍼뜨릴 수 있다.

예를 들어, 미국과 유럽, 중동 등지에서 매년 수십만 명에 이르는 의료 관광객들이 수술을 받기 위해 인도 같은 나라로 날아간다.

수십 년간 인도 경제를 연간 8%씩 성장하도록 이끈 1990년대 초의 시장 개혁 덕분에, 인도의 현대식 개인 병원들은 이제 서양의 병원과 동일한 수준의 의료 서비스를 제공한다. 그럼에도 서양의 병원보다 비용은 훨씬 적게 청구한다. (다른 이유도 있지만, 무엇보다 가난과 저임금이 여전히 지속되고 있기 때문이다.) 그 결과 저렴한 조직 이식이나 인공 관절 수술, 심장 수술을 받으려는 외국인 환자들이 인도로 몰려들고 있다.[46]

1980년대만 해도 인도가 아직 경제적으로 변방에 있었고, 우리 같은 가족들이 인도에 사는 친척집에 갈 때마다 지역 의료 기관을 믿을 수 없어서 여행 가방에 각종 의료용품을 한가득 챙겨갔었는데, 그 시절에 비하면 참으로 인상적인 반전이다. 그때는 여력이 되는 인도인들은 첨단 의료 기술의 이기를 찾아 뉴욕이나 런던으로 떠났다.

또한 그 당시 인도의 공항들은 형광등 조명이 밝혀진 허물어져 가는 건물이었다. 남녀노소가 섞여 있는 가족으로 보이는 후줄근한 사람들이 초조하게 항공권을 손에 움켜쥐고 있는 동안, 몸에 꼭 맞는 셔츠 차림에 콧수염을 기른 깡마른 젊은 택시기사들이 호객 행위를 하곤 했다. 공항에 가는 사람이라면 사람들로 넘쳐나는 답답한 화장실을 이용할 일이 없기만을 바랐다. 오늘날 뉴델리 인디라 간디 국제공항은 고급 카페가 들어서 있고, 거대하고 화려하고 추상적인 벽화로 내부가 장식되어 있으며, 무빙워크가 최첨단 통신기기를 휴대한 젊고 세련된 출장객들을 실어 나르는 현란한 시설이다. 2012년 인도를 방문했을 때, 나는 수하물 찾는 곳 바로 바같에 눈에 잘 띄는 곳에 위치한 광고판에서 메단타 병원으로 가는 방향을 찾았다. 이곳은 의료 관광객들을 상대하는 수많은 기업 소유의 민간병원 중 하나다.[47]

병원 대변인의 말에 따르면, 메단타의 환자들 가운데 15%는 서양의 병원에서 지불해야 할 비용의 5분의 1 정도로 수술을 받기 위해 해외에서 온 사람들이다. 공항에서 잠시만 차를 타고 가면 도착하는 병원 자체는 넓고 푸른 정원이 있는 인상적인 최신식 건물이며, 높은 연철 현관이 바로 밖에 여전히 존재하는 구세계 —파리 떼로 까맣게 뒤덮인 나무 수레에서 갓 짜낸 주스를 팔거나 연기를 내뿜는 불 앞에 쭈그리고 앉아 먹을 것을 만드는 노점상들— 를 차단하고 있다. 안으로 들어가면, 병원은 마치 박물관처럼 보인다. 높이 솟아오른 천장과 흰색 대리석 타일이 깔린 바닥, 거대한 무광택 유리벽들.

무광택 유리문 뒤에 의료 관광객과 그 가족들을 위한 특별 휴게실이 있다. 여기서 인도인이라고는 카운터에 앉아 있는 직원들뿐이며, 나머지는 커다란 여행용 가방을 끌고 동아시아와 중동, 서양에서 온 사람들이다. 그들은 검은색 소파에 나른하게 기대 평면화면 텔레비전을 지켜보며 따뜻한 음료를 즐긴다. 병원의 국제환자서비스팀이 치료 패키지를 구성하고 비자 발급을 돕고 공항 픽업 서비스를 제공하고 호텔 예약과 회복 후 관광여행을 주선한다. 심지어 식사와 여흥을 위한 심부름 대행 서비스까지 제공한다.[48]

그러나 이런 의료 관광이 아무리 편안해도, 환자들은 일단 수술실에 들어가면 뉴델리만의 독특한 미생물 환경에 노출될 것이

뉴델리에 있는 메단타 병원의 번쩍거리는 내부. 이 병원은 수술과 그 밖의 의료 시술을 받기 위해 인도를 찾는 수십 만 명의 의료 관광객을 상대로 영업한다. 2012년 의료관광은 세계 29개국에 항생제 내성 슈퍼박테리아 뉴델리 메탈로-베타락타마제-1[NDM-1]을 퍼뜨렸다.(Sonia Shah)

고, 수술 중에 얻은 미생물을 가지고 집으로 돌아가게 될 것이다. 수술을 받은 사람들은 감염성 병원체에 특히 취약하다. 의사의 칼날이 우리의 신체 내부를 외부 환경과 격리하는 보호막인 피부를 가르는 순간, 피부 표면이나 침대 위, 수술 장비, 그밖에 개방된 상처 위로 지나가는 모든 물체에 붙어 있는 미생물 군단이 침입할 수 있기 때문이다. 아무리 정교한 멸균 작업도 가끔은 그런 침입을 저지하는 데 실패한다. 일단 신체로 침입한 미생물은 번성할 확률이 크다. 수술 전의 몸 상태와 수술 자체로 인해 환자의 면역체계가 약화되어 있기 때문이다.

메단타 같은 병원들은 세균 감염률이 미국 병원과 비슷하거나 오히려 더 낮다고 자랑하지만, 문제는 이런 식의 감염을 일으키는

메단타 병원 땅에서 쓰레기로 뒤덮인 도랑으로 통하는 배수관. 뉴델리의 식수와 지표수에서 NDM-1 같은 병원체가 발견된다.(Sonia Shah)

세균의 종류가 다르다는 것이다. 우선 인도 병원에 있는 세균들은 대부분 그람음성이다. 그람음성 세균은 외막에 싸여 있어서 서양 병원에서 주로 발견되는 그람양성 종들보다 항생제와 살균제에 대한 내성이 강하다. (이 용어는 두 유형을 구분하는 테스트를 개발한 한스 크리스티안 그람의 이름에서 나왔다.) 그리고 또 하나, 인도는 세균성 질병에 시달리고 있고(설사와 결핵으로 인한 사망자가 연간 백만 명에 이른다.) 항생제의 사용을 규제하지 않고 있어서(인도 전역에서 처방전 없이도 항생제를 구입할 수 있다.), 인도의 많은 세균성 병원체는 항생제에 내성이 있다. 미국에서는 병원 내 감염 가운데 일

반 항생제가 듣지 않는 경우는 20% 정도인 반면, 인도에서는 그런 경우가 50%를 넘는다.[49]

뉴델리 메탈로-베타락타마제-1[NDM-1]*이라고 불리는 특히 치명적인 병원체는 적어도 2006년부터 뉴델리에 존재해 왔다. 그것은 사실 세균 종들 사이를 쉽게 옮겨 다니는 플라스미드[plasmid]**라고 하는 DNA 조각이다. 그것이 위험한 이유는 세균들이 14개 항생제 계열에 대해 내성을 갖도록 만들기 때문이다. 여기에는 다른 어떤 치료법에도 반응을 보이지 않는 환자들에게 마지막 수단으로 병원에서만 투여되는 강력한 정맥 주사용 항생제도 포함된다. 달리 말해, 일단 NDM-1이 세균성 병원체와 결합하면 그 세균 종은 거의 치료가 불가능해진다. 그리고 NDM-1 감염을 억제할 수 있는 것은 두 가지 불완전한 약물뿐이다. 하나는 콜리스틴[colistin]이라는 오래된 항생제로 1980년대에 독성 때문에 사용이 중단되었으며, 다른 하나는 타이제사이클린[tigecycline]이라는 값비싼 정맥주사용 항생제인데 현재로서는 연조직 치료용으로만 허가가 나 있는 상태다.[50]

항공 여행의 위력과 속도, 상대적인 안락함 덕분에, 알려지지 않은 온갖 병원체들이 대륙과 대양을 뛰어넘을 수 있게 되었다. NDM-1은 의료 관광객의 몸을 통해 인도의 수술실을 탈출했다. 2008년 세균 수치를 측정하기 위한 일상적인 검사 중에, 스톡홀름

---

* 세균이 14개 항생제 계열에 내성을 갖게 하는 플라스미드
** 독립적인 전파와 증식이 가능한 세포 내의 DNA 분자

외곽에 입원한 59세 남성의 소변에서 NDM-1 세균이 분리되었다. 이 남성은 뉴델리에서 그 세균에 감염되었다. 스웨덴과 영국에서 발생한 다른 감염 사례들도 모두 성형수술이나 조직 이식 수술을 받기 위해 인도나 파키스탄을 방문한 환자들과 관련되어 있었다. 2010년에 미국에서 세 명의 환자가 NDM-1 세균에 감염된 것으로 밝혀졌는데, 세 명 모두 인도에서 의료 시술을 받은 환자들이었다. 그리고 2011년 무렵 터키와 스페인, 아일랜드, 체코공화국의 환자에게서 NDM-1 세균이 검출되었다. 의료 관광객들의 도움으로 2012년까지 NDM-1은 전 세계 29개국으로 전파되었다.[51]

지금까지 NDM-1은, 예를 들어 건강한 사람의 구강과 피부, 창자에서 사는 폐렴간균과 소화관에서 발견되는 대장균처럼, 대체로 큰 문제를 일으키지 않고 체내에서 살 수 있는 세균 종들에게서 발견되었다. 그러나 플라스미드의 확산에 기여한 의료 관광은 여전히 짭짤하고 강력한 사업이다. 산업화된 국가의 의료비용은 계속해서 치솟기 때문에, 환자들은 더 싸고 더 빠른 치료 방법을 찾아 비행기에 몸을 싣는다. NDM-1의 등장에도 불구하고, 그들은 항공권을 취소할 기미를 보이지 않는다. 그들이 NDM-1을 멀리 실어 나를수록, 그것이 기나긴 여정에서 마주치는 세균 종이 많을수록, NDM-1이 위험한 세균성 병원체와 결합할 가능성은 높아진다.

그렇게 NDM-1을 얻게 된 병원체는 거의 멈출 수 없는 감염을 초래하여 의료 시술에 감당할 수 없는 부담을 안겨 줄 것이다. 그런 위험을 감수할 가치가 있는 의료 시술은 많지 않을 것이다. 뉴델리 강가람 병원^{Sir Ganga Ram Hospital}의 의학 미생물학자 찬드 와탈 Chand Wattal 박사는 이렇게 예견한다. "모든 의료적 업적이 끝날 것입니다. 골수 이식이나 이런저런 치환술이 모두 사라질 거예요."[52]

o—•—o

우리의 교통망은 대유행병을 일으킬만한 NDM-1 같은 병원체를 당황스러울 만큼 쉽게 전파할 수 있으며, 실제로 콜레라의 시대 이래로 점점 더 빠르고 효율적으로 그렇게 해 왔다.

그러나 우리가 이러한 기동성의 수동적인 피해자로서 악성 미생물의 무리를 꼬리처럼 달고 다녀야 할 운명인 것은 아니다. 전 세계적 확산은 대유행병의 전제조건이지, 그 자체로 충분조건은 아니다. 병원체는 어디에나 있지만 어느 곳에 착륙하건 적절한 전염 기회를 만났을 때만 대유행병을 초래할 수 있다. 광범위하게 퍼져 있는 병원체도 그런 기회를 얻지 못하면 엄니 뽑힌 뱀처럼 무해한 존재다.

병원체는 각자 특정 전파 방식에 의존하는 경향이 있는데, 거기에는 융통성이 거의 없다. 일단 특정 전파 방식에 맞게 적용된 병원체는 한 피해자에서 다른 피해자로 넘어가기 위해 진화해 온 복잡한 시스템을 쉽게 바꾸지 못한다. 그렇기 때문에 역사적으로 모기로 인해 전염되는 병원체가 수인성 병원체로 진화하지 못하고, 수인성 병원체가 공기로 전염되는 병원체로 진화하지 못한 것이다. 그러나 전염 방식은 비교적 고정되어 있지만, 병원체가 이용하는 전염 기회는 유동적이다. 그것은 거의 전적으로 우리의 행동

101

에 의해 결정된다.

실제로 어떤 병원체는 성관계나 접촉 같이 우리 사회에 필수적인 인간의 친밀감의 여러 형식을 이용하여 전파되는 반면, 다른 병원체는 비교적 흔치 않은, 또는 쉽게 바뀌는 모호하고도 복잡한 과정을 통해 전파된다. 톡소포자충Toxoplasma gondii이라는 병원체는 먼저 설치류가 그것의 알을 먹고, 고양이가 그 설치류를 먹고, 인간이 감염된 고양이의 변기에 접촉함으로써 인간에게 전파된다. 창형흡충이라는 병원체는 달팽이가 그것의 알을 부화하고, 개미가 그 달팽이의 점액을 먹고, 풀을 뜯던 동물이 그 개미를 먹어야 전파된다.

콜레라균 같은 병원체는 인간이 주기적으로 배설물을 섭취해야 전파된다. 우리로서는 다행스러운 일이다. 서로의 배설물을 먹는 것이 인간의 생존을 위해서나 우리 사회의 안정을 위해 꼭 필요한 일이 아니기 때문에, 우리는 병원체의 전파 기회를 쉽게 차단할 수 있다는 의미다. 그런데 문제는 이따금씩 역사적 조건이 이런 가장 불필요하고 위험한 행동을 불가피하게 만든다는 점이다.

3
—
오물

병원체에게 배설물은 사람끼리의 전파를 위한 완전한 매개체다. 몸에서 막 나온 인분에는 세균과 바이러스가 우글거린다. 무게로 따지면 거의 10%가 세균이며, 1그램당 최대 10억 개의 바이러스가 포함되어 있을 수 있다. 일반적인 사람이라면 1년 동안 50리터의 분변(그리고 여기에 500리터의 소변까지)을 생산하여 미생물이 풍부한 배설물의 강을 만든다. 철저히 봉쇄하거나 격리하지 않으면, 이러한 오물이 쉽게 손과 발에 달라붙고 음식물을 오염시키고 식수에 스며들어, 병원체가 한 사람에서 다른 사람으로 슬그머니 넘어갈 수 있다.[1]

다행히도 사람들은 오래 전부터 건강한 삶을 위해 우리가 배설물에서 떨어져 살아야 한다는 것을 알고 있었다. 로마와 인더스 강, 나일 강에 형성되었던 고대 문명은 배설물이 음식물과 물을 오염시키지 않도록 관리하는 법을 알았다.[2]

고대 로마인들은 물을 이용해 배설물을 정착지에서 먼 곳으로 쓸어가서 아무도 손댈 필요 없이 자연적으로 분해되도록 했다. 로마인들은 목재와 납으로 제작된 관로를 통해 사람이 살지 않는 외딴 산악지대로부터 물을 끌어 왔고, 이런 방법으로 일반적인 주민에게 매일 1,200리터의 물이 공급되었다. 환경보호청에 따르면, 오늘날 물을 무절제하게 소비한다는 미국인들이 평균적으로 사용하는 것보다 3배나 많은 양이다. 로마인들은 이렇게 흐르는 물을 대부분 대중목욕탕과 공공식수대를 운영하는 데 이용했지만, 또한 공용변소에서도 이용했다. 사람들은 커다란 수로 위에 설치된 열쇠구멍 모양의 구멍이 뚫린 벤치에 앉아서 용변을 보았고, 아래에 있는 수로에서 물을 흘려보냈다.[3]

공중위생의 관점에서 봤을 때, 물을 이용해 변을 흘려보내는 방법의 주요 덕목 중 하나는 생산과 분해 사이의 그 결정적인 시간 동안 누구도 미생물이 풍부한 대변을 처리할 필요가 없다는 점이다. 그냥 물이 쓸어가 버리면 그만이다. 문제는 물로 배설물을 이동시킴으로써 식수 공급원을 오염시킬 수 있는 대량의 흐르는 오수를 만들어 낸다는 것이다. 다행히 고대 로마인들은 신선한 씻을 물을 원했던 것과 마찬가지로 깨끗한 마실 물의 중요성을 이해했고, 그것이 애초에 송수로를 건설한 이유였다. 마시는 것은 고사하고 씻는 것조차 여과되지 않은 물을 사용하는 사람을 어리석은 사람으로 여겼고, 물을 끓여 마시라는 고대 그리스의 의사 히포크라테스의 조언에 귀 기울였다.[4]

정말이지 이러한 건강한 습관은 계속 지속되었어야 했는데, 안타깝게도 그러지 못했다. 19세기 무렵, 뉴욕에 정착하려고 유럽을 떠나온 고대 로마인들은 이미 오래 전에 조상들의 좋은 습관을 저버렸다. 그들은 배설물에 빠져 살았다 해도 과언이 아닐 정도였고, 그 결과 음식과 물을 통해 매일 2티스푼 분량의 분변을 섭취했다.[5]

106

부분적으로 이런 180도 대전환은 서기 4세기경 기독교의 부흥과 관련이 있다. 힌두교도와 불교도, 이슬람교도는 말할 것도 없고, 그리스인들과 로마인들은 모두 의식儀式적 차원에서 위생을 실천했다. 힌두교도는 기도 전과 '불결'하다고 여겨지는 행위를 한 후에 손을 씻어야 했다. 이슬람교도는 하루 다섯 차례 기도를 올리는데 그중에 적어도 세 번은 세정 의식을 해야 했다. 유대인들은 식사 전후와 기도 전, 용변을 본 후에 손을 씻도록 되어 있었다. 반면, 기독교는 물과 관련된 특별한 위생 의식을 지시하지 않았다. 기독교도들은 성수를 몇 번 뿌리는 것으로 빵과 와인을 바칠 수 있었다. 따지고 보면 예수 본인도 손을 씻지 않고 식사를 했다. 이름 있는 기독교도들 중에는 물의 정화 효과가 미신적이고 헛되고 퇴폐적인 것이라며 공공연히 거부하는 이도 있었다. 그중 한 명은 이렇게 말했다. "깨끗한 몸과 깨끗한 옷은 깨끗하지 않은 영혼을 뜻합니다." 이가 우글대는 누더기를 걸친 기독교 고행자들은 씻는 것과는 담을 쌓은 사람들이었다. 그러니 어쩌면 당연한 일이지만 서기 537년 고트족이 로마의 송수로를 파괴했을 때, 유독 씻기 싫어하는 유럽의 기독교 지도자들은 굳이 송수로를 복구하거나 새로 만들려 하지 않았다.[6]

14세기 중반 선페스트가 유럽에 등장했다. 이해할 수 없는 위협에 직면했을 때 많은 정치 지도자들이 그러는 것처럼, 유럽의 기독교 지도자들은 자신들이 싫어하는 습식 위생법을 탓했다. 1348년 파리 대학의 의사들은 특히 온수 목욕을 지탄하며, 목욕을 하면 모공이 열려 질병이 몸에 침투할 수 있다고 주장했다. 앙리3세의 주치의 앙브루아즈 파레는 이에 동의하며 1568년에 이렇게 썼다. "한증탕과 대중목욕탕을 금지해야 한다. 그곳에서 나오면 우리의 살과 체질 자체가 물러지고 모공이 열리게 되며, 그 결과 병균을 옮기는 증기가 빠르게 몸속으로 침투해 갑작스러운 죽음에 이를 수 있다." 유럽 대륙 전체에 남아 있던 로마 시대의 대중목욕탕이 모두 문을 닫았다.[7]

물에서 기인하는 도덕적이고 치명적인 위험에 대한 의심 때문에, 중세 유럽인들이 배설물을 관리하고 갈증을 해소하는 데 최소한의 물만을 이용했다. 그들은 얕은 우물과 탁한 샘, 정체된 강에서 직접 물을 떠 마셨다. 물맛이 나쁘면 맥주로 만들어 마셨다.[8] 여력이 되는 사람은 '건식' 위생법을 이용했다. 17세기 유럽의 귀족들은 지저분한 몸에서 나는 퀴퀴한 냄새를 향수를 쓰거나 벨벳과 실크, 린넨 등을 몸에 감싸서 가렸다. 17세기 파리에 살던 한 건축가는 "린넨을 이용하면 고대인들의 목욕과 한증보다 훨씬 편리하게 몸을 정화할 수 있다."고 자신 있게 말했다. 그들은 루비가 박힌 금 귀이개를 이용해 귀지를 팠고, 가장자리에 레이스가 달린 검은 실크로 치아를 문질러 닦는 등, 물로 씻는 것을 제외한 갖가지 방법을 동원했다. "물은 어떤 대가를 치르더라도 피해야 할 적이었다."고 위생 전문 역사학자 캐서린 애셴버그는 쓰고 있다.[9]

그 결과 산업시대 이전까지 수세기 동안 사람들은 인간과 동물의 배설물을 가까이 하여, 배설물의 존재에 익숙해지고 심지어 배설물을 건강에 좋은 것으로 인식하게 되었다. 중세 유럽인들은 일반적으로 자신의 배설물은 물론이고 온갖 냄새나는 배설물이 굴러다니는 곳에서 살았다. 그들은 식용이나 운반용 가축과 집을 공유했는데, 소와 말, 돼지는 사람보다 훨씬 많은 거름을 생산했고 배설을 할 때 장소를 가리지 않았다.[10] 사람의 경우 집안이나 집밖에서 그냥 양동이 위에 앉아서 볼일을 봤다. 이보다 조금 정교한 방식으로 옥외나 지하실에 구덩이를 파고 때로는 돌이나 벽돌로 내벽을 쌓은 뒤(수채구덩이나 옥외 변소처럼) 밑이 뚫린 좌석이나 쪼그리고 앉기 위한 발판을 설치하는 방법이 있었다. 수거와 처리 방법은 개별 거주자의 마음이었으며, 정치 당국에서는 거의 규제를 하지 않았다.[11] 당시에는 배설 행위 자체가 지금처럼 그렇게 은밀하거나 부끄러운 것으로 여겨지지 않았다. 잉글랜드의 엘리자베스1세와 프랑스의 루이14세 같은 17세기 전제군주들은 알현을 하는 동안 공공연히 용변을 보기도 했다.[12]

중세 유럽인들은 인분을 매도하기는커녕, 오히려 약이라고 생각하기 시작했다. 언론인 로즈 조지가 쓴 위생 관리의 역사에 따르면, 16세기 독일 수도사 마르틴 루터는 매일 자신의 변을 한 스푼씩 먹었다. 18세기 프랑스의 조신들은 다른 방식을 택했다. 인분을 말려서 가루로 만든 비료인 '푸드레'를 코로 흡입한 것이다.[13] (이것이 위험했을까? 그랬을 가능성이 농후하다. 그러나 선페스트 같은 보다 직접적인 위협과 비교하면, 이러한 방식들이 초래했을 단발성 설사쯤은 대수롭지 않아 보였을 것이다.)

1625년 네덜란드인들이 맨해튼 섬 남단에 뉴암스테르담이라는 식민지를 세웠을 때, 그들은 이러한 중세적인 위생 관념과 방식도 함께 가져왔다. 1658년에 뉴암스테르담의 한 관리는 네덜란드 사람들이 지상에 변소를 짓고, 내용물을 그냥 길에 부어서 돼지가 그것을 먹고 뒹굴게 했다고 썼다. 1664년에 이 식민지를 점령하고 '뉴욕'이라고 개명한 영국인들도 마찬가지로 '똥장군ordure tub'라고 부르는 곳에 배설물을 담았다가 길에 쏟아 버렸다.[14]

이런 중세적인 방식은 19세기 내내, 주민이 2~3천 명에 불과했던 소도시가 수십만 명의 주민이 사는 어엿한 도시로 급속하게 성장하는 동안에도 계속되었다. 1820년 무렵, 변소와 수채구덩이는 시 면적의 12분의 1을 차지했고, 수만 마리의 돼지와 소와 말, 길고양이와 개들이 거리를 돌아다니며 마음대로 배설을 했다.[15] 뉴욕의 변소는 "참을 수 없는 악취를 풍기는 온갖 부패 물질이 가득한 정체된 액체가 고여 있는 가장 더럽고 역겨운 상태였다."고 1869년에 한 시 감독관이 불평했다. 그는 오물을 가리기 위해, 집주인들은 땅 위에 나무판을 덮었는데, 누르면 '걸쭉하고 푸르스름한 액체'가 배어나왔다고 보고했다.[16]

가끔 시 정부는 민간업체를 고용하여 거리에 쌓인 동물과 인간의 배설물을 수거하도록 시켰다. 수거한 배설물은 비료로 팔렸고, 덕분에 브루클린과 퀸즈는 19세기에 미국에서 가장 생산적인 농업 지역이 되었다. 그러나 소위 '분뇨 농법'은 더 이상 발전하지 못했다. 다른 곳으로 옮길 때까지 분뇨를 보관할 만한 충분히 격리된 공간이 없었다. 지독한 악취를 풍기는 오물 더미를 부둣가에 쌓아두자 인근 주민들로부터 불평이 쏟아져 나왔다. 게다가 시 당국은 일종의 선심 정치로 이 일을 민간 계약자에게 맡기는 경향이 있었는데, 많은 민간 계약자들이 계약만 수주할 뿐 실제로는 수고스럽

게 그 일을 하지는 않았다.[17]

　그 결과 도시의 분뇨 대부분이 그냥 길 위에 방치되어 땅속으로 스며들어갔다. 1840년 신문 편집자 아사 그린에 따르면, 단단하게 압축된 오물이 '보도 가장자리를 따라 마치 산등성이처럼 길게 이어지는 울퉁불퉁한 둑'을 이루었다.[18] 말과 보행자가 그것을 밟고 다니면서 서서히 납작해져서 단단한 깔개처럼 되었다. 거리를 뒤덮은 두꺼운 오물 카펫에 깔려 포석이 "거의 눈에 보이지도 않았다."고 그린은 일기에 썼다. 드물지만 가끔 시에서 도로 청소를 할 때면, 지역 주민들은 경악을 금치 못했다. 그린은 최근에 청소한 길을 보고 평생 그 도시에 살아 온 한 할머니가 했던 말을 이렇게 인용하고 있다. "세상에, 이 포석이 대체 어디에 있던 거죠? 길에 돌이 깔려 있었던 건 정말 몰랐네요. 정말 우스운 일이네요!"[19]

　이처럼 초기 산업 도시에서 중세적인 위생 관리 방법을 이용함으로써 유행성 콜레라 확산의 조건이 무르익었다. 이런 곳들은 애초에 그런 오물 관리 습관이 형성된 중세 유럽의 시골과는 달랐다. 중세 유럽인들이 살았던 대부분의 농촌 지역은 토양층이 두껍고, 인구밀도가 낮았다. 배설물 구덩이가 다 차면, 그것을 막아 놓고 근처에 새로운 구덩이를 팠다. 또한 그들이 요강을 비운 거리는 통행량이 많지 않은 곳이었다. 배설물이 땅으로 스며들면 지하수에 이르기 전에 토양의 미네랄과 유기물과 미생물이 여과하고 분해시킬 수 있었다.[20]

　반면 맨해튼 섬은 배설물을 담아두고 걸러 낼 공간이 제한되어

111

있었다. 맨해튼은 스테이튼과 가버너스, 리버티, 엘리스, 루스벨트, 워드, 랜달스 같은 허드슨 강 어귀에 산재한 일련의 섬들 가운데 가장 큰 섬이었다. 섬 양쪽으로 두 개의 염분 섞인 강 ―서쪽으로 허드슨 강, 동쪽으로 이스트 강― 이 대서양의 조류와 함께 출렁이며 흘렀다. 이 두 개의 흐름이 섬의 남단에서 충돌하면서 바닥의 퇴적물을 휘저어 영양분이 떠오르게 했다. 굴이 얼마나 크게 자라는지 세 조각으로 나누어 먹어야 할 정도였다.(오늘날도 맨해튼 남부에서 강을 깊이 파보면, 굴 껍질이 발견된다. 먼 옛날 굴을 포식했던 흔적이다.) 그러나 강물은 해양 생물이 풍부했지만, 섬의 토양은 깊이가 1미터에도 미치지 못했다. 네덜란드 이민자들은 그것을 알고 실망했다. 그 정도로는 오랫동안 많은 것을 담아둘 수 없었다. 게다가 그 얇은 토양층 아래 편암과 편마암으로 이루어진 두껍고 갈라진 암반이 자리 잡고 있다. 훗날 이 암반은 마천루의 무게를 지탱하는 데 유용한 것으로 판명되었지만, 또한 지하수를 그 위에 쌓인 배설물에 위험할 만큼 취약하게 만들기도 했다. 얇은 토양을 통과해 암반으로 가라앉은 분해되지 않은 인분이 지하 고속도로 역할을 하는 틈새들로 흘러들어가 수백 미터씩 이동할 수 있었다.[21]

이러한 지리적 특징으로 인해 뉴욕 시에서 공급되는 식수는 특히 오염에 취약했다. 그리고 애초에 물 공급 자체도 제한되었다. 그 섬을 둘러싼 허드슨 강과 이스트 강은 너무 짜서 마실 수 없었다. 빗물을 모으는 것은 위험한 일로 입증되었다. 빗물이 주민들의 더러운 지붕을 거쳐 바닥에 닿을 때쯤이면, 검댕과 재가 섞여서 "색이 거의 잉크처럼 시커멓고 악취를 풍겼다."고 한 지역 주민은 기록했다.[22] (이러한 식수원의 부족은 일찍이 1664년에도 맨해튼 섬에 사람들이 정착하는 데 심각한 결함요소로 꼽혔다.) 네덜란드 진지의 마지막 총독 페터 스투이베산트는 '우물도 물탱크도 없이' 살아야 하는 상황을 불평했다. 섬에서 쉽게 접근할 수 있는 유일한 식수 공급원은 빙하가 물러나면서 움푹 팬 곳에 물이 채워져 형성된 콜렉트폰드라는 20미터 깊이의 작은 연못이었다. 그러나 인구가 북쪽으로 팽창하면서 가죽 공장과 도살장 같은 유해 산업이 콜렉트폰드 주변 해안까지 밀고 들어왔고, 연못은 곧 '개수대이자 공동 하수구'가 되었다고 시 정부에게 불평하는 한 주민의 편지가 『뉴욕 저널』에 실리기도 했다. 1791년에 시 정부는 연못에 대한 모든 권리를 사들였고, 보건 위원들은 연못의 물을 완전히 뺄 것을 요구했다. 인부들이 연못에 물을 공급하는 샘에서 물을 빼기 위해 운하와 배수로를 냈다. 1803년, 시는 물이 빠진 연못을 메우도록 명령하고, 그곳을 메울 재료, 즉 쓰레기를 한 수레씩 가져올 때마다 5센트씩 지불했다.[23]

그때부터 뉴욕 시민들은 길모퉁이 공공우물에서 지표면 아래로 스며든 지하수를 이용해야 했다. 우물의 깊이는 위험할 만큼 얕았다. 오늘날의 기준은 오염되지 않은 지하수에 이르기 위해 최소 15미터의 관정을 뚫어야 하고, 그 아래에서도 물이 나온다면 추가로 더 파도록 요구하고 있다. 그런데 맨해튼의 19세기 우물은 10미터에도 미치지 못했다. 시에서 가장 악명 높은 빈민가인 파이브포인츠의 옥외변소와 수채구덩이 사이에 있었던 한 우물에서는 맨해튼 컴퍼니가 건설한 목관 시스템을 통해 매일 2,600톤의 지하수

113

를 주민의 3분의 1에게 공급했다.[24]

뉴욕 시민들은 자신들이 먹는 식수가 오염되었다는 것을 알았다. 1830년에 한 지역 신문에는 다음과 같은 편지가 실리기도 했다.

> 이 도시에서 흔히 발생하는 복통의 한 가지 원인은 수천 명이 날마다 쓰고 있는 물의 불결하고 내가 보기에 유독하다고 생각되는 치명적인 특성 때문이라는 데 추호의 의심도 없습니다. 사실 이 끔찍한 물의 맛이 워낙 형편없어서 거의 모든 사람이 식탁에서 바로 마시지는 않는 것이 사실이지만, 이 사회에서 대부분의 음식이 이 공동의 골칫거리를 이용해 조리된다는 것을 알아야 할 것입니다. 우리가 마시는 차와 커피도 그 물로 만들고, 빵 반죽에도 그 물을 섞고, 고기와 야채도 그 물에 넣어 끓입니다. 그나마 다행인 것은 비누만큼 이 고약한 물에 대해 상극인 것이 없기 때문에 우리가 쓰는 린넨만큼은 물의 오염을 피해갈 수 있다는 것입니다.[25]

1796년에 한 지역 신문은 이렇게 불평했다. "여름철 일요일에 이 물을 참고 마실 수 있겠는가? 너무 상태가 안 좋아서 월요일 아침이 되기도 전에 매스껍고 욕지기가 난다. 도시가 커질수록 이러한 폐해는 악화될 것이다."[26] 한 의사는 뉴욕의 우물이 워낙 흔하게 설사를 일으켜서 오히려 변비 치료제로 생각될 정도이며, 이것이 '하수구(수채구덩이)'를 옆에 둔 한 가지 장점'이고 또한 '물에 염분 성분이 있어서 어떤 증상에 특효'라고 썼다.

1831년 뉴욕과학아카데미(당시에는 자연사회관)의 과학자들은 맨해튼의 우물물은 리터 당 2,000밀리그램 이상의 유기물과 무기물이 함유되어 있어서 리터 당 함유물질이 34밀리그램에 불과한 뉴욕 주 북부의 강물과 비교하면 거의 반고체에 가깝다는 것을 밝혀냈다. 1810년 맨해튼 컴퍼니의 전직 이사조차도 그 물을 이용하는 사람들과 그들이 키우는 말과 소, 개, 고양이의 배설물을 비롯하여 온갖 냄새나는 액체가 다량 함유되어 있다고 인정할 수밖에 없었다.[27]

물론 뉴욕 시민들은 오염된 물이 치명적인 질병을 전파시킨다는 사실을 알지 못했다. 그러나 물맛이 나쁘다는 것은 알았기에 물을 그냥 마시지는 않았다. 그래서 맥주로 만들어 먹거나 진 같은 독주를 섞어 마시거나, 끓여서 차나 커피를 만들어 마셨다. 이렇게 하면 물맛이 먹을 만해질 뿐 아니라, 그 안에 함유된 배설물의 미생물을 파괴할 수 있었다. 심지어 콜레라균도 죽일 수 있었다. 알코올 농도 20%의 진은 1시간 만에 콜레라균을 사멸시킬 수 있다. 또한 콜레라균은 뜨거운 물에서도 죽는다.[28]

그런데 불행히도 배설물에 오염된 것은 비단 지하수만이 아니었다. 강변을 넘실거리다가 범람하여 거리와 지하실 웅덩이에 고인 지표수도 마찬가지였다.

○—●—○

아이러니하게도 맨해튼의 지표수 오염은 비교적 부유한 주민들이 자발적으로 분뇨를 수거하려고 시도하면서 시작되었다.

제대로 되었다면, 이러한 시도는 식수원을 정화하는 데도 도움이 되었을 것이다. 그런데 문제는 수거한 분뇨를 투기하기에 가장 편리한 장소가 강이었다는 것이다. 지역 주민들이 냄새도 나고 보기에도 좋지 않다고 항의하는 바람에, 시 당국은 분뇨 투기를 야간에만 하도록 규제했다. (그래서 인분을 '나이트 소일night soil'이라고도 부르게 되었다.) 규제에 따라 야간에 작업을 하다 보니 더 지저분해질 수밖에 없었다. 포석을 깐 울퉁불퉁한 길을 말이 끄는 수레로 덜컹거리며 옮기는 과정에서 분뇨를 흘리는 일이 다반사였다. 겨우 부두에 도착해서는 어둠에 가려져 보이지 않는 정박한 배에 분뇨를 쏟는 일도 있었다. 1832년 시 감독관의 보고에 따르면, "공교롭게 투기 구역 내에 있던 작은 배들이 많든 적든 분뇨를 뒤집어썼고, 과도한 하중으로 바닥으로 가라앉았다는 이야기까지 있다."[29]

거리의 오물보다 더 끔찍한 것은 물속에 축적되어 거대한 산을 이룬 오물이었다. 지리적으로 유리한 조건에서였다면, 투기된 오물은 조류와 물살에 휩쓸려 바다로 나갔을 것이다. 그러나 맨해튼 섬 주변의 물은 정체되어 있었고 땅은 습지였다. 허드슨 강과 이스트 강의 하류 물살이 강물을 섬의 남쪽으로 밀어내지만, 대서양의 조류와 해류가 그 물을 다시 섬을 향해 밀어 올렸다. 그로 인해 계속 배가 다닐 수 있도록 시 당국이 주기적으로 강바닥을 준설해야 했다. 또한 강물이 지속적으로 오염되었다. 퇴적된 오물이 세균이 성장하기에 이상적인 영양 물질을 공급했기 때문이다. 1839년 한 주민은 "해가 뉘엿뉘엿 질 때면 강물이 그야말로 부글부글 끓어오르면서, 실제로 강바닥에 쌓인 부패한 오염물에서 발생한 커다란

기포들이 솟아오른다."라고 밝혔다.[30]

주민들은 오염된 강물에 주기적으로 노출되었다. 맨해튼 섬에서는 육지와 물 사이에 거의 구분이 없었다.(지리적으로 보면 맨해튼과 주변 섬들은 순다르반스와 비슷한 온대 기후였다.) 도시가 건설되기 이전에도 이 좁고 긴 저지대인 섬은 주기적으로 범람했다. 네덜란드인들에게 쫓겨난 맨해튼 섬의 원주민 델라웨어족은 만조 때 카누를 저어 강 건너편으로 이동할 수 있었다. 겨울이면 오늘날의 시청 자리에서 그리니치빌리지, 그리고 허드슨 강까지 얼음을 지칠 수 있었다.

그러나 물이 범람했다가도 금세 다시 바다로 빠졌기 때문에 섬의 원주민들은 홍수를 피할 수 있었다. 그러나 19세기의 주민은 그럴 수 없었다. 전쟁과 도시 개발로 인해 고지대가 깎여 나갔고, 범람한 물을 흘려보내야 할 운하와 개울이 막혀 버렸기 때문이다. 독립 전쟁 이후, 섬에 있는 나무의 거의 절반이 산불과 그 이후의 광적인 재건축에 의해 불태워졌다. 1781년 조지 워싱턴은 맨해튼 섬이 '모든 종류의 숲과 나무가 철저히 제거되었다'며 유일하게 남은 것은 '키 작은 관목들'뿐이라고 썼다. 5백여 개의 언덕들이 점처럼 분포되어 있던(그래서 이곳의 원주민 델라웨어족은 이 섬을 '마나하타', 즉 '언덕이 많은 섬'이라고 불렀다) 섬의 북쪽은 이제 평지가 되었다. 한때 콜렉트폰드 뒤에 솟아 있었던 벙커 힐은 평평해졌다. 예전 같으면 범람한 물을 배수해 주었을 개울과 운하, 도랑은 쓰레기로 채워지거나 복개되었다.[31]

최악의 홍수는 바다를 '매립한' 저지대에서 발생했다. 시는 바다와 연못의 구획을 기업가에게 '수변 부지water lot'라는 이름으로 팔았고, 기업가들은 물을 빼고 그 위에 주택을 건설했다. 50만 평 방미터가 넘는 해안 주변 땅이 매립되어, 한때 뾰족했던 맨해튼의 끝부분이 둥근 원호 모양으로 바뀌었다.[32] 콜렉트폰드가 있던 곳도 마찬가지였다.[33] 그러나 매립지는 맨해튼의 기반암이 단단히 받치고 있는 곳만큼 안정적이지 않았다. 수변 부지는 마치 느슨한 자갈 위에 무거운 벽돌을 깐 것과도 같았다. 온갖 쓰레기와 흙을 채우고 그 위에 건물을 세웠지만, 건물 무게에 눌려 성토가 압축되면서 토지가 가라앉았다.

대부분의 주민들에게, 매일 두 번씩 조류와 함께 물이 범람하여 거리를 휩쓸 때 그 물을 피할 방법은 없었다. 오염된 물은 웅덩이 속에서 썩어 갔고, 지하실과 마당에 고였다. 그리고 꿀럭꿀럭거리 곳곳을 누비다가 우물로 졸졸 흘러들어갔다. 집 근처에 배설물로 오염된 지표수가 지천이고, 역시 배설물로 오염된 지하수가 우물을 채우고 있으니, 불가피하게 인간의 배설물은 뉴욕 시민들의 몸속으로 들어갈 길을 찾았다. 콜레라균 같은 병원체가 해야 할 일이라고는 속임수로 몰래 들어오는 것뿐이었다.

o—•—o

1832년 봄 가뭄이 맨해튼을 덮쳤다. 섬의 취약한 지하수원이 고갈되면서 담수에서 영양분이 풍부한 오물의 비율이 높아졌다. 강물의 염분이 증가했고, 일조량 증가로 수온이 상승하면서 플랑크톤*과 그것을 먹고 사는 요각류가 번성했다.

그리고 그 해 여름, 콜레라가 상륙했다.

최초에 보고된 사례는 오물이 농축되고 플랑크톤이 가득한 강을 접촉하면서 시작되었다. 6월 25일, 섬의 동쪽에서 이스트 강 부근 체리 스트리트에 위치한 주택 1층에 사는 피츠제럴드라는 이름의 재단사가 강 건너편 브루클린으로 가는 연락선에 승선했다. 이후 그는 콜레라에 걸려서 두 자녀와 아내를 감염시켰고, 이들은 모두 사망했다. 며칠 뒤 그곳으로부터 3킬로미터 떨어진 섬 서쪽에서 오닐이라는 이름의 한 남자가 인사불성으로 술에 취해서 허드슨 강에 빠졌다. 그 역시 콜레라로 죽었다. 같은 시각, 콜레라가 체리 스트리트 바로 남쪽 이스트 강에 정박 중인 어선을 덮쳤다.[34]

초기 희생자들의 장을 빠져나온 콜레라균은 도시의 식수원으로 신속하게 퍼졌다. 그해 여름은 너무 더웠고 어떤 뉴욕 시민들은 누구에게나 혐오스러운 그 맛에도 불구하고 별도의 처리 없이 그냥 물을 마셨다. 물 한 잔마다 보이지 않는 콜레라균이 최대 2억 개까지 들어 있을 수 있었다.[35] 그리고 특별한 처리로 콜레라균을 죽일 수 있었지만, 부패한 상인과 바텐더는 그러한 보호 장치를 무력하게 만들었다. 인색한 상인들은 물로 희석한 우유를 팔았고, 싸구려 술집의 바텐더들도 알코올음료에 물을 탔다. 뉴욕 시민들은 뜨거운 차와 커피에 희석된 우유를 타서 마시거나 희석된 칵테일을 마실 때, 치명적인 양의 콜레라를 섭취했을 수 있다.[36] (알코올 20%의 진 칵테일은 1시간 이내에 콜레라균을 죽이지만, 알코올 15%의 진 칵

---

* 물에 떠다니며 수영을 할 수 없는 광범위한 해양 유기체

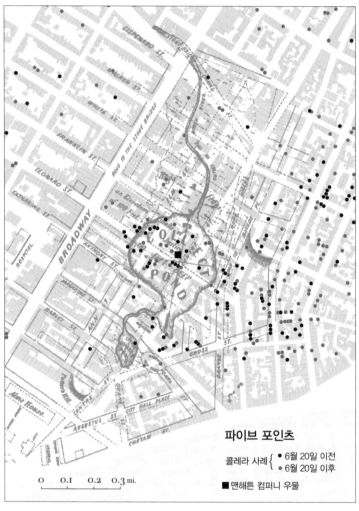

파이브 포인츠

콜레라 사례 { ● 6월 20일 이전
              ● 6월 20일 이후

O   0.1   0.2   0.3 mi.

■ 맨해튼 컴퍼니 우물

1832년 뉴욕 시의 콜레라 발병. 지금의 JP모건 체이스는 콜렉트폰드를 쓰레기로 매립한 땅에 세워진 파이브포인츠 빈민가의 옥외 변소와 수채구덩이들 사이에 우물을 팠다. 뉴욕 시의 3분의 1에 이 물이 공급되었다.(출처: The Cholera Bulletin, Conducted by an Association of Physicians, vol. 1, nos. 1–24, 1832; base map adapted from Map of the City of New York, 1854⋯⋯ For D. T. Valentine's Manual 1854 and John Hutchings, Origin of Steam Navigation, a View of Collect Pond and Its Vincinity in the City of New York in 1793, 1846, using Ney Work Public Library's Map Warper. Adapted by Phillippe Rivière and Philippe Rekacewicz at Visionscarto.net from "Mapping Cholera" by the Pulitzer Center on Crisis Reporting at http://choleramap.pulitzercenter.org)

테일은 그런 기능을 할 만큼 도수가 세지 못했다.)[37] 물을 그냥 마시거나 물로 희석한 음료와 칵테일을 마시지 않은 사람들도 다양한 식품을 통해 콜레라균에 노출되었다. 핫도그 한 개 값도 안 되는 돈으로 십여 개를 살 수 있었던 굴은 콜레라 감염의 원인이 될 수 있었고, 시장을 물청소할 때 오염된 물이 여기 저기 튄 과일과 야채도 마찬가지였다.[38] 맨해튼 컴퍼니가 공급하는 오염된 물이 널리 유통되었다. 뉴욕 시민들은 수도꼭지에서 양동이에 물을 담아 세입자 아파트로 가져와서 이웃과 나눠 썼다. 식료품점은 손님을 끌기 위해 배의 승객과 고객들에게 물을 거저 주었다.[39]

콜레라에 일가족이 몰살되기도 했다. 한 임시 콜레라 병원에서는 4일 만에 남편과 아내, 아들, 아내의 어머니, 삼촌까지 사망했다. 허드슨 강 근처 워렌 스트리트의 한 행인은 '지저분하고 형편없는' 공동주택 지하의 방에서 '포개 놓은 이부자리 옆에서 고통으로 몸을 뒤틀고 있는' 한 아이를 발견하고 충격을 받아 글을 남겼다. 같은 방에 살던 다섯 명은 이미 죽어서 수레에 실려 나가고, 그 아이와 아이 엄마만 남은 상태였다. 아이에게 엄마가 어디에 있냐고 물었을 때, 아이는 포개진 이부자리를 가리켰다. 놀랍게도 의사들은 거기서 아이 엄마가 죽어 있는 것을 발견했다.[40]

매립지에서 사는 사람들은 특히 타격이 컸다. 매립한 콜렉트폰드 위에 세운 파이브포인츠 빈민가의 주민들은 대부분 이민자와 아프리카계 미국인들이었는데, 많은 주민이 결국 임시로 세운 콜레라 병원에 가게 되었다. 콜레라 병원 중 한 곳에서는 절반 이상의 환자가 사망했다.[41]

의료진조차 이 질병에 경악했다. 한 의사는 극심한 콜레라의 고통에 시달리는 한 부부를 진찰한 내용을 기록했다. 침대와 침구가 '맑은 무취의 액체 범벅'이 되어 있었다. 여자는 물을 달라고 계속 소리쳤고, 남자는 의사가 진맥을 위해 다가갈 때 여자의 옆에 엎드린 자세로 누워 있었다. "지금껏 수많은 죽음을 목도했음에도 불구하고, 그때까지 한 번도 느껴본 적이 없는 피부의 생소한 감촉에 나는 공포로 몸이 떨렸고, 내가 아직까지 숨이 붙어 있는 사람의 몸을 만진 것이라고 도저히 믿을 수 없었다."고 썼다. 곧 운명을 맞이하게 될 부부의 손은 '방금 물에 불려 손을 씻은 사람이나 이미 여러 날 전에 죽은 사람'처럼 쭈글쭈글했다.[42]

당시에 어떤 사람이 쓴 것처럼, 사람들은 그 질병이 '주로 가장 가난하고 신분이 미천한 이들이 거주하는, 좁은 골목과 더러운 주거지로 이루어진 저급하고 더럽고 비위생적인 구역'을 덮치는 것처럼 보인다는 사실에 안도했다. 그러나 이는 순전히 부유한 뉴욕 시민들이 전염병이 창궐한 이 도시를 탈출했기 때문이었다. 기회만 주어지면 콜레라는 가난한 사람뿐 아니라 부유한 사람들도 무자비하게 공격했으며, 당시 시의회 의원 한 명과 당대 미국의 최고 갑부였던 존 제이콥 애스터의 딸의 생명을 앗아가기도 했다. 부자도 매립지에 살았다. 한때 이스트 강의 하구였던 브로드 스트리트 26번지의 저택에서, 세 명의 여인과 네 명의 보모와 하인이 서로에게 감염되어 며칠 만에 죽었다. 모두 "젊고 건강하고 절제된 생활을 한 여인들이었다."고 그들의 의사가 전했다. 하룻밤 머물기 위해 그 집으로 데려온 네 살배기 아기도 운명을 같이했다. 당시

뉴욕 시

콜레라 사례 { • 1832년 7월 20일 이전
            • 1832년 7월 20일 이후

O   0.5   I mile

뉴욕 시 1832년 콜레라 발병. 정점에 이르렀을 때는 뉴욕 시민이 매일 100명 이상씩 콜레라로 사망했
다.(출처: The Cholera Bulletin, Conducted by an Association of Physicians, vol. 1, nos. 1–24, 1832; base
map adapted from Map of the City of New York, 1854…… For D. T. Valentine's Manual 1854 using Ney
Work Public Library's Map Warper. Adapted by Phillippe Rivière and Philippe Rekacewicz at
Visionscarto.net from "Mapping Cholera" by the Pulitzer Center on Crisis Reporting at http://
choleramap.pulitzercenter.org)

오물

의사들의 기록에 따르면, 모든 희생자는 "주로 지하실에서 잠을 자거나 일하는 사람들이었다." 허드슨 강 습지를 매립하여 건설된, 오늘날의 트라이베카에 해당하는 듀안 스트리트, 베스트리 스트리트, 데스브로시스 스트리트에 거주하는 부자들도 콜레라를 피하지 못했다.[43]

콜레라는 순식간에 뉴욕 시의 4분의 1에서 맹렬하게 번져 나갔고, 어느 의사가 말한 것처럼, "곧바로 다른 지역에서, 어쩌면 꽤 거리가 있는 곳까지 출현하면서 모든 환자가 사라진 것처럼 보일 때까지" 매일 백 명이 넘는 환자의 목숨을 앗아갔다.[44] 한 주민은 콜레라가 창궐한 기간 동안 다른 지역으로 보낸 딸들에게 이런 편지를 썼다. "이제는 세인트 마크스 플레이스까지도 걸어갈 수 없단다. 우리가 말하고 듣고 생각하는 거라곤 온통 콜레라에 대한 것뿐이야……. 콜레라는 조금도 기세가 꺾이지 않고 계속 이곳을 휩쓸고 있단다."[45] 또한 코틀랜드 스트리트에 사는 어느 상점 주인은 일기에 이렇게 기록했다. "2개월 내내 거의 하루도 거르지 않고 브로드웨이에서 아침마다 콜레라 환자를 태우고 병원으로 가는 앰뷸런스를 몇 대씩 보았다."[46]

7월 중순에는 시신을 묘지로 실어 나르는 수레 소리와 죽은 사람들의 옷과 침구를 불태우는 연기를 제외하면, 마치 도시 전체가 정지된 듯 아무 소리도, 아무 움직임도 없었다.[47] 상점들은 문을 닫았고, 시는 7월 14일 독립기념일 행사를 취소했다. 필립 혼 전 시장은 일기에 이렇게 썼다. "질병이 맹렬한 기세로 이곳을 덮쳤고, 앞으로 더 심해질 것이다. 신이여, 부디 콜레라에 의한 참화를 줄여 주시고 콜레라의 방문을 짧게 해 주옵소서!"[48]

○─●─○

반짝이는 도자기 양변기에 용변을 보고 물로 남김없이 쓸어내는 화장실에 익숙한 사람들에게, 19세기에 뉴욕을 집어삼킨 오물관리의 위기는 그저 다른 세상의 신기한 일처럼 보일 것이다. 그러나 사실은 그렇지가 않다. 옥외 변소를 수세식 화장실로 바꾼 위생혁명은 선별적이고 부분적으로만 이루어졌다. 그리고 세계의 한 지역에서 전파의 기회를 잡은 병원체가 다른 지역들로 쉽게 확산될 수 있기 때문에, 어떤 면에서 우리는 오늘날도 거의 200년 전처럼 오물에 의해 전파되는 병원체의 위협을 받고 있는 셈이다.

인분 비료를 사용하던 시절과 비교하면, 서구 사회에서 인간의 배설물에 대한 태도는 근본적으로 변화했지만, 동물의 배설물에 대해서는 여전히 무신경한 편이다. 예를 들어, 애완견이 많은 미국에서는 많은 사람들이 개의 배설물이 무해하다고 여긴다. 그래서 많은 지역사회에서 애완동물이 거리와 정원, 공원에서 마음껏 배설을 하도록 허용하고, 개 주인은 얇은 배설물 주머니를 달랑거리며 몇 킬로미터씩 걸어 다니는 것을 아무렇지 않게 생각한다. 홈디포*의 원예용품 코너에서 일하는 한 직원은 토마토 모종을 애완견 배설물에 심었다고 내게 털어놓았다. 한 설문조사에 따르면 개 주인의 44%가 개의 배설물을 수거하지 않는데 개똥이 비료의 역할

---

* 미국에 본사를 둔 건축자재와 인테리어 도구 판매업체 ─ 옮긴이 주

을 하기 때문이라고 답했다.[49]

그 결과 거리와 공원에 방치된 개의 배설물이 토양으로 스며들고 공중으로 퍼지고 수로로 쓸려 들어간다. 미국에서 수로의 세균 오염 중 3분의 1은 개의 배설물로 인한 것이며, 그러한 오염은 상업 지역보다 개들이 사는 주거 지역에서 더 흔히 발생한다(과학자들은 이런 현상을 '피도 가설Fido Hypothesis'이라고 부른다.)[50] 배설물 세균 오염은 대기 중에서도 발견된다. 시카고와 클리블랜드, 디트로이트의 대기 오염에 관한 한 연구는 나무에 잎이 없는(그래서 세균을 대기 중에 분출하지 않는) 겨울철에는 연무질화된 세균의 대부분이 개의 분변에서 나온다는 것을 밝혔다.[51]

개의 분변은 절대 무해한 비료가 아니라, 환경 오염원이자(환경보호청에 의해 그렇게 분류되었다.) 인간을 감염시킬 수 있는 병원체의 원천이다. 인간의 배설물과 마찬가지로, 개똥은 대장균과 회충 등의 기생충을 비롯한 병원성 미생물이 우글거린다. 미국에서 가장 흔한 기생충 감염 중 한 가지는 개똥에 노출된 결과로 발생한다. 견회충Toxocara canis은 개의 분변에서 흔히 발견되며, 개똥은 어디에나 있기 때문에 환경 속에 널리 퍼져 있다. 견회충은 수년 동안 토양과 물을 오염시킬 수 있다. 아이들이 오염된 흙에서 놀다가 무의식중에 손을 입에 넣으면 기생충에 감염된다. 쉽게 이용할 수 있는 효과적인 진단 방법이 없어서 진단이 거의 이루어지고 있지 않지만, 최근 실시된 한 설문조사에서 6세 이상의 미국인 가운데 14%가 견회충에 감염되었다고 밝혔다. 견회충은 인간의 천식 및 다양한 신경학적 영향과 관련이 있다.[52] 개는 또한 인간에게 간암

126

과 비슷한 질환을 유발하는 다방조충^{Echinococcus multiocularis}이라는 촌충도 옮긴다. 이 기생충의 감염은 스위스와 알래스카, 중국 일부 지역에서 점점 큰 문제로 대두되고 있다.[53]

이처럼 애완동물 배설물의 미생물 잠재력을 무시하는 안이한 태도는 가축의 배설물로까지 확대된다. 물티슈를 대량 구입해서 기저귀를 갈 때 아기의 몸에 묻은 변의 마지막 자취까지 깨끗하게 제거하는 부모들이 농장이나 농산물 박람회에 가서는 자녀들이 19세기 뉴욕의 거리처럼 배설물이 덕지덕지 말라붙어 있는 보도 위를 걷는 것을 별로 개의치 않는다. 그리고 우리가 먹을 가축이 인간으로 치면 중세시대라고 여길 만한 조건에서 사육되는 것을 용납하고 있다. 닭장과 돼지우리, 토끼장은 온통 배설물이 쌓여 있고, 그 위에서 동물들이 잠을 자고 생활한다.

과거에는 가축 배설물이 동물과 작물을 모두 키우는 소규모 농가에서 비료로 유용하게 쓰였다. 이것이 가능했던 이유는 동물 배설물의 양이 인근 경작지의 흡수 용량과 대충 일치했기 때문이다. 그러나 이제는 그렇지 않다. 오늘날 농가에서는 경작지가 흡수할 수 있는 것보다 훨씬 더 많은 배설물을 생산하고 있다. 예전에 비해 축산 농가의 규모가 훨씬 커졌기 때문이다. 미국에서 양돈 농가의 평균 규모는 1959년에서 2007년 사이에 20배 이상 증가했고, 양계 농가의 평균 규모는 300배 이상 증가했다.[54]

그 결과 미국에서 가축이 인간보다 13배나 많은 배설물을 생산한다.[55] 가축이 생산하는 수억 리터의 배설물을 물과 함께 처리 시설도 갖추지 않은 수채구덩이('거름 연못')에 쏟아 붓고 있다. 이 오

127

수는 경작물에 살포되지만, 경작지에서 전부 흡수하지 못해 지하수로 스며들고 지표수로 흘러들어 간다. 이 오수는 또한 구름처럼 피어오르는 악취와 오염된 물의 미세한 연무를 만들어서, 농가에서 바람이 부는 방향에 사는 사람들의 집과 빨래와 자동차를 뒤덮는다.[56] 거름 연못 근처에서 사는 한 주민은 이렇게 불평했다. "야외에서 생일 파티를 계획할 수도 없어요. 더 이상 뭔가 계획할 수 없죠. 사방에서 냄새와 파리 떼가 기승인데 대체 뭘 계획하겠어요?"(『뉴욕타임스』가 발언을 인용한 한 여성은 거름 연못 때문에 사무실에서 파리를 하루에 천 마리 이상 잡았다고 회상한다.) 동물 배설물이 지표수로 유입되는 것을 막기 위한 연방규정이 존재하지만 제대로 시행되지 못하고 있는 실정이다. 폭풍우가 몰려오면, 수채구덩이의 오물이 주변 하천으로 흘러넘친다. 2013년 위스콘신에서는 4백만 리터 이상의 오물이 주변 환경으로 유출되었다. 1999년 허리케인이 노스캐롤라이나를 강타한 후 발생한 최악의 유출 사태로 1억 리터의 오물이 강으로 쏟아져 들어가 지역 식수원의 9%가 대장균으로 오염되고 수백만 마리의 물고기가 폐사했다.[57]

이처럼 광범위한 분변 오염은 다수의 신종 병원체에게 새로운 전파 기회를 제공한다. 쉬가독소를 생성하는 장출혈성 대장균 STEC*도 그중 하나다. 미국에서 사육 중인 소의 절반가량이 STEC에 감염되어 있으며, 이 미생물은 날씨가 서늘해진 뒤에도 몇 주씩 환경에서 생존할 수 있다. SETC는 인간에게 혈성 설사를 일으킬

---

* 소에게 발견되며 인간에게 치명적인 질병을 초래하는 대장균 균주

뿐 아니라, 신부전을 가져오는 용혈성요독증후군 같은 생명을 위협하는 합병증을 유발한다. 사망률이 최대 5%에 이르며, 생존자 중 3분의 1 정도가 평생 신장 장애를 겪게 된다.

1982년 처음 감염증 발생이 보고된 이래로, STEC 감염증은 전 세계 50개국에서 발생했다. 지속적인 통제 노력에도 불구하고, 매년 7천 명의 미국인이 STEC에 감염되고 있다. 미국과 캐나다, 영국, 일본처럼 목축업이 일반화된 나라에 사는 사람들이 가장 위험하고, 목축 농가에 가까이 살수록 위험성이 높아진다.[58]

그러나 분변에 오염된 농축산물이 세계로 수출되어 소비되기 때문에, STEC의 위험은 농촌 지역을 훨씬 넘어서까지 확대된다. 2011년 변종 대장균에 오염된 것으로 의심되는 이집트의 호로파 씨앗이 4,800킬로미터 떨어진 독일에서 질병의 발생을 초래했다. 이 사건은 두 가지 이유에서 주목할 필요가 있다. 첫째, 그것은 분변에 오염된 제품이 얼마나 멀리까지 이동할 수 있는지, 그리고 그것이 전 세계 먹이 사슬에서 모두에게 어떤 위험을 제기할 수 있는지를 보여 주었다. 그리고 둘째, 병원체가 어떻게 분변에 오염된 환경을 단순히 전파를 넘어 보다 강한 독성을 획득할 수 있는 기회로 이용하는지를 보여 주었다.

특히 후자는 미생물들이 유전 물질을 교환하는 방식과 관계가 있다. 우리처럼 유전자를 부모에게서 자식에게로 '수직으로' 교환하는 동물들과는 달리, 미생물들은 서로 충돌함으로써 유전자를 수평으로 교환할 수 있다. 과학자들은 그것을 '수평적 유전자 이동 highly pathogenic avian influenza*'이라고 부른다. 그러한 이동은 미생물끼리 만나는 곳에서 이루어지기 때문에, 미생물이 풍부하고 분변에 오염된 환경은 유리한 조건을 제공한다.[59]

이것은 많은 병원체들에게 독성을 강화시킬 수 있도록 해 준다. 콜레라균은 수평적 유전자 이동을 통해 박테리오파지**와 충돌하여 독소를 분비하는 능력을 획득함으로써 대유행병을 일으키는 살인 병기로 변신한다. 또한 황색포도상구균이 수평적 유전자 이동을 통해 다른 바이러스로부터 판톤-발렌타인 류코시딘이라는 독소를 분비하는 능력을 획득하는 동시에 관련 세균 종들로부터 항생제에 저항할 수 있는 유전자를 획득함으로써 항생제 내성 세균MRSA이 만들어졌다. NDM-1 플라스미드 역시 수평적 유전자 이동을 통해 세균 종들 사이를 오가며 강력한 약물 내성 능력을 부여한다.[60]

2011년 독일에서 STEC 감염증을 초래한 병원체는 두 차례의 수평적 유전자 이동을 통해 독성을 획득했다. 첫째, 박테리오파지가 무해한 대장균 종을 감염시켜 쉬가독소를 분비하는 유전자를 부여함으로써 STEC를 만들었다. 그리고 두 번째 수평적 유전자 이동으로 그 병원체는 더 많은 독소를 분비하고 광범위한 항생물질에 저항하는 능력을 획득했다. 그 결과 보통의 STEC보다 감염자에게 치명적인 합병증을 일으킬 확률이 2배나 높은 O104:H4라는 독성 강한 STEC 종이 탄생했다.[61]

---

* 단세포 유기체에서 흔히 나타나는 유전자의 횡적 이동 방법
** 세균을 감염시키는 바이러스

2011년 이전 어느 시점에 이 병원체는 이집트의 호로파 농장에 퍼졌고 씨앗 속 깊숙이 침투하여 농부들이 파종하기 전에 이용하는 살균제를 피할 수 있었다.[62] 독일의 50개 업체에서 16톤의 보이지 않게 오염된 씨앗을 구입하여 전국의 원예사와 농부에게 팔았다. 그리고 2011년 봄, 함부르크와 그 주변의 사람들이 샐러드와 전채요리 위에 뿌려진 호로파 싹을 먹었을 때, O104:H4가 그들의 몸속으로 슬그머니 들어갔다.[63]

수십 명의 환자가 정신이 혼란스럽고 분명하게 말을 하지 못하는 상태로 병원을 찾기 시작했다. 그들은 "인지 능력이 흐려지고, 적절한 단어를 떠올리지 못하고, 자신이 어디에 있는지도 잘 모른다."고 함부르크의 신장병전문의 롤프 슈탈이 말했다. 그들은 혈성 설사를 포함한 위장염을 겪었다. 아이들은 발작을 일으켰고 투석을 받아야 했다. 한 여성은 대장이 괴저가 발생했고 왼쪽 결장을 제거해야 했다. 그녀는 또한 근육 경련 때문에 말도 잘하지 못했다. "전혀 새로운 임상적 그림이었다."고 슈탈 박사는 말했다.

사태가 진정될 때까지 유럽 전체에서 4천 명이 감염되었다. 주로 독일에 집중되었지만 프랑스에서도 몇 명의 감염자가 있었다. 50명에 가까운 사람이 사망했다. 일부 생존자는 감염의 영향으로 발작을 비롯한 심각한 신경 증상을 겪었다.[64]

그리고 우리는 여전히 이 병원체의 최후를 보지 못했다. O104:H4는 인간의 몸을 난폭하게 통과한 후에 소에서와 같은 방식으로 탈출했다. 이 과정은 발병이 잠잠해진 몇 개월 동안 계속되었다. 생존자들은 여전히 대변을 통해 병원체를 다시 외부 환경으로 꾸

준히 배출했고, 병원체들은 그곳에서 만난 다른 미생물과 섞이고 결합할 것이다.[65]

○━○

우리는 지금 새로운 위생의 위기가 가져온 병원체와 씨름해야 할 뿐 아니라, 예전의 위기가 만들어낸 병원체에 여전히 직면해 있다. 이런 병원체는 빈곤이 극심하고 관리가 취약한 세계의 많은 지역에서 여전히 기세가 꺾이지 않고 있다. 178년 전 처음 뉴욕 시를 덮쳤던 콜레라가 마치 테이프를 빨리 감은 것처럼 카리브 해의 히스파니올라 섬에 위치한 나라 아이티에 다시 등장했다. 이곳에서는 인구의 대다수가 여전히 19세기 뉴욕 사람들과 똑같은 배설물 관리 방법을 이용한다. 2006년 당시 수세식 또는 재래식 화장실에 접근할 수 있는 아이티 사람은 전체 인구의 19%에 불과했다. "우리 애들이 볼일을 봐야 할 때는, 그냥 그릇에 봅니다." 아이티에서 가장 큰 빈민가인 시테 솔레의 한 주민이 설명했다. "볼일을 다 보면, 우리가 공터에 내다 버리죠." 다른 사람들은 좋게 말해서 '날아가는 화장실'이라고 부르는 것을 이용한다. "비닐봉지에 일을 본 뒤 봉지를 쓰레기 더미나 인근의 수로에 던져 버린다."고 아이티 풀뿌리감시단Haiti Grassroots Watch이라는 NGO의 탐사보도 기자들이 기록했다. 그리고 아이티 거리와 공터에 쌓인 배설물은 좀처럼 다른 곳으로 이동하지 않는다. 그것을 쓸어낼 빗물의 흐름이 비닐봉지와 스티로폼 용기, 채소 자투리, 버려진 신발 같은 각종 쓰레기에 자주 막히기 때문이다.[66]

남아시아에 사는 사람들도 사정이 크게 다르지 않다. 아이들이 무허가 거주지에 흐르는 배수로 위에 태연하게 쭈그리고 앉아 볼일을 보는 것을 아무도 신경 쓰지 않는다. 한번은 뉴델리의 에크타 비하르 빈민가에서 그런 소년을 본 적이 있는데, 거기서 20미터도 떨어지지 않은 배수로 옆 흙바닥에서 사리를 입은 여성과 세 명의 어린 자녀가 쭈그리고 앉아 점심을 먹고 있었다. 5,000개가 넘는 인도의 마을 가운데 배설물을 쓸어갈 하수 시스템이 있는 곳은 232곳뿐이며, 그나마도 부분적인 수준에 그친다. 나머지 인도인들은 그냥 밖에서 볼일을 봐야 한다. (전 세계에서 26억 명이 이와 같은 처지에 있다.) 아니면 일종의 건식 변소를 이용하는데, 이 변소는 19세기 뉴욕의 야간 청소부들처럼 맨손이나 깡통으로 분뇨를 수거하는 120만 명의 '분뇨 수거원'들이 주기적으로 비운다. 그들은 배설물을 양동이에 긁어 넣고, 예를 들어 근처의 물가 같은 지정된 투기장으로 나른다.[67] 수거원이 수거하건 하수 시스템이 쓸어가건, 개발도상국에서 인분의 대부분은 결국 미생물이 그대로 보존된 상태에서 생활용수로 이용하는 개울과 강, 호수와 바다로 흘러 들어 간다.[68]

위생 시설이 부족한 수십억 명의 사람들에게, 이 문제는 항상 공중보건상의 재앙이다. 매년 2백만 명에 가까운 사람들이 설사로 죽고, 많은 사람들이 회충과 기생충 감염에 의한 주혈흡충병, 실명을 초래하는 트라코마처럼 위생적인 배설물 폐기 시스템이 있으면 예방할 수 있는 그 밖의 질병으로 사망한다. 그러나 이는 그들만의 문제가 아니라 우리 모두의 문제다. 인간의 배설물에 오염된 채 방치된 환경은 병원체가 증폭되고 확산되어 우리 모두에게 영향을 미칠 수 있는 새로운 대유행병을 낳을 수 있는 비공식 루트를 제공한다.

아이티에서 그것은 콜레라였다.

2010년 1월, 진도 7.0의 대지진이 아이티를 강타하고 10개월 만에, 네팔의 카트만두에서 파견된 유엔 평화유지군이 아이티 땅에 도착했다. 당시 네팔에는 콜레라가 유행하고 있었다. 평화유지군은 포르토프랭스 북쪽의 아르티보니트 강 근처 산간 지역 캠프에 주둔했다. 명목상 유엔 캠프였던 이 시설은 네팔 군인들이 설계하고 지은 것이었다. 아이티에는 하수도 시설이 없기 때문에 배설물 처리 시설도 직접 만들었다. 현지인들은 오래 전부터 그것이 문제라는 것을 알고 있었다. 캠프의 처리되지 않은 하수가 개울을 통해 강으로 유입되었기 때문이다. 캠프 주변에 사는 사람들은 그것을 눈으로 보고 냄새로 느낄 수 있었고, 훗날 기자들도 그렇게 기록했다.[69]

국제 구호원들이 배설물을 아이티 수로에 버리는 것 외에 별다른 대안을 찾지 못한 것이 이번이 처음은 아니었다. 2010년 초에 적십자와 다른 국제 구호 기관들은 수도인 포르토프랭스에 부족한 식수를 공급하는 퀼 드 삭 평야 대수층 위에 축구장 네 개 크기의 대형 구덩이를 파서, 1만 5천 개의 간이화장실에서 나오는 처리되지 않은 오물을 투기했다.[70]

간이화장실의 오물이 아이티의 수원을 병원체로 오염시켰다는 증거는 없지만, 네팔 군인들이 오물을 투기했다는 증거는 있었다. 군인들이 도착한 지 며칠 만에, 콜레라균이 아르티보니트 강에 흘러들어갔다. 콜레라에 오염된 강물이 아이티 농부 수천 명이 벼 농사를 짓는 삼각주로 유입되었다. 농부들은 삼각주의 염수에 거의 무릎을 담그고 생활했고, 그 물을 관개 수로로 돌리거나 퍼 올려서 몸을 씻고 식수로 썼다. 그들은 속수무책이었다. 다른 아이티 사람들 역시 한 번도 콜레라에 노출된 적이 없었기 때문에 콜레라에 대한 면역력을 갖고 있지 않았다. 1년도 채 지나지 않아 아이티에는 세계 어느 곳보다 많은 콜레라 감염자가 생겼다.[71]

뉴델리에서도 이와 비슷하게 적절한 위생 시설의 부족으로 NDM-1 세균이 지역 식수원으로 흘러들어갔다. 2010년에 실시한 한 연구는 식수원에서 수거한 샘플의 4%, 거리와 골목의 웅덩이에서 수거한 샘플 171개 가운데 51개에서 NDM-1 유전자를 획득한 세균을 발견했다.[72] 인도에서 지역 주민들이 오염된 물로부터 NDM-1 세균에 감염되었는지는 알려지지 않았지만 얼마든지 가능한 얘기다. 다른 곳에서는 그랬다는 것을 시사하는 증거가 있다.[73]

135

○─●─○

보다 넓은 맥락에서 보면, 진짜 문제는 다른 곳에 있다. 오물 관리의 문제는 오물의 양이 그것을 처리하기 위해 가용한 공간을 넘어설 때만 발생한다. 다시 말해 그것은 인간과 동물 개체군의 크기와 밀도의 직접적인 결과다. 오물은 단지 증상일 뿐이며, 진짜 문제는 과밀화 현상이다.

오물

4

밀집

19세기 중반에 도시의 성장이 없었다면, 1832년 뉴욕에서 발생한 콜레라는 그 도시의 마지막 콜레라가 되었을 것이다.

콜레라의 맹렬함은 결국 자멸의 결과로 이어졌다. 여름이 끝날 무렵, 콜레라는 취약한 감염자들을 모두 제거했다. 실제 발생 사례의 1~30%에 불과할 것으로 생각되는 신고된 발생 사례는 총 5,800여 건에 달했다. 신고된 사망자만도 거의 3천 명에 이르렀다. 보고되지 않은 사례까지 고려하면, 콜레라는 도시 전체에 침투했을 가능성이 농후하다. 남은 사람들은 모두 감염의 생존자들이었다.[1] 그리고 현대의 실험들이 입증한 바에 따르면, 이런 생존자들은 병원체에 면역력을 갖게 되었을 것이다. 1832년 이후 세대의 뉴욕 시민들이 콜레라에 오염된 물을 대량으로 마셨다 해도, 또 한 차례의 유행병이 발생하지는 않았을 것이다.[2]

그리고 뉴욕은 다시 평소의 삶으로 돌아갔다. 유명한 사업가이자 자선가 존 핀타드는 8월 중순에 쓴 편지에서 이렇게 말했다. "상점이 모두 문을 열고, 보도 가장자리에는 짐짝과 상자들이 즐비하고, 거리는 수레와 짐차로 북적인다. (펄 스트리트의) 우리 포목점 시장이 마치 죽음의 골짜기처럼 고요하고 음울해 보였던 7월 중순과는 얼마나 대조되는 풍경인지! …… 이제 모든 활력과 북적거림, 미소 짓는 얼굴이 돌아왔다. 영수증을 쓰느라 분주한 점원과 상자를 풀었다가 다시 싸는 짐꾼들. 모든 표정에 즐거움과 생기가 가득하다."[3]

그러나 콜레라는 사라진 것이 아니었다. 콜레라균은 아마도 뉴욕 시 주변의 해안가와 지표수에 꽁꽁 숨어 있었을 것이다. 어쩌면 우리가 대수롭지 않게 넘길 수 있는 산발적인 별개의 발병 사례를 일으켰을지도 모른다. 아니면 세포가 움츠리고 복제를 멈춘 채 상황이 좋아질 때까지 때를 기다리는 일종의 가사상태인 '난배양성' 상태로 숨어 있었을 수도 있다.(우유 속의 병원성 세균은 저온살균에, 오수 속 세균은 염소처리 공격에 직면했을 때 그런 상태에 돌입한다.) 어느 경우건 콜레라의 존재는 숨겨져 있었고, 1832년 콜레라 유행의 기억이 희미해지며 서서히 망각되었다.[4]

그동안 새로운 콜레라 유행을 위한 연료는 축적되었다.

콜레라가 발생한 1832년에서 1849년 사이에 복잡한 도시 생활에서 새로운 실험이 펼쳐졌다. 유럽과 북미 전역에서 사람들이 마치 쇳가루가 자석에 달라붙듯 급성장하기 시작한 도시로 몰려들었다. 1800년에서 1850년 사이, 프랑스와 독일의 도시 인구는 두 배로 증가했다. 또한 비슷한 시기에 런던의 인구는 세 배가 되었다. 1830년에서 1860년 사이에, 미국의 도시 인구는 500% 이상 증가하여, 나라 전체 인구보다 세 배나 빠른 증가를 보였다.[5]

많은 사람들이 농장일보다 많은 급료와 좋은 처우를 제공하는 새로운 제조업 일자리를 찾아 도시로 몰렸다. 그러나 산업화가 가

저온 경제적 변화는 다른 예기치 못한 방향으로도 대규모 인구 이동을 초래했다. 예를 들어, 1845년 증기선이 이상한 감자를 아일랜드로 실어 오면서 수많은 사람들을 뉴욕으로 끌어들인 사건이 시작되었다.[6]

○●○

수백만 명의 가난한 아일랜드 소작농은 감자를 '하늘에서 보낸 선물'이라고 부르며 감자에 전적으로 의존했다. 평범한 아일랜드 노동자는 하루에 감자를 4.5킬로그램 넘게 소비했는데, 이는 일반적인 현대 미국인이 2주 정도 먹을 감자의 양이다. 고된 노동을 위한 에너지원으로 그 많은 감자를 구웠을 것이다. 그들이 천성적으로 감자를 좋아했기 때문이 아니라, 감자가 전분이 많고 칼로리도 높은 데다 재배하기도 쉬웠기 때문이다. 영국의 차별 정책 때문에, 아일랜드 소작농들은 희소하고 척박한 땅만으로 가족들을 먹여 살려야 했다. 감자는 그들이 키울 여력이 되는 유일한 작물이었다.[7]

그러나 그 감자에 대한 과도한 의존도로 인해 그들은 감자를 숙주로 삼는 병원체에 위험할 만큼 취약해졌다. 1845년에 그런 병원체 중 하나가 감염된 감자와 함께 찾아왔다. '식물파괴자'를 뜻하는 그리스어에서 이름이 유래된 곰팡이균인 감자역병균Phythophthora infestans*이었다. 감자역병균은 멕시코의 톨루카 밸리에서 발원되

---

*　1845년 아일랜드 감자 기근의 원인인자였던 감자잎마름병을 초래하는 곰팡이 병원체

었으며, 1845년 이전까지 아일랜드에서 한 번도 본 적이 없는 병원체였다. 속도가 느린 범선이 다니던 시절에는 병원체에 감염된 감자가 배에 실려 있으면 해안가에 당도하기 전에 벌써 물컹물컹해졌을 테니 당연한 일이다. 그러나 증기선이 수송 기간을 단축시키게 되면서, 감염된 감자는 멀쩡한 상태로 도착할 수 있었다. 일단 심으면 감자 속의 병원체가 확산되어, 보이지 않게 치명적인 포자를 인근 식물에 퍼뜨렸다. 감염된 식물은 겉보기에는 멀쩡해 보이지만 땅속에서 뿌리가 썩었다. 농부들이 땅을 헤치고 감자를 뽑아 올렸을 때, 썩은 내가 나는 흙이 손에 묻었다. 그런데 그 썩은 감자를 아무렇게나 무더기로 버림으로써 부지불식간에 병원체가 재발하도록 만들었다. 매년 봄마다 그 무더기에서 곰팡이균이 다시 나타나 다음 해의 작물을 파괴할 준비를 했다.[8]

142

감자 작물이 버려지면서 기근이 찾아왔다. 150만 명이 기근으로 사망했고, 150만 명은 감자역병균 때문에 황폐화된 고향을 등졌다. 지주들은 그들이 떠나도록 여비를 지원해 주었다. 아일랜드 정부가 요구하는 대로 기근 구호 노력에 거금을 기부하느니 차라리 그들이 떠나는 것을 돕는 편이 낫다고 생각했기 때문이었다.[9]

1847년에서 1851년 사이 거의 85만 명의 아일랜드 난민이 뉴욕에 상륙했다.[10] 그중에 어느 정도 여유가 있는 사람들만이 미국의 내륙으로 더 들어갈 수 있었다. 1847년 한 아일랜드 지역 신문이 기록한 것처럼, '간신히 여비와 여행 중 먹을 것을 해결할 정도의 돈밖에 없었던' 먹을 것도, 갈 곳도 없는 나머지 비숙련 노동자과 전직 하인들은 도착한 항구에 그대로 정착했고, 맨해튼은 곧 세

계에서 가장 사람들로 붐비는 지역 중 하나가 되었다.[11]

맨해튼 섬에는 더 이상 뻗어나갈 공간이 없었다. 또한 멀리 떨어진 동네들을 한창 호황을 누리는 공장 지역과 항구 지역으로 연결해 줄 수 있는 빠른 교통망도 없었다. 현지인과 새로 온 사람들 모두 일자리 근처나 적어도 일자리를 얻을 가능성이 있는 곳에 머물러야 했다. 마치 부두에 다닥다닥 붙은 따개비들처럼 경제 활동의 중심지 주변에 수많은 사람들의 집단이 형성되었다.

o—●—o

많은 아일랜드 기근 난민들은 콜렉트폰드를 매립한 부지 위에 세워진 파이브포인츠라는 마을에 정착했다. 파이브포인츠라는 이름은 중심부에 있는 오거리 교차로에서 따온 것이다.

그들의 도착은 건축 붐을 촉발시켰다. 새로 도착한 이민자들을 수용하기 위해 건물주는 2.5층이라고 불리는 고미다락이 있는 2층짜리 목조 건물 위에 무분별하게 증축을 했다. 뒷마당에도 추가로 건물을 지어 너비 7.5미터, 길이 30미터의 부지에 집이 두 채, 또는 심지어 세 채가 빽빽이 들어서기도 했다. 마구간을 개조해서 방으로 만들고, 창문도 없고 천장이 너무 낮아서 똑바로 설 수도 없는 다락방과 지하실을 세주었다.[12] 이것으로도 파이브포인츠의 주택 수요가 충족되지 않자, 건물주들은 기존의 목조 건물을 허물고 공동주택을 지었다. 최대한 많은 사람을 수용하기 위해 특별히 고안된 4층 또는 6층짜리 건물이었다. 최초의 공동주택은 1824년 파이브포인츠에 있는 모트 스트리트 65번지에 지어졌는데, 지역 기자의 표현에 따르면 주변 건물들 위로 돌출되어 있는 모습이 마치 '곪고 있는 종기 위에 자란 무사마귀처럼' 보였다. 뒤쪽 부지에는 부득이하게 앞 건물의 절반 크기로 더 많은 공동주택을 지었다. 이 '뒷골목 공동주택'에는 후면이나 측면에 창문이 없어서 실내의 유일한 창문은 옥외 변소가 있고 빨랫줄이 주렁주렁 걸려 있는, 건물과 건물 사이의 어둠침침한 골목을 향해 나 있었다. 어떤 건물주는 부지 내에 공동주택을 세 채나 쑤셔 넣거나 변소 구덩이 옆 마당에 작은 판잣집을 짓기도 했다.[13]

건축 붐의 경제 논리는 인구 밀집을 부채질했다. 건물주들은 자신이 지은 어두컴컴하고 비좁은 공동주택에서 살지 않았다.(공동주택은 예전의 목조 건물보다 높고 깊어서 당연히 안이 어두웠는데 집주인들은 당시에 사용되던 가스등도 거의 설치하지 않았다.)[14] 그들은 대신 공동주택 건물을 '전대인轉貸人'에게 임대했고, 전대인은 건물 1층에서 술집이나 식료품점을 운영하면서 위층의 방들을 세주었다. 그들은 이런 식으로 상당한 생활비를 벌었고, 높은 가격을 부과해 거의 300%에 가까운 이익을 챙겼다. 그러나 높은 임대료는 과밀화를 더욱 악화시켰다. 현금이 궁한 세입자들이 임대료를 충당하기 위해 하숙인을 들였기 때문이다. 파이브포인츠 주민의 거의 3분의 1 정도가 하숙인과 함께 생활했다.[15] 시더 스트리트의 평균적인 공동주택의 경우, 약 네 평짜리 단칸방에 5인 가족이 두 개의 침대를 공유하며 살았다.[16]

파이브포인츠에서도 가장 열악한 주거 환경은 지하실 방이었다. 파이브포인츠의 제6구에서는 1,100명 이상의 주민이 지하실에 살았는데, 그중에는 지하실 간이숙박소도 있었다. 이런 곳에서는 잠자리랍시고 나무 난간 사이에 달랑 캔버스 천 한 장을 펼쳐서 묶어 놓고는 한 개당 일주일에 37.5센트씩 받고 임대해 주기도 했다. 뉴욕의 의사들은 창백한 안색과 퀴퀴한 냄새만으로도 지하실 거주자들을 단번에 알아볼 수 있다고 주장했다. 특유의 냄새가 "모든 옷가지, 특히 모직 옷은 물론이고, 머리와 피부에도 배어 있다."고 한 의사는 말했다.

예전에는 가난한 사람들이 읍내와 마을 변두리에 흩어져 살았지만, 파이브포인츠는 그러한 주거 관행을 뒤집고 모두 밀집하여 모여 살게 했다. 성매매업 종사자들은 도심에 위치한 빈민가가 고객에게 접근하기 편리하다는 것을 알았다. 도시 전역의 가난한 사람들이 허물어져 가는 건물들에서 몸을 의탁할 곳을 찾았다. 뉴욕시에서 일인당 평균소득이 가장 낮은 이곳에서 폭력단과 범죄, 매춘이 성행했다. 파이브포인츠 같은 빈민가는 인류학자 웬디 오렌트가 말한 '질병 공장'이 되었고, 엔진이 연료를 태워 동력을 내듯 병원체를 전염병으로 키워낼 수 있었다. 그리고 맨해튼에서 파이브포인츠 질병 공장은 멀리 격리된 곳이 아니라 도시의 심장부를 공략했다.

시 관리들은 파이브포인츠가 다른 지역에 안겨줄 보건상의 위험을 그저 어렴풋이 짐작하는 정도였다. 한번은 동네 일부의 건물들을 철거하고 교도소를 지을 것을 고려했지만 그렇게 하지 않았다. 썩은 내 진동하는 이 지역이 수감자들에게 질병을 일으키게 될까 두려웠기 때문이다. 대부분의 외부인들은 파이브포인츠를 도덕적인 면에서 자신들에게 위협이 되는 동떨어진 세계의 구경거리로 취급했다. 기자들과 작가들은 비판적인 글을 쓰기 위해 소위 '슬럼가 탐방'의 차원에서 동네로 견학을 오기도 했다.(그들의 혐오감은 1927년 출간된 파이브포인츠를 배경으로 1927년 출간된 동명 소설을 2002년 마틴 스콜세지 감독이 영화화한 〈갱스 오브 뉴욕〉에서 오늘날까지도 그 공명을 느낄 수 있다.)[17]

논평가들이 공공연히 도덕적인 혐오감을 드러내는 글을 언론에 주기적으로 발표하는 와중에도(찰스 디킨스는 이 빈민가를 '흉측하고' '혐오스럽다'고 표현했다), 대대적인 전염병을 촉발하게 될 과밀화는 점점 더 심화되었다. 1850년까지 뉴욕 슬럼가에서는 평방킬로미터당 거의 8만 명이 비좁게 생활했다. 인구 밀도로 따지면, 오늘날의 맨해튼이나 도쿄 중심지의 거의 여섯 배에 달하고, 그 전에 살던 인류 집단과 비교하면 천 배가 넘는 수치였다.[18]

○—●—○

17년간 뉴욕에서 종적을 감추었던 콜레라가 1849년에 기세등등하게 귀환했다. 콜레라는 다른 많은 전염병이 그러하듯 도시 외곽에서 알아차리기 힘들만큼 소규모로 시작되었다. 1849년 겨울, 프랑스의 르 아브르에서 출발한 우편선 뉴욕 호가 뉴욕 항에 도착했다. 여행 중에 승객들 중 일곱 명이 죽었다. 시 보건 관리는 승선한 300명의 승객을 보세창고에 몰아넣고, 그곳을 임시 격리 병원으로 만들었다. 그 후 몇 주에 걸쳐서 그 창고 겸 병원에서 60명이 콜레라에 감염되었고 30명 이상이 사망했다. 다른 시민들이 아무

것도 모르는 상태에서, 격리된 승객 중 150명이 창고 담장을 넘어 작은 배를 타고 뉴욕 시내로 탈출했다.

1849년 1월, 탈출한 감염자로 인해 이민자 하숙집에서 콜레라가 발생했다. 이후 겨울 몇 달간 소강상태가 이어졌다. 그리고 5월에 콜레라가 파이브포인츠로 침투했다. 수도도 없는 방에서 여러 가족이 음식을 조리해서 함께 먹고 자는 환경이었으니, 콜레라균은 쉽게 사람에서 사람으로 전염되었다. 콜레라균이 섞인 분변이 손을 통해 여럿이 함께 쓰는 침구와 옷가지에 묻었고, 이것을 공공 수돗가에서 세탁하거나 넝마주이에게 넘기기도 했다. 따뜻한 바닷물 위를 맴돌며 세력을 확장하는 허리케인처럼 유행성 콜레라는 점점 더 힘을 키워 갔다.

콜레라균이 지하수로 들어가자 도시 전체에 폭발적으로 퍼졌다. (1842년에는 오염되지 않은 북쪽 급수원에서 수도관을 통해 물이 공급되었지만, 도시 인구의 3분의 2는 여전히 길모퉁이에 있는 얕은 공중 우물에 의지했다.)[19] 보건 당국은 콜레라 병원을 설치하기 위해 공립학교 네 곳의 문을 닫고 학생들을 콜레라가 우글거리는 거리로 내몰았다. 시신들은 몇 시간 또는 며칠씩 방치되었다가 랜들스아일랜드의 공동묘지로 옮겨져서 1832년 파리에서처럼 넓고 얕은 참호에 겹겹이 포개어 묻혔다.

그해 여름까지 재커리 테일러 대통령은 '국가적 기도와 금식과 겸허의 날'을 선언하는 것 외에 뉴욕에서 창궐한 전염병을 다스리기 위해 할 수 있는 일이 없었다. 최종적으로 5천여 명이 콜레라로 사망했다.[20]

원칙적으로 19세기에 시작된 도시의 실험은 실패했어야 했다. 역사학자 마이클 헤인스는 19세기 중반 미국의 대도시들이 인구 통계학적으로 높은 사망률을 특징으로 하는 '사실상 시체 안치소' 였다고 쓰고 있다. 사망률이 출생률보다 높았다. 먹을 것과 일자리가 훨씬 풍부했음에도 불구하고, 도시에 사는 5세 미만 아동의 사망률은 시골에 사는 아동의 사망률보다 거의 두 배가 높았다. 통계적으로 1830년에 뉴잉글랜드의 작은 마을에 사는 10세의 아이는 50세 생일을 맞을 가능성이 컸다. 그런데 만일 그 아이가 뉴욕시에 살았다면 36세가 되기 전에 사망했을 것이다. 잉글랜드와 웨일스에서 1851년과 1860년 사이의 인구 밀도와 조기 아동 사망률을 그래프로 표시하면, 그 둘의 상관관계는 분명하다.[21]

살아남은 사람들도 도시 생활의 대가를 치러야 했다. 국가가 도시화됨에 따라, 열악한 건강 상태로 발육이 부진해져서 1820년과 1860년 사이에 웨스트포인트 사관생도의 평균 신장이 반 인치 감소했다. 신장이 가장 작은 생도들은 인구 밀도가 가장 높은 도시 출신이었다. 맨체스터와 글래스고, 리버풀, 런던을 비롯하여 혼잡한 도시 생활이 뿌리를 내린 곳에서는 모두 이 같은 퇴행의 과정이 진행되었다.[22]

마치 생명 유지 장치에 의존해 살아가는 환자처럼, 산업화된 도시들은 죽어가는 대중을 대체할 새로운 이민자들을 계속 수혈받아 생존했다. 1849년에 콜레라가 뉴욕을 덮친 뒤 몇 년 동안, 이민자들이 매년 평균 2만 3천 명씩 계속해서 유입되었다. 죽어나가는 시신들의 행렬을 대체하고도 충분히 남을 만한 수준이었다.[23]

한편 주택에 관한 새로운 규제들이 도시의 치명적 폐해를 완화시켰다. 보도 기자 겸 사진 기자인 제이콥 리스는 플래시를 사용한 새로운 촬영 기법을 이용하여 공동주택 세계의 어두운 이면을 포착하여 대중에게 보여 주었다. 1889년에 출간된 그의 저서『다른 절반이 사는 법*How the One Other Half Lives*』은 뉴욕 시의 공동주택 개혁 운동을 촉발하는 데 기여했다. 그러한 개혁 중 하나인 1901년 공동주택법은 도시 내의 모든 건물이 외부 창문과 환기구, 실내 화장실과 소방시설을 갖추도록 요구했다.

인구 과밀을 전제로 하는 동네였던 파이브포인츠는 주택 개혁의 시대를 버티고 존속할 수 없었다. 대부분의 주택이 그냥 철거되었다. 옛 동네의 일부는 오늘날 차이나타운이 되었다. 예전에 콜렉트폰드가 있던 자리는 울타리가 둘러쳐진 작은 공원이 되었는데, 그 주위로 대법원과 시청, 뉴욕 시 보건부 병원을 비롯한 위압적인 정부 건물들이 에워싸고 있다. 행인들은 한때 그곳에 시끌벅적한 동네가 있었다고 상상조차 하지 못할 것이다.

그 빈민가의 마지막 자취는 2001년 911 테러 공격으로 세계무역센터가 붕괴되면서 완전히 사라졌다. 파이브포인츠의 유일한 유물들 —1990년대 초에 법원을 짓기 위해 5거리 교차로를 철거하기 전에 고고학자들이 수거해 놓은 도자기와 본차이나, 다기세트, 담뱃대, 물탱크, 옥외변소의 파편들— 이 그 건물 지하실에 보관되어 있었다.[24]

주택 혁명 덕분에 인구밀도가 높은 도시들도 건강하게 살 수 있는 곳이 되었다. 여전히 비만과 오염물질에 대한 노출 같은 몇 가지 건강상의 부담이 남아 있긴 하지만, 일반적으로 요즘은 도시 사람들이 시골 사람들보다 오히려 수명이 길다.[25]

그러나 뉴욕 같은 도시들이 과거를 청산한 것처럼 보이는 것은 사실이지만, 그들이 현재 누리는 주택 혁명은 위생 혁명과 마찬가지로 부분적이고 선별적이다. 그것은 가난한 나라까지 침투하지 못했고, 가축들에게 적용되지 못하고 있다. 인도에서는 부분적으로는 가난 때문에 부분적으로는 관리 부족 때문에, 19세기 뉴욕만큼이나 주택 규제가 엉성하고 미흡하게 시행되고 있다.

뭄바이에서도 세계 최대 빈민가라고 하는 다라비처럼 인구 밀도가 가장 높은 거리는 평방킬로미터 당 55만 명을 수용하고 있다. 19세기 파이브포인츠를 가득 메웠던 사람들의 밀도보다 일곱 배나 높은 수준이다.[26] 고철과 방수포로 얼기설기 만든 판잣집에는 농촌에서 이주해 온 사람들이 살고 있다. 그들은 나의 사촌 오빠가 살던 도심의 중산층 아파트 단지 입구 같은 곳 주변에 촌락을 이루고 있다. 몇 년 전 어느 날 아침, 나는 사촌의 아파트에서 난간이 설치된 창가에 앉아 차를 마시다가, 휙 소리가 나더니 골목에서 먼지 구름과 함께 약간의 소란이 벌어진 것을 목격했다. 바로 위층의 좁은 시멘트 테라스가 건물에서 떨어져 나가며 골목으로 추락해 산산조각나면서 뿌옇게 먼지가 피어오른 것이었다. 고모와 사

150

촌들은 마치 까마귀가 누군가의 토스트를 잡아채 간 장면을 보는 것처럼 흥미로워 하며 조용히 혀를 내두를 뿐 크게 경악하거나 호들갑을 떨지 않았다.

산업화 시대에 시작된 도시화 과정이 가속화되면서 그런 도시 노후화의 장면들은 앞으로 더 흔해질 것이다. 당시에는 도시화가 빠르게 이루어졌지만, 여전히 제한적이었다. 전 세계적으로 보면 도시에 사는 사람보다 도시 이외 지역에서 사는 사람들이 더 많았다. 그러나 2030년 무렵이면 상황이 달라질 것이라고 전문가들은 예측한다. 인류의 대다수가 대도시에 살게 될 것이다.[27] 그리고 이런 대도시들 가운데 유럽과 북미의 도시처럼 위생적이고 규제가 잘되는 곳은 소수에 불과할 것이다. 많은 도시는 오히려 뭄바이에 더 가까울 것이며, 우리 중 20억 명은 다라비 같은 빈민가에 살 것이다.[28] 1960년까지 지난 1만 년 동안 인류가 키운 가축의 누적 수보다도 규모가 더 커진 오늘날의 가축들도 말하자면 동물들의 빈민촌에 살고 있는 것이다. 전 세계 돼지와 닭의 절반 이상, 소의 40% 이상이 공장식 축산 농장에서 생산되고 있으며, 이런 곳에서 동물들은 수백만 마리씩 밀집되어 사육된다.[29]

빈민가의 성장은 2014년 에볼라 유행이 그토록 치명적이고 오래 지속된 이유 중 하나였다. 2014년 이전에는 에볼라가 인구 몇십만 명을 넘는 지역에는 발생한 적이 없었다. 1995년에 에볼라 유행이 발생한 콩고민주공화국의 키크위트는 인구가 40만 명이고, 2000년에 우간다 굴루에서 에볼라가 발생했을 때 그곳 주민은 10만 명에 불과했다.[30] 이런 지역들은 비교적 작고 외딴 곳이었기 때문에, 2011년에 발표된 과학 논문 제목에서 볼 수 있는 것처럼 전문가들은 대부분 그 바이러스가 아프리카 지역의 '사소한 공중 보건 위협'이라고 생각했다.[31]

그러나 이후 에볼라 바이러스는 서아프리카로 확산되어 눈에 띄게 다른 인구통계학적 풍경에 영향을 주었다. 에볼라는 모두 합쳐서 3백만 명이 사는 주요 도시 세 곳을 덮쳤다. 아프리카 서해안에 있는 기니의 수도 코나크리와 그곳에서 남쪽으로 264킬로미터 떨어진 시에라리온의 수도 프리타운, 그리고 그곳에서 남쪽으로 360킬로미터 거리에 있는 리베리아의 수도 몬로비아였다. 이곳들은 와이파이와 최신식 설비가 갖춰진 넓은 고층 아파트들이 즐비한 도시가 아니었다. 에볼라 창궐 당시 서아프리카 빈민가의 충격적인 사진들이 웹사이트와 신문에 퍼졌을 때 뉴스를 보는 사람들이 비로소 알게 된 것처럼, 무분별하게 개발된 혼잡한 인구 과밀지역들이었다.[32]

인구 밀집은 에볼라 같은 병원체에게 적어도 세 가지 이상의 유리한 조건을 제공한다. 우선 전염률을 급격하게 증가시킨다. 에볼라가 게케두를 벗어나 인구가 밀집된 기니와 리베리아의 수도로 잠입하면서 전염률이 치솟았다.[33] (천연두 바이러스가 도심에 등장했을 때도 그런 상황이 발생했으며, 생태학자 제임스 로이드 스미스의 추측에 따르면, 그 사촌 격인 원숭이천연두가 감염자의 몸이나 감염된 육류를 통해 킨샤사 같은 도시로 퍼진다면 똑같은 상황이 발생할 것이다.)[34]

그리고 또 하나, 병원체는 이처럼 전파될 수 있는 인구 집단이

클수록 더 오랫동안 타오를 수 있다. 2014년에 발생한 21건의 에볼라 유행은 모두 몇 개월 안에 통제되었다. 그런데 에볼라가 서아프리카의 북적이는 도시들을 습격하고 10개월이 지났을 때, 전염병이 통제되기는커녕 여전히 기하급수적으로 확산되고 있었다. 당시 에볼라에 대한 유엔의 대응을 총괄 관리했던 데이비드 나바로는 이렇게 말했다. "에볼라에 대해 이런 종류의 경험은 처음입니다." 도시라는 환경이 그러한 차이를 가져온 것이다. "에볼라가 도시에 들어오면, 다른 차원을 띠게 되죠."[35]

그러나 인구 밀집의 가장 변혁적인 효과는 밀집을 통해 병원체가 더욱 치명적이 되는 방법에 있다. 이것은 분명 진화의 과정에서 얻은 특이한 강점과 관련되어 있는데, 병원체는 이것을 십분 활용해 밀집된 대중을 감염시킨다. 대부분의 상황에서 병독성*은 병원체의 전파 능력에 있어서 결정적이다. 독감 바이러스처럼 사람들의 호흡을 통해, 또는 콜레라나 에볼라처럼 접촉을 통해 전파되는 병원체를 생각해 보자. 전파의 성공은 감염자와 비감염자 간의 사회적 접촉에 의존한다. 비감염자가 감염자가 내쉬는 숨을 들이쉬거나 체액과 접촉해야 전파되는 것이다. 그렇지 않으면 병원체는 한 발짝도 움직일 수 없고, 따라서 전파되지 않는다.

이처럼 사회적 접촉에 의존하는 특성 때문에 병원체에게 병독성은 문제가 된다. 병독성이 지나치게 강하면 감염자가 곧 사망할 수 있다. 감염자가 직장에서 사람들과 악수를 하거나 열차에서 다

153

---

* 질병을 일으킬 수 있는 병원체의 능력

른 승객들에게 숨결을 내뿜는 대신 혼자 침대 신세를 지거나 병원에 격리될 것이다. 감염자가 죽으면 시신에 도사리고 있는 병원체가 다른 사람에게 전파되기 전에 시신이 화장되거나 매장될 것이다. 이것은 결정적인 약점이다. 그래서 병독성은 진화적 차원에서 제동이 걸린다.

그러나 인간들의 특정 행동은 병독성에 대한 이런 제동장치를 풀고 가장 치명적인 바이러스조차 번성할 수 있도록 만든다. 한 가지 예는 유가족이 망자의 시신을 만지는 장례의식이다. 예를 들어, 우간다 아촐리족의 전통적 장례 의식에서는 친척들이 시신을 씻기고 조문객들이 시신의 얼굴을 만진다. 2014년에 서아프리카에서 발생한 에볼라 유행에서 중요한 역할을 했을 것으로 보이는 이와 비슷한 의식들은 병원체를 병독성의 약점으로부터 자유롭게 해 주었다. 감염자가 죽어도 사회적 접촉은 계속되기 때문에, 에볼라처럼 희생자를 즉시 죽게 만드는 병원체도 새로운 희생자에게 전파될 수 있는 것이다.[36]

빈민가 사람들과 공장식 가축 농장의 동물들도 마찬가지다. 무리지어 살아가는 환경에서 병원체를 퍼뜨리는 사회적 접촉은 감염자가 투병 중이거나 사망했어도 계속된다. 병상은 친척과 친지들이 환자에게 쉽게 접근할 수 있는 거실이나 부엌에 있다. 병동은 늘 만원이고, 몇 명의 환자가 함께 사용하는 병실의 침대는 걱정하며 주변을 맴도는 가족들로 늘 붐빈다. 병든 동물들도 건강한 동물과 함께 비좁은 우리에 합사되는 일이 다반사다. 그런 조건에서는 강한 독성을 띠도록 진화하는 병원체가 일반적으로 병독성에 의해 초래되는 약점을 겪지 않는다. 감염자들의 병세가 얼마나 중증인지에 관계없이 병원체가 전파될 수 있다.[37]

이들은 세상에서 가장 위험한 병원체, 다시 말해 전파를 위해 사회적 접촉에 의존하지 않는 병원체만큼이나 병독성을 가질 수 있다. 이런 병원체들은 외부 환경에서 안정된 상태를 유지하며 매개체에 의해 전파된다. 이 중에는 콜레라와 결핵균, 천연두 바이러스 같은 살인적인 것들도 포함된다. 이런 병원체들은 다른 살아 있는 희생자가 감염될 때까지 환경 속에서 버티고 있기 때문에 죽은 희생자로부터 전파될 수 있으며, 따라서 병독성이 전파 능력을 제약하지 않는다. 말라리아를 일으키는 열대열원충Plasmodium falciparum*처럼 매개체에 의해 운반되는 병원체의 경우도 마찬가지다. 모기가 흡혈활동을 지속하는 한, 감염자의 병세가 얼마나 심각한가에 관계없이 병원체는 계속 퍼질 것이다. (아파서 침대 신세를 지는 환자들은 덜 아픈 환자들에 비해 모기에 물릴 확률이 더 많기 때문에, 오히려 병독성은 전파 능력을 증가시킬 수도 있다.)[38]

대체적으로 사회적 접촉을 통해 전파되는 병원체는 상대적으로 순할 수밖에 없다. 그런데 밀집은 이런 병원체들도 살인자가 될 수 있도록 만든다.

○●○

밀집이 어떻게 병원체가 더 강한 독성을 갖게 만드는지는 인플

---

* 인간에게 치명적인 말라리아를 일으키는 기생 병원체

루엔자의 경우에서 분명하게 볼 수 있다. 최근 우리는 인플루엔자 바이러스가 감염시킬 수 있도록 대규모의 동물 및 인간 군집을 제공함으로써 더 강한 병독성을 가진 많은 신종 바이러스를 만들어 냈다.

인플루엔자 바이러스는 원래 야생 물새에게서 비롯되었는데, 오랜 시간 동안 인간을 비롯한 다른 종들에게로 넘어와 적응되었다. 인플루엔자 바이러스에는 세 가지 유형이 있다. B형과 C형은 인간에게 적응된 병원체로, 가벼운 계절성 독감을 일으킨다. A형은 여전히 원래의 병원소인 오리와 거위, 백조, 갈매기, 제비갈매기, 섭금류에게 머무는 바이러스다.[39]

가끔은 A형 바이러스가 가금류에게 넘어오기도 한다. 중국 남부에서는 그런 경우가 특히 흔한데, 가축화된 오리를 이용하는 전통적인 농사 방식으로 인해 가축화된 오리와 야생 물새가 쉽게 섞일 수 있는 환경이 조성되어 인플루엔자가 가금에게 전파될 기회를 제공하기 때문이다. 그런데 야생 조류와 달리 가금류에게는 인플루엔자 바이러스에 대한 면역력이 없다. 인플루엔자 병원체는 가금류의 몸속에서 제멋대로 복제되어, 고병원성 조류인플루엔자 HPAI, Highly Pathogenic Avian Influenza*라고 하는 보다 치명적인 새로운 종으로 진화한다.[40] 그 과정이 너무 안정적이어서 과학자들은 그것을 실험실에서 그대로 재현하여 단순히 바이러스를 반복적으로 닭들에게 퍼뜨림으로써 보다 치명적인 신종 조류 인플루엔자를

---

* H5N1처럼 병을 일으키는 능력이 큰 조류 인플루엔자 균주

만들어 낼 수 있을 정도다.[41]

고병원성 조류인플루엔자의 전파에 있어서 한 가지 주요한 요인은 그것이 감염시키는 가금 무리의 규모다. 감염된 닭들은 며칠 간 바이러스를 변으로 배출한 뒤 죽는다. 수학적 모델에 따르면, 취약한 가금 무리가 주변에 없을 경우 전염은 2~3주 안에 저절로 멈추게 되어 있다. 개체군 밀도가 낮은 가금 사육 지역에서는, 이러한 치명적 바이러스의 기초감염재생산수가 1 미만이다.[42] 그렇기 때문에 2000년까지 과학자들은, 2014년에 에볼라가 인구밀도 높은 서아프리카에 등장했을 때 그랬던 것처럼, 조류 인플루엔자를 '크게 중요하지 않은 감염'으로 간주했던 것이다.[43]

그러나 이후 중국에서 가금의 수와 규모가 증가하기 시작했다. 2009년 기준, 중국에서 생산된 '육계'(계란을 얻기 위한 산란계가 아닌 고기를 얻기 위해 사육하는 닭) 가운데 거의 70%가 연간 2,000마리 이상을 출하하는 대규모 양계장에서 사육되었다. 2007년에서 2009년 사이에 100만 마리 이상의 닭을 사육하는 농장의 수가 거의 60% 증가했다.[44] 가금의 국제적 거래가 급증하여, 2008년에는 1970년보다 20배나 많은 닭들이 해외로 수출되었다.[45]

가금 무리의 규모가 커지고 이동이 빈번해지면서, 가금류의 영역과 야생 조류의 비행길 사이에서 접촉이 증가하여 인플루엔자 바이러스가 야생 조류에게서 가금류에게로 넘어가는 빈도가 높아졌다. 그리고 이러한 종간 전파*는 고병원성 조류인플루엔자 바이

---

* 한 종에 속하는 미생물이 다른 종을 감염시키기 시작하는 과정

러스의 빈번한 등장으로 이어졌고, 이것이 더 큰 집단에게 장기간의 대규모 창궐의 원인이 될 수 있었다. 이러한 변화의 결과, 이 치명적인 바이러스는 문턱을 넘어 독자적으로 가금에게 발생하는 전염성 병원체가 되었다. 수학적 모델에 따르면, 가금 사육이 활발한 곳에서 조류 인플루엔자 바이러스의 기초감염재생산수는 10이 넘는다.[46]

바이러스의 기초감염재생산수가 증가함에 따라, 그것이 초래하는 질병 발생의 빈도와 규모도 증가했다. 1959년과 1992년 사이에는 치명적인 조류 인플루엔자가 약 3년마다 발생했고, 감염 조류의 규모는 50만 마리 미만이었다. 그런데 1993년과 2003년 사이에는 매년 발생했고 2002년과 2006년 사이에는 10개월마다 발생했다. 이 가운데 절반 정도에서 한 번에 수백만 마리씩 감염되었다.[47]

점차 규모가 커지는 가금 농장으로 인해 증가하는 바이러스의 위협은 여러 해 동안 대중들에게 알려지지 않았는데, 그 주된 이유는 고병원성 조류인플루엔자 바이러스가 조류에 국한되었기 때문이었다. 즉, 사람은 감염되지 않았다. 그런데 1996년 야생 조류 독감이 중국 최대의 가금 생산 지역 중 하나인 광둥성 지방의 한 작은 농장에서 키우는 거위에게 옮겨갔다.[48] 'H5N1*'이라고 불리는 이 바이러스는 전에 한 번도 본 적이 없는 두 가지 능력을 진화시

---

* '조류 독감'이라고도 알려진, 1996년에 처음 나타났으며 인간에게도 전염되는 고병원성 조류 인플루엔자의 아류형

컸다. 야생 조류에게는 좀처럼 발견되지 않는 다른 조류 인플루엔자와는 달리, 이 바이러스는 철새를 포함하여 광범위한 야생종들을 공격했다. 그것은 또한 인간도 감염시킬 수 있었다.[49]

○●○

사람들은 감염된 조류와의 직접적인 접촉을 통해 H5N1에 노출되었다. 평범한 독감 증상이 급성 폐렴과 어떤 경우 장기 부전으로 발전하기도 했다. 감염자의 절반이 넘는 59%가 사망했다.[50] 그리고 바이러스는 널리 확산되었다. 국제적인 가금 거래는 태국과 인도네시아, 말레이시아, 캄보디아를 포함해 적어도 여덟 국가의 가금류에게 H5N1을 가져왔다.[51] 철새들은 H5N1을 중동과 유럽으로 실어 날랐다.[52] 이 글을 쓰는 현재, 북미는 H5N1의 피해를 입지 않았는데, 북미와 H5N1의 영향권 사이를 이동하는 철새가 별로 없기 때문이었다. 그러나 이조차도 변할 수 있다. 이 바이러스는 시베리아에서 철새들에게 간헐적으로 발견되는데, 이 철새들은 베링 해협을 넘어 북미로 이동하는 오리와 거위, 백조 따위와 종종 섞이곤 한다. 만일 이런 새들이 감염된다면, 북미 역시 H5N1에 직면하게 될 수 있다.[53]

오늘날 등장하는 모든 새로운 병원체 중에 H5N1 같은 신종 인플루엔자 바이러스는 많은 바이러스학자들의 밤잠을 설치게 한다. 만일 H5N1이나 다른 신종 조류 인플루엔자가 진화하여 인간들 사이에 옮겨지게 된다면, 사망자 수가 빠르게 급증할 것이다. 사망률이 낮은 계절성 독감 바이러스도 단지 인간들 사이에 널리

159

전파되는 능력 때문에 엄청난 수의 희생자를 낳고 있다. 계절성 독감은 전 세계에서 매년 50만 명에 이르는 인명을 앗아가고 있다. 그것은 이미 우리에게 적응된 독감 바이러스가 초래한 사망자 수치이며, 우리도 예외는 아니다. 만일 사망률이 그보다 조금이라도 더 높으면서 계절성 독감만큼 전파가 잘되는 인플루엔자 바이러스가 생긴다면 수백만 명을 쓰러뜨릴 수 있을 것이다.

현재로서는 H5N1은 동물원성 감염 병원체이며, 사람끼리 쉽게 전파되지 않는다. 그래서 2014년 여름까지 이 바이러스에 노출되었을 것으로 보이는 수만 명의 사람들 중에 신고된 발병 사례가 667건에 불과했던 것이다.[54] 그러나 진화를 통해 인간에 대한 H5N1의 전염성이 강화될 수 있다. 지금까지 H5N1 바이러스는 각양각색의 능력과 성질을 가진 적어도 10종 이상의 '분기군'으로 진화했다.[55] 어떤 분기군은 이미 인간에 대한 H5N1의 전염 효과를 높일 수 있는 방식으로 돌연변이를 했다고 과학자들은 생각한다. 예를 들어, 이집트에서 발견된 독특한 분기군은 다른 어떤 분기군보다 인간 세포와 결합하는 능력이 특출해 보인다. 어쩌면 2009년에서 2013년 사이에 H5N1 감염자의 절반 이상이 이집트에서 나온 것도 그 때문일 수 있다.[56]

바이러스는 계속 진화한다. H5N1 같은 조류 인플루엔자가 동물원성 병원체에서 인간 적응 병원체로 바뀐다면, 그러한 적응은 감염된 조류를 취급하는 사람에게서 일어날 가능성이 크다. 나는 바이러스가 사람에게 적응하기까지 조우하게 될 기회와 장애를 확인해볼 겸 중국의 광저우로 날아갔다. 비행기에 탑승하니 독감

철이 찾아온 것이 분명해 보였다. 실제로 몇 주 전에 H5N1으로 인해 광저우 지방에서 39세의 버스 운전사가 사망하는 일이 발생했고, 그 때문에 중국 남부산 가금류가 많이 유통되는 홍콩에서는 가금류의 대량 살처분이 이루어졌다. 비행기 전체가 기침을 하는 것처럼 보였다. 높은 기침과 낮은 기침, 큰 기침과 잔기침, 습한 기침과 마른기침. 오케스트라의 연주를 방불케 하는 다양한 기침 소리가 계속 이어졌다. 우리가 탑승한 비행기에서 팔꿈치에 대고 기침하는 사람은 거의 눈에 띄지 않았다. 사람들은 고개를 숙이고 그대로 기침을 했다. 비행 내내 내 옆자리에서 신문만 읽던 훤칠한 젊은 남자가 비행기가 착륙하자마자 갑자기 멀미 봉투를 얼굴로 가져가 기침을 해서 가래를 뱉어 내더니 그것을 그대로 좌석 포켓에 쑤셔 넣었다.[57]

철망 닭장에 수천 마리의 닭과 오리, 거위를 진열해 놓고 그 자리에서 도매가 이루어지는 광저우의 장춘 가금 시장에 도착했을 때, 현재 진행 중인 H5N1 발생에 대한 경고나 버스 운전사의 죽음에 대한 경고 같은 것은 없었다. 2006년 연구에 따르면 100마리당 한 마리의 가금이 사실상 H5N1에 감염되어 있었지만, 겉보기에 이곳의 조류들은 멀쩡해 보였다.[58] 장춘 시장 사람들이 이런 소식을 알고 있었는지 어땠는지는 모르지만, 겉으로 그런 기색을 보이지는 않았다. 미국에서 고병원성 조류 인플루엔자 바이러스에 감염된 가금을 취급하는 사람들은 의사들이 에볼라와 싸우기 위해 착용하는 정교한 보호장구를 착용한다.[59] 그런데 장춘에서 일하는 사람들은 맨손에 마스크도 쓰지 않았고, 그냥 고무장화와 앞

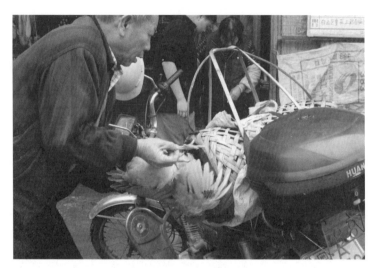

중국 광동 지방 광저우의 장춘 가금 시장에서 조류를 포장하고 있다. 대형 가금 농장을 통한 전염 기회는 1996년 광동에서 등장한 H5N1 인플루엔자의 부분적인 원인을 제공했다.(Sonia Shah)

치마만 착용하고 있었다. 동물원의 원숭이 우리만 한 크기의 닭장을 관리하는 중년의 부부가 긴 금속 갈고리로 가금들의 목을 잡아 인정사정없이 플라스틱 통에 쑤셔 넣었고, 이 통들은 곧 트럭에 실렸다. 죽은 것은 그냥 뚜껑 있는 파란색 플라스틱 통에 던져 넣었다. 닭장마다 이런 통이 옆에 하나씩 서 있었다.

이들의 태연함은 아마도 가까이 있는 것에 대한 학습된 무관심에서 비롯되었을 거라고 나는 생각했다. 그들은 자신들이 키우는 조류의 바이러스에 오염된 배설물에 둘러싸여 생활했다. 그들은 낮 시간은 닭장 안에서 보냈고, 그 바로 뒤의 쓰레기가 깔린 구역에서 채소를 기르고, 매일 밤 거기서 겨우 몇 백 미터 떨어진 시멘트 블록 연립주택으로 퇴근한다. 깃털과 모래, 마른 새똥이 만들어

내는 먼지 구름이 모든 것에, 콘크리트 보도 위에 널려 있는 축축하고 거무튀튀한 빨래에도, 닭장 건너편 작은 가게에 쌓여 있는 포장된 국수며 비스킷 따위가 들어있는 찌그러진 종이 상자에도 내려앉아 있었다. 연립주택 창문도 그 때문에 뿌옜다.

시장에서 오물 수거 등의 잡일을 하는 사람들도 노출되어 있기는 매한가지였다. 그들은 시장 담장의 바로 바깥쪽에서 방수포로 덮어서 대충 만든 판잣집에 살았다. 나는 그들이 삽을 어깨에 걸치고 시장을 어슬렁거리며 닭장에서 축축한 분뇨 덩어리를 수거하여 2미터가 넘는 높이로 쌓는 것을 보았다. 이렇게 쌓인 분뇨 더미는 그들의 판잣집 옆에도 있었다. 장춘 가금 시장에서는 조류 배설물 속의 어떤 바이러스라도 그곳에서 일하는 사람들에게 아무런 제약 없이 얼마든지 접근할 수 있었다. 마치 시냇물이 바다로 흘러 들어가듯 인간의 몸으로 유유히 들어갈 수 있었다.

어떻게 H5N1이 인간을 감염시킬 능력을 얻게 되었는지는 분명하지 않다. 어떤 전문가들은 돼지 같은 다른 가축이 역할을 했을 수 있다고 추측한다. 조류 인플루엔자가 인간에게 전파되는 데 생물학적 장벽 역할을 하는 것 중 하나는 조류에게 적응된 바이러스가 인간에게는 없는 조류의 시알산과 화합한다는 것이다. 이론상으로 H5N1이나 다른 조류 적응 바이러스는 인간의 시알산과 화합하는 방식으로 자연스럽게 돌연변이가 나타날 수 있다. 그러나 신종플루 바이러스가 그런 능력을 획득할 수 있는 훨씬 더 빠른 다른 방법이 있는데, '유전자 재편성'이라는 과정을 통하는 방법이다. 유전자 재편성은 어떤 바이러스가 다른 바이러스로부터 새로운 유전자를 획득하고, 그 새로운 유전자가 부여하는 모든 능력을 획득하는 것이다. 조류 인플루엔자 바이러스는 예를 들어, 계절성 독감을 일으키는 비교적 순한 바이러스처럼 이미 인간을 감염시킬 수 있는 능한 바이러스와 유전자 재편성을 할 수 있다. 그러면 이 새로운 조류 인플루엔자 바이러스는 인간에게도 효율적으로 전파될 수 있는 능력을 획득할 수 있다.

이런 방식의 유전자 재편성은 두 바이러스에 동시에 감염되는 세포에서만 일어날 수 있다. 그런데 인간 인플루엔자는 인간의 시알산과 결합하고, 조류 인플루엔자는 조류의 시알산과 결합하기 때문에, 인간은 조류 인플루엔자에 쉽게 감염되지 않으며 마찬가지로 조류는 인간 인플루엔자에 쉽게 감염되지 않는다. 그렇기 때문에 대규모 가금류가 국경을 넘나들고 중국 남부 같은 곳에서 조류의 배설물에 수천 명의 사람들이 노출되어도, 인간 독감 바이러스와 조류 독감 바이러스가 직접 유전자를 교환할 가능성은 크지 않다.

그런데 여기에 돼지가 끼어든다. 돼지는 세포 표면에 인간과 유사한 시알산과 조류와 유사한 시알산을 모두 가지고 있다. 이는 곧 두 종류의 바이러스 모두 돼지의 세포와 결합할 수 있다는 뜻도 된다. (메추라기의 경우도 마찬가지지만, 메추라기 사육이 소규모로 이루어진다는 점을 감안할 때 인플루엔자의 전염에서 큰 역할을 할 것으로 보이지는 않는다.) 인간과도, 가금류나 야생 물새와도 가까운 곳에서 생활하는 돼지들은 조류 바이러스와 인간 인플루엔자 대유행 사이의 알 수 없는 연결고리일 수 있다. 바이러스학자들은 돼지를

신종 인플루엔자의 완벽한 '혼합 용기'라고 부른다.[60]

　그리고 중국에서 사육되는 가금류의 규모가 증가한 것처럼 돼지 농장의 규모도 증가하면서, 조류 인플루엔자가 돼지에게 넘어갈 확률 역시 증가했다.[61] 1985년까지 중국 돼지의 95%는 1년에 겨우 한두 마리를 키우는 시골 농가에서 길러졌다.[62] 그런데 2007년 무렵에는 중국 돼지의 70% 이상이 수백 마리가 밀집한 농장에서 키워졌다. 그리고 2010년 무렵 중국은 전 세계에서 사육되는 돼지의 절반, 그리고 미국 같은 나라의 다섯 배에 해당하는 무려 6억 6천만 마리를 키우는 세계 최대의 돼지 생산국이 되었다.[63]

　장춘을 방문하고 며칠 뒤에, 나는 선전 시에서 1시간 떨어진 공밍, 라오춘에 위치한 인적이 드문 공업 지역의 불법 돼지 사육장에 도착했다. 천여 명의 양돈업자들이 한 공산당원의 아들에게 정부 소유의 땅에 대해 불법으로 임대료를 지불하고, 길게 늘어선 고철과 대나무로 만든 낮은 판잣집에서 수천 마리의 돼지와 함께 살고 있었다. 길을 따라 암탉들과 무리에서 쫓겨난 병약한 돼지 몇 마리가 자유로이 돌아다녔다. 양돈업자들은 장화를 신고 음식점과 다른 곳에서 수거해 온 음식물 찌꺼기로 돼지에게 먹일 김이 모락모락 나는 죽을 만들었다.

　우리는 이목을 끌지 않기 위해 애쓰며 천천히 차를 타고 주변을 돌다가 볼이 발그레한 부부를 우연히 만났고, 그들은 우리를 자신들의 판잣집으로 인도했다. 돼지와 조류와 인간 인플루엔자 바이러스가 얼마나 쉽게 섞일 수 있는지 내가 보게 된 것은 바로 여기였다. 돼지 냄새가 잔뜩 밴 흙바닥 구조물은 몇 개의 캄캄한 구

광동 선전 시의 공밍, 라오춘에 있는 불법 돼지 사육장. 천정이 낮은 판잣집에서 양돈업자 가족과 돼지가 함께 생활한다. 전염병학자들은 인간 인플루엔자와 조류 인플루엔자의 동시 감염이 가능한 돼지를 매개로 H5N1 인플루엔자가 인간을 감염시키는 능력을 획득하게 되었을 것이라고 추측한다.(Sonia Shah)

166

역으로 나뉘어 있었는데, 낡은 매트리스와 막대기 몇 개, 사용한 비닐봉지가 간간이 보였다. 그중 한 구역에 한 젊은 여자가 둥그렇게 배열된 돌들 가운데 모닥불을 피워 놓고 앉아 있었다. 그녀의 옆에 놓인 양동이 속에는 채소가 물 위에 둥둥 떠 있었다. 가족들의 빨래가 나지막한 벽을 따라 널려 있었다. 높이 매단 나무 선반 위에는 의외다 싶을 만큼 새빨간 운동화 한 켤레가 고이 모셔져 있었다.

같은 지붕 아래 10미터쯤 떨어진 곳에서 수백 마리의 돼지들이 킁킁거리며 발을 끌고 돌아다녔다. 그곳에는 적어도 3백 마리의 돼지가 길고 좁은 우리에 빽빽이 들어차 있었고, 우리 사이에는 60센티미터 정도의 진흙 통로가 있었다. 돼지 각각의 무게는 90킬로그램 이상이었고, 대부분이 배설물과 먹다 남은 먹이가 덕지덕지 붙은 몸으로 서로 뒤엉켜 깊이 잠들어 있었다. 땅딸한 몸 위에 붙어 있는 큰 턱과 펄럭이는 귀가 달린 머리가 유난히 거대해 보였다.

우리가 돼지우리 사이로 걸어갈 때 바로 뒤에 넓고 얕은 연못이 보였다. 양돈업자들은 이것을 돼지 분뇨 처리장 겸 물고기를 키우는 데 이용한다고 말했다. 그것은 미국의 부동산 개발업자들이 교외 쇼핑몰 밖에 장식용으로 만들어 놓은 오리 연못처럼 잔잔하고 얕았다. 그러니 당연히 지나가는 물새가 꼬였을 것이다.

여름에는 양돈업자들이 통풍을 위해 판잣집에서 고철 지붕을 떼어 내기 때문에, 돼지와 돼지먹이는 옥외에 노출되었다. 그러니 새들이 머리 위로 날아갈 때 바이러스에 오염된 새똥이 사육장 여기저기에 배치된 돼지 구유 중 하나에 떨어질 수 있었을 것이다.

분뇨 처리장을 보면서, 나는 라오춘에서 조류 인플루엔자와 인간 인플루엔자 모두에 감염된 돼지를 쉽게 상상할 수 있었다. 그 동물의 몸에서 다음 번 대유행병을 일으킬 독감 바이러스가 부화되고 있을지 모른다.

○─●─○

H5N1가 인간 병원체로 진화하건, 아니면 서서히 망각 속으로 사라져버리건, 사람과 조류와 돼지들의 군집 규모가 커지면서 계속해서 대유행병의 잠재력을 지닌 새로운 바이러스 종이 만들어질 것이므로, 새로운 인플루엔자 바이러스의 위험은 여전하다. 이 책을 쓰는 동안에도, 적어도 두 종의 인플루엔자 바이러스가 발생

167

한 것으로 알려졌는데, 두 종 모두 인간을 감염시킬 수 있는 능력을 새롭게 진화시킨 것들이다.

원래는 돼지를 감염시키는 H3N2 바이러스의 한 변종이 2012년 여름 미국에서 인간에게 전파되기 시작했다. (과학자들은 인플루엔자 바이러스를 표피의 단백질 유형에 따라 분류하는데, 각각의 바이러스 종은 단백질 혈구응집소[H] 16가지 유형 중 하나, 뉴라민 분해요소[N] 9가지 유형 중 하나로 조합된다.)[64] 축산 박람회 행사에서 사람들이 돼지 바이러스에 감염되었다. 박람회에서는 각지에서 온 수백 마리의 돼지들이 돼지우리에 함께 모이는데, 돼지들은 우리 안에서 바이러스학자 마이클 오스터홀름 박사가 '공기로 전염되는 바이러스 구름'이라고 표현한 것을 만들어 냈고, 이것을 지역 사람들이 흡입한 것이다.[65]

나는 메릴랜드에서 열린 축산박람회에서 이것을 직접 목격했다. 사람들은 중국 남부에서 감염된 조류의 배설물 속에서 생활하는 가금류 취급자와 양돈업자들만큼이나 아무렇지 않게 돼지우리와 그 안에 떠다니는 공기로 전염되는 바이러스 구름 사이로 들락거렸다. 관람객들은 손에 플라스틱 맥주 컵을 들고 돼지가 잠자고 있는 먼지 자욱한 작은 우리 사이를 거리낌 없이 걸어 다니다가 가끔은 울타리 너머로 팔을 뻗어 동물들을 만지기도 했다. 대형 선풍기가 돼지우리 안의 뜨겁고 탁한 공기를 이리저리 날리며 방문객들의 머리를 헝클어뜨렸다. "저 돼지 좀 봐!" 한 십대 소녀가 신발에 돼지 분뇨를 덕지덕지 묻힌 채 친구들에게 외치는 소리가 들렸다. "너무 귀엽다! 얼마나 뚱뚱한지 봐!" 어떤 돼지 취급자들은 값비싼 호텔 객실 대신 무단으로 돼지우리 한쪽을 차지했다. 한 우리에서는 두 어린 딸을 둔 부부가 접이식 의자를 펼쳐 놓고 감자칩을 씹고 있었고, 다른 돼지우리에는 건초 더미 위에 담요와 베개에 덮인 푹 꺼진 매트리스가 놓여 있었다. 그곳에서 잔 사람은 바이러스가 가득한 공기를 밤새 흡입했을 것이다.

2011년과 2012년 사이 돼지에서 비롯된 H3N2v가 321명의 사람을 감염시켰다.[66] 그렇게 큰 수는 아니지만, 전에 인간을 감염시킨 적이 없는 돼지 바이러스 H3N2v가 호모사피엔스에게 침투한 것은 '유례없는' 일이었다고 오스터홀름 박사는 말했다. 바이러스는 종간 장벽을 넘었고, 반복된 노출로 인체 내에서 복제가 가능한 돌연변이체를 생산했을지 모른다. "우리는 운명을 시험하고 있다."고 오스터홀름 박사는 말했다.[67]

2013년 2월 중국 동부에서 또 다른 신종 인플루엔자가 인간을 감염시키기 시작했다. H7N9라는 이 바이러스는 심각한 폐렴으로 입원한 세 명의 환자에게 발견되었다. 계통발생학적 분석은 이 신종 바이러스가 전년도에 상하이 근처 어딘가에서 발생한 오리와 닭, 야생 철새의 바이러스들이 결부된 여러 차례의 유전자재편성의 결과물임을 시사한다. 그런 뒤 바꿔치기 된 바이러스가 가금류 무리 내에서 증폭되었을 가능성이 크다.

가금류 자체에서는 질병의 흔적이 없었기 때문에, 바이러스 학자들은 H7N9의 전파에 대해 걱정했다. H5N1의 경우는 인간에게 감염될 때 가축 떼에서의 발병도 동반되었기 때문에, 그것이 어렴풋하게나마 사전 경고 역할을 했다. 그런데 H7N9에는 그런 경고가 없었다. 감염된 조류가 아무 증상을 보이지 않았기 때문에, 마치 인간의 감염이 난데없이 나타난 것처럼 보였다. 이 바이러스는 인간에게도 역시 질병으로 발현되지 않고 조용히 전파될 수 있는 것처럼 보였다. 한 연구는 가금류 취급 노동자의 6% 이상이 감염의 병력이 없는데도 H7N9에 대한 항체를 가지고 있는 것을 발견했다.

그해 가을, 인간 감염의 두 번째 파장이 시작되었다. 이번에는 중국 남부와 동부를 포함한 훨씬 더 넓은 지역이 영향을 받았다. 바이러스에 감염된 사람들의 대부분이 살아있는 가금에 노출되었음을 고려할 때, 조류가 바이러스 확산의 은밀한 범인이었을 가능성이 높다. 2015년 2월까지 H7N9는 6백 명 이상의 사람을 감염시켰다.

H5N1과 H3N2와 마찬가지로, 그것은 아직 대유행병이 되기 위한 조건인 인간들 간의 쉬운 전염성을 달성하지는 못했다. 이런 신종 바이러스나 대규모 가금 및 돼지 농장에서 계속해서 등장하는 다른 바이러스 중 하나가 마침내 그렇게 할 수 있는 유전적 조합에 이르게 될 것인지는 두고 볼 일이다.[68]

○─●─○

근대에 들어 가장 악몽 같은 독감 대유행은 1918년에 찾아왔다. 대유행병 바이러스 H1N1은 제1차 세계대전 중에 유달리 혼잡한 참호전의 조건 속에서 증폭되고 병독성이 강해졌다. 이 바이러스는 전 세계적으로 4천만 명의 사망자를 초래했다. 대부분 바이러스 감염의 합병증인 세균성 폐렴이 원인이었다. (오늘날이라면 세균성 폐렴은 내성 있는 종이 초래한 경우가 아니면 치료가 가능했을 것이다.)

H1N1은 이후 눈앞에서 사라졌다. 영영 사라진 것처럼 보였다. 그런데 그렇지가 않았다. 그것은 1832년 가을에 뉴욕에서 콜레라가 그랬던 것처럼 어딘가 숨을 곳으로 후퇴했다. 그리고 콜레라가 그랬던 것처럼, 취약한 인간들의 군집이 충분한 규모로 형성되어 다시 공격을 개시할 수 있을 때까지 조용히 잠복해 있었다. 그리고 그 공격은 1세기 뒤인 2009년에 발생하여, 덜 치명적이지만 여전히 강력한 '돼지독감' 대유행병을 촉발시켰다.

내가 홍콩에서 바이러스학자 말릭 페이리스 박사를 만났을 때, 그는 1세기 동안 바이러스의 잠복 장소는 돼지의 몸이었다고 말했다.

나는 그날 라오춘의 판잣집을 떠나기 위해 농부들 뒤에 서서 돼지우리 사이의 캄캄한 통로를 따라 문을 향해 천천히 걸으며 이런 생각을 했다. 그런데 그때 돼지우리 저쪽 끝에서 잠자던 돼지 한 마리가 깨어나서는 다른 돼지들을 타고 넘어 우리를 향해 다가 왔다. 그러더니 갑자기 돼지우리 문을 짚고 어깨 높이로 일어나서 커다란 머리를 갸우뚱하며 아몬드 형태의 연녹색 눈으로 내 눈을 들여다보았다. 마치 뭔가 꼭 해야 할 말이 있는 것처럼. 나는 한참 그 돼지와 눈을 맞추었다. 그러나 돼지는 그저 짖는 원숭이의 낮은 포효처럼 소름끼치는 울음을 뱉어낼 뿐이었다. 나는 시선을 돌리고 쿵쾅대는 가슴으로 남들을 따라 걸었다. 우리의 움직임이 남긴 약간의 변화된 공기 속에서 그 돼지가 속한 무리에서 생겨난 병원체와 내가 속한 인간의 무리에서 생겨난 병원체가 한데 뒤섞였다.

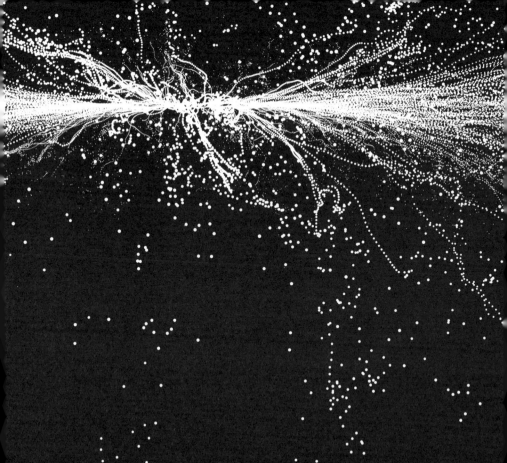

5
—
부패

종간 경계를 넘어 전파되어 질병을 일으킬 수 있는 병원체는 분명 위험한 존재이지만, 그것은 사실 대유행병으로 향하는 여러 단계의 여정에서 겨우 절반에 이르렀을 뿐이다.

여정의 나머지 절반의 운명은 사회가 어떻게 대응하느냐에 의해 결정된다. 때로 병원체는 마치 해일처럼 사회가 어떻게 대처해야 할지 미처 헤아릴 겨를도 없이 너무 빠르거나 가혹하거나 은밀하게 덮쳐 오기도 한다. 그러나 많은 경우, 예를 들어 감염자를 격리하고 질병의 확산을 서로에게 경고하는 등의 지극히 기초적인 집단적 방어 대책이 죽음과 파괴의 파도를 막는 방파제 역할을 할 수 있다.

그것이 병원체와 인간 사이의 싸움을 대등하게 만든다. 생물학적으로 말해서, 인간의 협동은 굉장한 것이다. 대부분의 포유류는 혈연으로 연결된 경우에만 서로 협동한다. 그러나 우리는 그렇지 않다. 우리는 지구상의 다른 어느 종보다 더 빈번하고 더 강하게 더 대규모로 협동한다. 우리 조상들은 커다란 사냥감을 함께 사냥했고 아플 때 서로 돌보았다. 또한 자신의 지식을 말과 글로 남들에게 전했다. 우리의 월등한 사회적 협동 능력 덕분에, 우리 종족은 지구의 자원과 거주지를 지배하게 되었다. 우리가 다른 종들보다 공격적이거나 영리해서가 아니다. 우리의 협동적 행동이 가능케 한 복잡한 기술들을 생각해 보자. 내가 오늘 이 책을 쓰기 위해 사용하는 노트북 컴퓨터만 해도, 혈통과 세대, 대륙을 초월하여 수많은 사람들이 전 세계의 다른 사람들을 위해 강력한 도구를 대량으로 생산하고 분배하는 데 각자의 전문성을 보탬으로써 이루어낸 결과물이다. 제아무리 공격적이고 영리한 개인이라도 혼자서는 그런 일을 해낼 수 없었을 것이다.

협동 전략은 새로운 병원체로부터 우리를 지키는 데 있어서 특히 중요하다. 그런 전략이 효과를 거두기 위해 꼭 첨단적 방법이나 병원체 자체에 대한 정교한 이해가 필요한 것은 아니다. 병원체가 어떻게 전파될 수 있는지에 대한 가장 기초적인 수준의 지식만을 가진 사회라도 서로 협동하는 능력을 이용함으로써 효과적인 통제 전략을 실행할 수 있다. 우간다의 아촐리족은 아프리카에서 의료 인류학자들이 감염병에 대한 전통적인 믿음을 연구한 몇 안 되는 인종 집단 중 하나다. 많은 아초리족 사람들은 마법과 영혼을 통해 질병이 전파된다고 믿는다. 그럼에도 전염병에 대한 이들의 전통적인 대응은 병원체의 확산을 제한한다. 최초의 감염 징후가 보이면, 그들은 서로 협력하여 병자를 격리시키고, 부들로 만든 장대로 병자의 집을 표시하고, 외부인들에게 전염병이 도는 마을에 들어오지 못하도록 경고하고, 사교 모임이나 성관계, 특정 음식물을 먹는 것, 전통적인 매장 관습을 포함하여 질병을 전염시킬 수 있는 다수의 행동들을 삼갔다.[1]

규모가 더 크고 공식적인 체계가 갖춰진 사회는 검역 및 격리, 그리고 신속한 장거리 통신으로 가능해진 협동적 행동을 바탕으로 훨씬 더 효율적인 통제 전략을 실행할 수 있다. 이런 사회들은 그렇게 할 태세가 갖춰져 있다. 따지고 보면 현대 사회의 많은 제도들은 우리에게 세금을 내거나 독감 예방주사를 맞는 등의 비교적 세속적인 집단행동을 추구하도록 권장하고 비협조자들에게는 벌을 줌으로써 우리의 타고난 협동 능력을 강화하도록 고안되었다.

그러므로 대유행병이 나타난다면, 이는 특별히 공격적인 병원체가 수동적이고 위험을 감지하지 못하는 희생자를 이용했거나 우리가 부지불식간에 엄청난 전염 기회를 제공했기 때문만은 아니다. 그것은 또한 우리 내부에 깊숙이 뿌리 내린 미묘한 협동 능력이 작동하는 데 실패했기 때문이기도 하다.

일반적인 의미에서 이런 일은 충분한 수의 개인들이 공익보다 개인의 사익을 추구하기로 선택할 때 일어난다. 그러한 선택이 이루어지는 조건을 계량화하려는 다양한 경제학적, 생물학적 이론들이 존재하며, 거기에는 그럴만한 분명한 이유가 있다. 이것을 바라보는 한 가지 단순한 방법은 개인에 대한 비용과 이득을 고려하는 것이다. 협동에 따르는 비용에는 사익을 추구할 기회를 잃는다는 것 등이 포함되는 반면, 이득으로는 다른 사람들로부터 보답을 받을 가능성이 커진다는 것과 그들의 비난으로부터 자유로워진다는 것 등이 포함된다. 비용이 이득보다 크지 않다면, 사람들은 협동을 선택할 것이다. 납세를 예로 들어보자. 나에게 비용은 세금으로 낼 돈으로 새 소파를 살 수 없다는 것이다. 반면, 이득은 정부가 그 돈으로 내가 다니는 공공 도서관을 지원해 주고, 국세청에서 세무 조사를 나오지 않는다는 것이다.[2]

그러나 만일 협동의 비용이 이득을 압도한다면, 아마 협동을 선택하지 않을 것이다. 19세기 뉴욕에서는 시 전체 차원에서 이런 일이 일어났으며, 오늘날 많은 나라에서는 전 세계적인 차원에서 일어나고 있다. 콜레라가 새롭게 산업화된 도시에 뿌리를 내릴 수 있게 만든 두 가지 요인 —정치적 통치에 대한 신뢰 부족과 산업 경제의 빠른 성장— 이 동시에 겹쳐져서 이기심이 승리하도록 만들었다. 새로운 부와 권력이라는 보상이 사익을 추구하도록 부추겼지만 방종을 제어하기 위해 필요한 규제적 토대가 아직 마련되어 있지 않았기 때문에, 그러한 개인의 보상 추구가 공중보건을 약화시켜도 당사자는 크게 처벌받지 않았다. 사익의 힘과 영향력이 공익의 그것을 무색하게 만들어버림에 따라, 콜레라를 막을 수도 있었을 전략들이 맥없이 무너져 버렸다.

19세기 뉴욕에서 벌어진 이 같은 일의 가장 노골적인 예는 식수 공급의 탈취에 관한 것이다. 앞서 언급한 것처럼, 맨해튼 섬은 오염된 콜렉트폰드와 염분이 많은 허드슨강과 이스트강 때문에 담수 공급이 부족했던 것이 사실이다. 그러나 뉴욕 시는 공동주택과 옥외 변소 아래의 오염된 지하수를 마시는 것 말고 다른 선택의 여지가 있었다. 브롱크스 강을 이용하는 방법이었다. 이 강은 오늘날의 웨스트체스터 카운티에서 시작하여 남쪽으로 38킬로미터 거리의 이스트 강과 만나는 담수 강이다.

조지프 브라운이라는 의사와 윌리엄 웨스턴이라는 토목기사는 1797년에 뉴욕 시가 시민들에게 오염되지 않은 깨끗한 물을 공급하기 위해 공공 수도 시설을 건설할 것을 제안했다. 그런 시설의 비용은 감당할 만한 수준이었다. 브라운과 웨스턴은 20만 달러 정도의 비용이 들 것이라고 추산했는데, 이 정도는 새로운 세금으로 충당할 수 있었다. 또한 기술적으로도 실행 가능한 방법이었다. 필라델피아를 비롯한 산업화된 세계의 주요 도시들은 증기 기관으로 강물을 저수조로 끌어올린 다음 수도관을 통해 주민들에게 깨끗한 물을 공급하기 위한 정교한 시스템을 구축하는 과정에 있었다. 그 방법을 이용했다면 뉴욕 시민들의 식수가 분뇨 속 세균에 오염되는 일은 없었을 것이다. 브롱크스 강은 뉴욕 시와 옥외 변소의 상류에서 흘렀고, 브라운과 웨스턴은 저속모래여과 공정으로 모래와 자갈을 통해 강물을 여과할 계획이었다. 그것으로 물속 세균과 원생동물의 90% 이상을 제거할 수 있었을 것이다.[3]

그렇게 했다면 뉴욕 시민들의 삶의 질이 누가 봐도 분명하게 한결 개선되었을 것이다. 뉴욕 시민들은 거리를 청소하고 화재를 진압할 물이 부족하다고 불평하곤 했다. 사람들은 불결한 거리가 건강에 영향을 미칠 것을 걱정했다. 상식적으로 보아도 역병이 돌아 공중보건을 위협할 것이기 때문이었다. (1799년 뉴욕 시 의사협회는 "우리는 역병의 원인을 제거하는 방안으로 충분한 양의 깨끗한 물을 공급할 것을 제안한다."고 보고했다.) 또한 사람들은 화재의 두려움 속에서 살았다. 1830년대에 뉴욕 시에서는 화재 경보가 적어도 하루에 한 번씩은 울렸다. 한 번의 대형 화재로 목조 구조물로 이루어진 동네 전체가 완전히 초토화될 수도 있었다. 1835년 12월에 발생한 화재는 500채의 상점을 포함하여 월스트리트 남쪽과 브로드 스트리트 동쪽의 모든 건물을 파괴했다. 브라운과 웨스턴이 제안한 공공 수도 시설은 이런 문제를 모두 해결할 수 있었을 것이다.[4]

그러나 정치권력과 경제적 부를 추구하는 사익은 그 계획을 무산시켰다.

웨스턴과 브라운이 브롱크스 강을 상수원으로 이용하자고 제안했을 당시 애런 버Aron Burr는 뉴욕 주 상원의원이었다. 매력적이고 도회적인 변호사였던 그를 2011년『허핑턴 포스트』는 '미국 건국의 이단아'라고 불렀다.[5] 버는 특정한 의념의 주창자는 아니었지만 정치적 야망이 있었기에, 당시의 지배적인 정쟁, 즉 신생 독립국에서 연방주의를 강화하기를 원했던 대부분이 은행가와 사업가로 이루어진 연방주의자들과 연방주의에 반대하는 소농 및 기타 회의론자 집단을 대변하는 공화주의자들 간의 싸움에 뛰어들었다. 귀족적 배경에도 불구하고, 버는 공화주의자들과 운명을 같이하기로 하고 자신의 영향력을 강화할 방법을 생각해냈다. 그것은 새로운 은행을 만드는 것이었다.[6]

연방주의자 알렉산더 해밀턴은 1791년에 주 정부로부터 설립 인가를 받아서 뉴욕 은행을 시작했다. 공화주의자들은 해밀턴의 은행이 자신들을 차별한다고 주장했다. (아마도 사실이었을 것이다. 해밀턴의 전기를 쓴 론 처노는 "은행 서비스 신청자에 대한 순수하게 정치적인 차별은 정치와 사업 간의 구분이 모호했던 당시의 시대정신과 전적으로 일치했다."고 쓰고 있다.) 그런 상황에서 공화주의자들의 구미에 맞는 새로운 은행을 세우면 해밀턴의 은행에 대한 정치적 평형추 역할을 할 수 있을 것이었다. 문제는 그런 은행을 세우려면 주정부로부터 설립 인가를 받아야 하고, 인가를 받은 회사는 대중에게 이로움을 주고 있다는 공익성을 입증해야 한다는 점이었다. 그냥 은행이 아닌 민영 수도 회사 겸 은행으로 설립 인가를 받는다면 그러한 입증이 한결 수월해질 터였다.

그러나 애런 버가 민영 수도 회사 겸 은행의 설립 인가를 받으려면, 우선 웨스턴과 브라운이 제안한 공공 수도 건설 계획부터 무산시켜야 했다. 그는 일단 그 계획이 이용할 수 있는 주정부기금을 묶어두었다. 그리고 동료 주의원들에게 공공 수도를 건설하려면 브라운과 웨스턴이 제안한 20만 달러로는 어림도 없으며 100만 달러의 비용이 든다고 말했다.[7]

그리하여 브롱크스 강을 상수원으로 활용하려는 브라운과 웨스턴의 인명을 구할 수 있는 실행 가능한 계획은 주정부로부터 인가를 받지 못했다. 그들의 제안이 무산되자마자, 버와 뉴욕 시의회의 동료들은 민영 수도 회사 겸 은행을 시작하기 위한 설립 인가를 신청해서 따내는 데 성공했다. 이것이 바로 맨해튼 컴퍼니였다.[8] 이 설립 인가는 이 회사가 개인 투자자로부터 200만 달러를 모금할 수 있도록 허용했다. 웨스턴과 브라운이 브롱크스 강을 이용하기 위해 필요하다고 애초에 추산한 금액과 볼티모어 같은 다른 도시들이 도시 수도 프로젝트를 위해 모금한 금액의 열 배가 넘는 액수였다. 그리고 이 설립 인가는 또한 맨해튼 컴퍼니가 모금한 기금 중에 수도 사업에 필요하지 않은 돈을 은행 같은 다른 사업에 쓸

수 있도록 허용했다.[9]

설립과 거의 동시에 맨해튼 컴퍼니는 수도 사업 계획을 축소하기 시작했다. 회사는 첨단 증기 기관을 이용하는 대신 말을 이용하여 펌프를 끌기로 결정했다.[10] 또한 뉴욕에 400만 리터 규모의 저수조를 건설하는 대신 그 용량의 겨우 0.001 퍼센트 남짓한 부분만을 수용하는 작은 저수조를 건설했다.[11] 또한 철 파이프 대신 나무 파이프를 이용하기로 결정했다.[12]

더 심각한 사실은 주정부의 설립 허가가 그들에게 브롱크스 강의 오염되지 않은 물에 대한 독점권을 부여했고 그 물을 뉴욕 시로 수송할 수 있는 충분한 자금이 있었음에도 불구하고, 그들이 더 값싸고 접근하기 쉽다는 이유로 더럽고 배설물로 오염된 콜렉트폰드를 수원으로 이용하기로 했다는 것이다. 게다가 그들은 콜렉트폰드의 물이 '역겹고' 인간이 소비하기에 부적절하다는 것을 개인적으로 인정하면서도 그런 짓을 자행했다. 한 회사 간부는 친척에게 쓴 편지에서 이렇게 비웃었다. "가엾은 브롱크스 강은 아마 영원히 방치될 것이다."[13]

맨해튼 컴퍼니의 계획은 뉴욕 시민들의 공분을 자아냈다. 한 신문 특파원은 '악취가 진동하는' 콜렉트폰드의 물을 공급함으로써 맨해튼 컴퍼니는 수천 명을 희생시킬 것이라고 썼다.[14] 또 다른 주민은 지역 신문에 이렇게 썼다. "뉴욕 시가 그 회사의 농간에 놀아나고 악용당하는 것은 정말 끔찍한 일이다."[15] 상인인 니콜라스 로는 맨해튼 컴퍼니를 '황열병보다 심한 악성전염병'이라고 표현했다.[16]

이러한 항의들은 맨해튼 컴퍼니의 인가를 취소할 근거가 될 수도 있었다. 다른 주들은 공익을 추구하지 않는 회사의 인가를 취소하곤 했다. 오하이오와 펜실베이니아, 미시시피 주는 은행들에 대한 인가를 취소했다. 뉴욕과 매사추세츠는 도로를 유지 보수하지 않은 고속도로 회사들에 대한 인가를 취소했다. 그러나 맨해튼 컴퍼니의 인가는 규모가 워낙 방대해서 감히 손을 댈 수 없었다. 회사는 권리와 보조적인 권한을 영구적으로 부여받았다.[17]

이후 몇 년에 걸쳐서 맨해튼 컴퍼니는 뉴욕 시의 수도에 겨우 172,261달러를 썼다.[18] 그리고 기금의 나머지를 1799년에 월스트리트 40번지에서 문을 연 은행에 쏟아 부었다. 그리고 실제로 이 은행은 그것을 세운 공화당 엘리트들의 이익에 복무했다. 당시 뉴욕 시장이자 맨해튼 컴퍼니의 이사이기도 했던 드윗 클린턴은 거의 9천 달러의 대출을 받았다. (오늘날 가치로 15만 달러가 넘는 액수다.) 애런 버는 12만 달러의 대출을 받았다. 맨해튼 컴퍼니가 수도 사업에 쓰는 비용과 맞먹는 액수였다.[19]

애런 버는 정치적으로도 이득을 취했다. 반연방주의자로서의 자격을 등에 업고, 그는 1801년 공화당 출신 대통령 토머스 제퍼슨이 취임할 때 부통령의 자리까지 올랐다.[20] 그의 적수인 알렉산더 해밀턴조차 맨해튼 컴퍼니가 '원칙적으로는 완벽한 괴물'임에도 불구하고 '아주 편리한 이익과 영향력의 수단'이라고 인정할 수밖에 없었다.[21] (해밀턴의 예리한 발언이 에딘 버의 심기를 건드려, 그는 해밀턴에게 결투를 신청했다. 1804년 11월 7일 아침, 에딘 버는 펠러세이즈 협곡에서 해밀턴을 사살했다.)[22]

맨해튼 컴퍼니는 50년간 오염된 지하수를 뉴욕 시민에게 공급
했고, 1832년과 1849년 두 차례의 콜레라 유행이 모두 그 기간에
발생했다. 회사는 19세기 말에 마침내 수도 회사의 가면을 벗고,
그리스 신화에 등장하는 대양의 신 오케아노스를 1950년대까지
기업의 상징으로 유지한 것을 제외하면 수도 회사로서의 얼룩진
과거를 모두 숨겼다. 뉴욕 시를 콜레라로 오염시킨 이 회사가 바로
오늘날 미국에서 가장 크고, 세계에서 두 번째로 큰 금융기업인 JP
모건 체이스의 모체다.[23]

맨해튼 컴퍼니의 사례는 콜레라에 시달리는 다른 물 부족 도시
들에게 경종을 울려줄 수도 있었을 것이다. 그런데 사실은 그 반대
였다. 1795년과 1800년 사이에 매사추세츠에서는 18개 민영 수
도 회사들이 우후죽순처럼 생겨났다. 또한 1799년과 1820년 사
이에는 뉴욕 주에 25개 민영 수도 회사가 영업을 개시했다.[24] 런던
에서는 1805년과 1811년 사이에 시민들에게 물을 팔기 위한 5개
회사가 설립되었다.[25] 그리고 점점 규모가 커지는 도시에 깨끗한
물을 공급하기 위해 필요한 투자는 십중팔구 민영 회사가 거기에
서 뽑아낼 수 있는 이익을 압도했다. 그래서 수도 회사들은 재정이
바닥나거나, 아니면 규모를 줄이고 수준을 낮춰 좀 더 수익성이 좋
은 계획으로 변경했다. 다시 말해 접근하기 쉽지만 오염 가능성이
높은 물을 공급하는 계획이었다. "이사들로 하여금 필요한 모든 것
을 제공하기에 충분한 시스템을 구축하도록 유도할 만큼 이익이
크지 않았다."고 물 전문 역사가 넬슨 만프레드 블레이크는 쓰고
있다.[26] 맨해튼 컴퍼니의 썩어 빠진 시스템과 마찬가지로, 이 엉망

184

으로 설계되고 부실하게 유지 보수된 시스템은 콜레라의 확산을 막기는커녕 오히려 효율적으로 퍼뜨리는 데 일조했다.

○─●─○

비록 깨끗한 식수가 없었어도 만약 집단행동으로 애초에 감염 자가 콜레라균을 시에 유입시키지 못하도록 막았더라면 뉴욕 시에 콜레라가 유행하는 것을 피할 수 있었을 것이다. 그러나 이데올로기적, 상업적 고려에 눈이 먼 부패한 정치 지도자들은 이런 통제 대책의 실행마저 방해했다.

그들은 검역 및 격리를 실시할 수도 있었다. 1374년에 베니스에서는 역사상 최초의 격리로 도시의 출입구와 항구를 40일간 봉쇄하여 선페스트를 막아냈다. (그래서 이 방법은 이탈리아어로 quaranta giorni(40일)에서 유래되었다.)[27] 이것은 40일 이내에 눈에 띄는 증상으로 자명해지는 선페스트 같은 병원체에 대한 좋은 통제 대책이었다. 한 의료 역사학자의 표현에 따르면, 그렇게 오랫동안 격리되고 난 후에는 선박과 사람과 물건들이 "의학적으로 무해해졌다."[28]

17세기 말 서유럽의 모든 주요 지중해 항구에 '검역소'를 설치해 엄격한 통제하에 선박과 승객, 물품을 검역했다. 육지에서도 비슷한 역할을 하는 조치를 강구해서, 프랑스어로 '코르돈 사니테르 cordon sanitaire'라고 하는 방역선을 구축해 병력을 배치하였다. 가장 대규모의 방역선 중 하나 —발칸 반도 전체에 걸쳐서 길이 1,900킬로미터, 폭 32킬로미터 규모의 대형을 구축하고 병사들은 격리 조치에 불응하는 통행자를 즉시 사살하라는 명령을 받았다.— 는 18세기에 페스트가 터키에서 들어오지 못하도록 막아 냈다.

일부 역사학자들은 유럽이 1850년 무렵 페스트를 마침내 정복한 것은 격리와 방역선을 이용한 덕이라고 생각한다.[29] 역사학자 피에르 쇼뉘는 그것을 '바로크 시대 유럽의 가장 큰 승리 중 하나'라고 표현했다.[30] 역사학자 존 더피에 따르면, 19세기 상반기 뉴욕에서 황열병이 사라진 것도 선박을 격리한 덕분일 수 있다.[31]

그러나 19세기에 국제 상거래가 증가함에 따라, 격리와 방역선은 불합리하게 교역에 지장을 주는 것으로 보이게 되었다. 사회 개혁가와 자유무역 옹호자들은 국경 간 개방성 증가를 추구했다. 격리는 '상인에 대한 가장 바람직하지 않은 압제'라고 1798년 뉴욕시의 한 유명 신문은 불평했다.[32] 의사인 대니얼 드레이크에 따르면, 격리로 인한 사업상의 손실은 '재앙을 초래할 정도'였다.[33] '격리는 쓸모없는 짓'이며 '그것이 초래하는 상업 관계와 해상 교역의 피해는 절대적이고 보상되지 않는 해악'이라고 1833년 영국의 의사 헨리 골터도 거들었다.[34]

감염병이 사람끼리 전파되며 따라서 검역과 격리 같은 방법에 취약하다는 생각 자체가 구태의연하게 여겨졌으며, 19세기 프랑스 의사 장-바티스트 부이요Jean-Baptiste Bouillaud의 표현에 따르면, '아무쪼록 우리가 곧 끝내길 바라는 과학적 미신'으로 간주되기에 이르렀다.[35] 1824년에 찰스 매클린은 『검역법의 병폐 및 전염성 역병의 부존재Evils of Quarantine Laws, and Non-Existence of Pestilential Contagion』에서 검역과 격리는 '폭정의 엔진'이라며 비난했다.[36]

19세기 의료계 엘리트들은 질병이 전염성이 아닌 악취 나는 공기와 가스 구름 같은 환경적 현상의 결과라고 믿었다. 뉴욕에 거주하는 제임스 R. 맨리는 1832년에 콜레라는 '바람에 실려 온…… 대기성 질병'이라고 요약했다.[37] 그렇다면 선박 교역과 사람들의 자유로운 이동을 규제하는 것이 무슨 의미가 있겠는가?[38]

전염성이 실재한다는 것은 너무나도 분명해 보였기 때문에, 이같은 믿음을 유지하려면 기막히게 빠른 두뇌 회전이 필요했다. 사람들이 드문드문 떨어져 살아서 서로의 식수를 오염시킬 가능성이 적은 시골에서는 콜레라 같은 질병은 페스트와 천연두 같은 격리 가능한 옛날 질병들과 마찬가지로 이 환자에서 저 환자로 순차적으로 전파되고 이 집에서 저 집으로 체계적으로 이동한다는 것을 분명하게 볼 수 있었다. 그러나 대부분의 의료계 엘리트는 도시에 살았다. 그들은 시골 사람들의 경험을 무시하는 경향이 있었고, 더구나 도시에서 전염병은 시골에서와는 다르게 보였다. 도시에서 콜레라 같은 병원체는 사회적인 접촉과 사람들이 마시는 오염된 물에 의해 한꺼번에 전파되었다. 마치 모두가 피할 수 없는 질병의 구름에 휩싸였거나 집단 중독에 빠진 것처럼, 발병이 극적으로 동시에 전개되었다. 그리고 어떤 사람은 멀쩡한데 어떤 사람은 병에 걸린 경우, 그것은 도덕적인 타락에 기인한다고 의사들은 말했다. 다시 말해 술주정꾼과 매춘부를 비롯한 점잖지 못한 부류가 점잖은 부류보다 질병에 취약하다고 그들은 설명했다. (여기서도 불편한 반대 증거는 쉽사리 무시해 치웠다. 몬트리올 사람들이 콜레라가 '점잖은' 사람들을 공격하고 있다고 신문에 기고했을 때, 편집자들은 이

187

를 불신하고 신문에 기고문을 싣지 않았다. 또는 '점잖은' 사람이 콜레라로 사망하면, 의료 전문가들은 그 사람에게 숨겨진 부도덕함이 있었을 것이라고 주장했다.)[39]

의료계와 상업계가 이처럼 이데올로기적으로 검역과 격리에 반대했으니, 뉴욕 시의 집행 의지는 콜레라가 도래하기 몇 년 전부터 점차 약해져 있었다. 1811년에 시의회와 주의회는 검역을 집행할 권한을 항구의 지역 검역관에게 넘겨주었다. 또한 1825년에는 광동이나 캘커타에서 들어오는 모든 선박에 대해 검역 규정을 면제했다. (이 두 도시가 왜 면제되었는지는 분명하지 않다.)[40] 검역을 지역 검역관에게 맡겼으니, 집행은 기껏해야 부분적인 수준에 머물렀다. 들어오는 선박의 3등 선실 승객은 검사를 받았을지 모르지만, 1등 선실 승객은 건강 상태가 어떻건 그대로 통과되었다. 그럴 만한 동기가 있는 개인들은 검역관에게 뇌물을 주거나 경계가 허술한 검역소를 탈출하거나 그냥 단순히 자신이 건강하다고 주장함으로써 검역을 피할 수 있었다. 선박은 쉽사리 검역 규정을 어겼다. 예를 들어, 뉴욕 시 항구 같은 곳의 검역관들은 선박들이 정박하기 전에 이틀에서 나흘 정도 격리 구역에 머물도록 요구했는데, 선장들은 그런 제약이 없는 가까운 뉴저지나 스로그넥의 항구로 갔다.[41]

그럼에도 뉴욕은 콜레라를 막기 위한 검역을 집행하기 일보 직전까지 갔었다. 뉴욕 주의 주지사는 1832년 봄에 콜레라가 대서양을 건너 캐나다로 넘어오는 과정을 관찰했다. 그래서 걱정스러운 마음에 의사인 루이스 벡 박사를 파견하여 콜레라가 뉴욕 시에 위협이 될 것인지 판단하기 위해 주 차원의 예비조사를 실시하게 했다.

벡 박사는 상세한 연구를 실시하여 콜레라가 이리 운하의 경로를 따라 발병하기 시작했으며 뉴욕 시를 향해 남하하고 있다는 것을 발견했다. 당대의 기준으로 보면, 주지사에게 적절한 권장사항은 검역과 격리였을 것이다. 콜레라 발병 사례의 패턴은 '콜레라가 전염성이 있다는 의견에 부합하는 것'처럼 보였다고 벡 박사도 인정했다.[42]

그러나 그것은 환상일 뿐이라고 그는 말을 이었다. 사실은 이민자와 빈민과 술꾼들만 병에 걸렸고, '마을에서 더러운 곳'에서만 콜레라가 발생했다는 것이었다. 그리고 병에 걸린 점잖은 사람들은 '청완두를 너무 많이 먹었거나', '오이와 다른 채소를 과도하게' 섭취했기 때문에 감염된 것이라고 설명했다.[43] 그러니 뉴욕 시는 두려울 것이 없으며 검역은 불필요하다는 얘기였다. 벡 박사는 '콜레라는 검역법으로 막을 수 있는 것이 아님'을 입증할 증거가 충분하다고 보고했다.[44]

그래서 콜레라는 아무런 방해 없이 수로를 타고 뉴욕 시를 향해 내려왔다. 지역민들은 녹색 과일과 풋과일을 피하고 노동과 음식, 성관계의 절제 같은 의사들이 추천하는 중산층의 규범을 채택함으로써 질병에 대비했다.[45] 운하 지역의 사람들은 장대에 커다란 고깃덩이를 매달아서 콜레라 증기를 흡수하려 했다. 어떤 사람들은 콜레라 공기를 없애려는 마음에 타르 통을 태우기도 했다.[46]

189

뉴욕 시가 실행하는 데 실패한 세 번째 질병 통제 대책은 오늘날도 계속 문제가 되고 있다. 그 대책이란 바로 질병의 발생과 확산을 대중에게 즉시 경고하는 것이다.

혹시 상거래에 방해가 될까 염려한 나머지, 뉴욕의 시장과 위생국은 전염병이 한창일 때 그 사실을 대중들에게 알리지 않았다. 콜레라의 습격을 받은 다른 도시들도 '알려지지 않은 질병'으로 인한 '갑작스러운 사망'에 대한 모호한 보고만 할 뿐 지역에 콜레라가 발생했다는 사실을 인정하지 않았다. (콜레라에 영향을 받지 않은 이웃 도시들은 콜레라를 콜레라라고 부르는 것을 그다지 주저하지 않았고, 콜레라의 확산에 대한 소식은 이들을 통해 발설되었다.)[47]

1832년 여름 콜레라 환자들이 쇄도하자 뉴욕 시의 저명한 의사들은 시장에게 대민 경보를 발령할 것을 요청했다. 그러나 시장과 위생국도 콜레라가 발생했다는 사실 자체를 부정했다.[48] 시 간부들의 '더디고 완강한' 태도에 경악한 선도적인 의사 협회는 '공동체 사람들의 생명보다 돈'을 더 중시하는 시 정부(그들은 '기업'이라고 칭했다)를 비난하는 신랄한 회보를 발표했다.

전체 의사들의 통일된 증언으로 사실이 입증된 후에도, 이 도시에서 콜레라의 존재를 그토록 집요하게 부정하도록 이끈 것은 바로 이 때문이다. …… 우리는 지금도 우리에게 간절히 도움을 구하는 수천 명의 사람들의 비탄과 관련하여 '기업'의 범죄적 직무 유기에 대해 과연 변명의 여지가 있을 수 있는지 우리 시민들의 상식에 호소하는 바이다. …… 당신들은 자신의 공직을 영예롭게 하기는커녕 오히려 먹칠을 하고 있으니, 지금 당장 그 자리에서 내려와야 한다.[49]

시 간부들은 또한 콜레라가 발생하기 몇 주 전에 감염된 선박이 들어온 증거를 인멸했다. 시가 콜레라에 감염된 선박에서 승객을 은밀하게 격리했다는 항구 담당 의사의 주장을 추적하는 과정에서, 수사관들은 문제의 몇 개월(4~6월) 간의 격리 병원 기록이 사라진 것을 발견했다.[50]

o—●—o

공정하게 말하면 19세기에 질병 통제 전략을 실행할 것이냐 말 것이냐 사이에서 지도자들이 해야 했던 선택이 똑같이 강력한 두 가지 대안 사이의 선택은 아니었다. 그것은 예측 가능한 비용과 예측할 수 없는 이득 간의 선택이었다. 그들은 검역과 콜레라에 대한 대민 경보가 사적 이익을 저해한다는 것을 알았지만, 통제 전략이 실제로 대중을 보호할 것인지 확신할 수 없었다. 그러니 그들이 불확실한 공익 대신 거의 확실한 사익을 선택한 것은 놀라운 일도 아니다. 게다가 그들에게는 다른 선택을 해야 할 의무가 없었다.

그러나 20세기에 이르러서는 상황이 달라졌다. 1851년부터 유럽의 십여 개국이 러시아와 함께 자국의 국경 내에서 발생한 감염병의 존재를 서로에게 경고하기 위한 협약을 타결하기 위해 일련의 국제회의를 시작했다. 50년에 걸친 열띤 논쟁 끝에, 1903년 무렵 그들은 콜레라와 전염병 발병 사례를 서로에게 보고하고, 콜레라에 대한 해상 검역을 실시하며, 국제위생협약의 일환으로 다른 국가들이 콜레라에 감염된 항구에서 들어오는 선박을 조사하는 것을 허용하기로 합의했다.

그러나 강력한 사익은 국제적 협약에도 불구하고 계속해서 그런 노력을 좌절시켰다. 협약이 체결된 뒤 불과 몇 년 뒤에 감염병 발생을 은폐하기 위한 가장 대담하고 조직적인 국제적 음모 중 하나가 발생했다.

○─●─○

1911년 이탈리아 나폴리에서 콜레라가 발생했다. 건국 50주년 기념식 하루 전날이어서, 수백만 명의 관광객이 몰릴 것으로 예상되는 상황이었다. 국민의 건강보다 통상과 명성을 보호하는 데 관심이 더 많은 이탈리아 총리는 국제위생협약을 위반하기로 작정했다. 그가 보건 당국에 보낸 전보에서 이것이 분명하게 드러난다. '목적은 국내에서 발생한 콜레라에 대해 최대한 비밀을 유지하는 것'이라며, '정부는 이에 느리거나 태만한 자들을 엄중 처단할 것'이라고 그는 지시했다.

이탈리아 당국은 신문과 기자들이 콜레라의 '콜'자도 언급하는 것을 막기 위해 그들에게 한 달에 50에서 150리라의 뇌물을 은밀하게 지불했다. 또한 '콜레라'라는 단어가 포함된 전보를 가로채서 검열했다. 그리고 소식을 유출할 수 있는 사람들의 전화를 도청하여 그들을 투옥하겠다고 위협했다. 한편 의료계를 야간에 급습하여 콜레라 교육 자료를 압수하기도 했다. 그리고 각각의 발생 사례에 대한 기록을 계속 유지하면서, 사례 보고서에 굵은 글씨체로 '기밀'이라고 인장을 찍었다. 지역 신문은 "콜레라는 없고, 한 번도 없었다."라고 선언했지만, 콜레라 희생자들은 한밤중에 병원으로 옮겨졌다.

미국 관리들도 그러한 은폐에 가담했다. "이탈리아에 콜레라가 존재한다는 사실을 불필요하게 공개하지 않겠음."이라는 전보로 미국 국무장관은 노심초사하는 이탈리아 당국을 안심시켰다. 이탈리아가 골치 아픈 콜레라 문제를 분별 있게 처리한다고 약속하는 한, 미국은 국제위생협약의 제약을 무시하기로 한 것이다. '보건증명서가 작성된 뒤에는 밀봉해서 선주에게 줘야 하고, 증명서의 내용은 영사와 의료담당자만 알 것이며 선주도 내용을 모를 것'이라고 국무위원은 단언했다. 공중위생국장은 콜레라가 덮친 이탈리아로 여행하는 위험에 대해 대중들에게 군이 알리지 않았지만, 친지들에게는 개인적인 서신을 통해 그해 여름 이탈리아에 방문할 계획을 취소하라고 조언했다. 프랑스 정부 역시 이탈리아의 음모에 동의했다.[51]

역사학자 프랭크 스노든은 1910년과 1912년 사이에 이탈리아의 비밀 콜레라 유행으로 약 18,000명이 사망했으며 프랑스와 스페인으로 확산되었다고 추정했다. 이탈리아의 비밀 콜레라 유행에 대한 상세한 내용은 수십 년이 지나도록 역사적 문헌에 등장하지 않았지만, 스노든에 의해 그것이 소상하게 밝혀졌을 때 독일 소설을 주의 깊게 읽었던 독자라면 당시의 상황을 짐작할 수 있었을 것이다. 독일의 소설가 토마스 만과 그의 아내는 비밀 콜레라 유행이 있었던 당시 이탈리아를 방문했었다. 1912년에 한 독일인 작가가 베니스를 방문하여 그 도시가 일종의 '이름 없는 공포'에 휩싸여 있는 것을 발견하는 내용의 중편소설『베니스의 죽음』을 발표했다. 소설 속 작가는 동시대인들이 콜레라 감염의 주요 위험인자라고 널리 믿었던 과숙성된 딸기를 먹은 후 결국 죽는다.

이탈리아의 은폐는 가장 대담한 부류에 속하는 사건이었지만, 그것이 마지막은 아니었다. 정치 지도자들은 통상과 국가적 명성을 대중의 건강보다 우선시했다. 2002년에 중국 당국은 사스의 발생을 공식적인 국가 기밀로 취급했다. 비평가 마이크 데이비스는 사스 유행에 관한 정보는 오직 '당 중앙선전부'에서만 내놓게 되어 있으며, 사스에 대해 발설하는 의사나 기자는 박해를 당할 위험이 있다고 광동성 보건부 대변인이 말했다고 전했다. 설명되지 않은 호흡기계 문제로 인한 사망의 빈발에 대해 언급한 몇몇 신문 기사를 제외하면, 국제 사회와 전 세계 공중보건 당국은 사스 발생에 대해 아무것도 몰랐다.[52]

국제사회가 새로운 병원체의 출현에 대해 알게 된 것은 몇 개월 후 한 지역민이 온라인 친구에게 보내는 이메일에 광저우에서 무슨 일이 벌어지고 있는지를 언급하면서였다. 메시지를 받은 사람은 그것을 스티븐 커니언이라는 이름의 퇴직한 해군 대령에게 전달했고, 2003년 2월 10일 그는 국제의료계에서 운영하는 감염병 보고 시스템인 질병발생감시프로그램Pro-Med에 다음과 같은 질의를 게시했다. "오늘 아침 저는 이 이메일을 받고 이곳에서 관련 자료를 찾아보았는데 아무것도 찾지 못했습니다. 이 문제에 대해 아는 사람이 있습니까? 제가 받은 내용은 이렇습니다. '혹시 광저우에서 돌고 있는 전염병에 대해 들어본 적이 있으신가요? 교사 채팅방에서 알게 된 한 지인이 그곳에 사는데, 병원들이 문을 닫고 사람들이 죽어가고 있다고 하네요.'"[53]

전염병 발생 소식이 세계보건기구WHO 베이징 사무소에 도달한 후에도 중국 관리들은 여전히 비협조적이었다. 그들은 '변칙적인 폐렴'으로 인한 몇 건의 사망만을 인정했다. 그리고 적어도 처음에는 WHO의 조사팀이 사스 환자가 치료 받고 있는 군사병원을 감찰하는 것을 막았다. 이제 놀랄 대로 놀란 WHO가 관광객들에게 홍콩과 광동을 방문하지 말 것을 권유한 이후에야 비로소 중국 보건부장관은 새로운 살인적 바이러스의 존재를 시인했다. 그 와중에도 그는 병원체가 이미 통제되었으며 중국 남부는 안전하다고 주장했으나, 어느 쪽도 사실이 아닌 것으로 밝혀졌다.[54]

쿠바 정부도 이와 비슷하게 2012년 콜레라 발생에 관한 정보를 은폐했다. 『마이애미 헤럴드』에 따르면, 쿠바 당국은 지역 의사들에게 콜레라에 의한 사망을 '급성 호흡곤란'에 의한 사망으로 기록하도록 지시했다. "우린 콜레라라는 말을 쓰는 것을 금지당했다."고 한 현지인이 말하며 사람들이 이를 위반한 혐의로 체포 및 구금되어 있다고 덧붙였다. 콜레라의 지속적인 확산에 대한 뉴스가 해외로 누출되자, 정부는 콜레라가 통제되었다고 발표했다. 2012년 12월에 그들은 콜레라 발생에 대해 보도한 기자를 구금했다. (2000년에 뎅기열 발생을 공개적으로 알린 의사는 1년 넘게 수감되어 있었다.)[55] 한편 탄자니아 다르에스살람의 한 정부 관리는 콜레라에 대해 보도하면 '곤란한 상황에 빠질 것'이라고 기자인 로즈 조지에게 말했다.[56]

사우디아라비아 정부는 2012년 가을, 제다에 있는 한 병원을 찾은 환자에게서 신종 코로나바이러스를 처음 발견한 바이러스 전문의를 입막음하려 했다. 그 신종 바이러스가 사스와 유사한 위협을 제기한다는 것을 인식한 그 병원의 바이러스 전문의 알리 모하메드 자키 박사는 자신의 발견을 Pro-MED에 게시하여 6천여 명의 전 세계 구독자에게 경고했다. 누가 봐도 자키 박사의 시기적절한 경고가 바이러스의 전 세계적인 확산을 막은 것이었다. 신속하게 코로나 바이러스의 유전자 배열이 밝혀졌고, 진단적 검사 방법이 고안되었으며, 전 세계 공중보건 당국이 중동호흡기증후군(메르스)*이라고 불리게 된 질병의 감염자를 100명 이상 발견했다. 자키에 따르면, 사우디아라비아 보건부장관은 몹시 못마땅해 했다. "저들은 내게 아주 적대적이었고, 나를 조사하기 위한 팀을 보냈다. 그리고 이제는 병원 행정부를 압박하여 나를 해고시키려 한다."고 자키는 말한다. 하마터면 대유행병으로 발전할 뻔한 메르스의 확산을 막았던 사람은 결국 일자리를 잃고 이집트로 이주해야 했다.[57]

새로운 병원체에 대한 정보의 은폐는 비단 억압적이라는 평판

---

* 2012년 처음 보고된 코로나 바이러스에 의해 발생하는 신종 감염 질병

을 가진 정부에만 해당되는 얘기가 아니다. 민주적으로 선출된 인도의 정부 역시 NDM-1에 대한 정보를 은폐하려 했다. NDM-1이 발생하여 인도 의료관광업 전체로 확산되고 있다는 최초의 보고는 2010년 8월 국제 의학 문헌에 등장했다. 영국과 인도 과학자들이 공동 집필한 『란셋』에 실린 한 논문에서였다. 발표 즉시, 인도 의료관광업 옹호자들은 공중위생의 측면에서 NDM-1의 중요성을 부인하기 시작했다. "그런 슈퍼버그는 어디에나 있다. 인도는 다른 나라와 마찬가지의 문제를 가진 것뿐이다."라고 인도 정부의 보건연구장관 비슈와 카토치 박사는 콧방귀를 뀌며 말했다. 또한 NDM-1에 관한 연구와 그것을 처음 분리된 도시인 뉴델리의 이름을 따서 명명한 것은 '인도의 의료관광업에 타격을 주려는 음모'라고 『인디안 익스프레스』는 말했다. 의료관광업을 억제할 필요가 있을 것이라는 NDM-1에 대한 연구의 결론은 "부당하고 끔찍하다."며 『힌두』 신문도 거들었다.[58]

인도 정부 당국은 NDM-1 연구에 참여한 인도 과학자들을 탄압하며 편지나 직접적인 만남을 통해 새로운 병원체에 대한 그들의 연구는 법을 어기는 것이라고 위협했다. 보건부 연구자들에게 보낸 한 편지에는 "연구를 위해서는 해당 당국의 허가가 필요하며, 본인이 수행하는 연구에 대한 세부사항을 설명해야 한다."고 명시되어 있었다. 연구의 선봉에 섰던 카디프 대학의 티모시 월시는 스파이라는 비난과 함께 악의적 편지 세례를 받았다고 말한다. "인도 정부에 따르면, 나는 아침식사로 아기를 잡아먹을 악의 화신이었어요."라고 월시는 말한다. 인도 정부의 개입으로 NDM-1에 관한 국제적 협력이 급격히 축소되자, 월시는 연구를 계속하기 위해 기자들을 동원해 인도에서 샘플을 얻어야 했다.[59]

◦━●━◦

19세기는 '노상강도 귀족'이라는 조롱을 받는 비윤리적 자본가들의 등장으로 악명 높지만, 사익의 손아귀에 유례없이 권력이 집중된 것은 20세기 이후 세계화의 시대였다. 세계의 100대 경제주체 가운데 49개만이 국가이고, 51개는 기업이다.[60] 2016년이면 세계에서 상위 1%의 부자들이 전 세계 자산의 절반 이상을 차지하게 될 것이다.[61]

이러한 사익의 영향력 앞에서 그들을 규제하는 공공기관의 영향력은 한없이 왜소해 보인다. 그리고 사적 이익이 공중보건의 이익과 충돌할 때, 주로 당하는 쪽은 공중보건이다. 이에 대한 좋은 예가 항생제 소비 분야에 있다.

불합리한 항생제 사용, 다시 말해 감염 치료를 위해 필요한 정확한 용량보다 더 사용하거나 덜 사용하는 것이 항생제에 내성을 가진 병원체의 발생을 초래한다는 것은 오랫동안 알려진 사실이다. 그것은 페니실린을 발견한 과학자 알렉산더 플레밍에 의해 처음 알려졌다. 1945년 노벨 생리학·의학상 수락 연설에서 그는 이렇게 말했다. "한 가지 경고의 말을 하고 싶습니다. 실험실에서 미생물을 그것을 죽이기에 충분하지 않은 농도에 노출시키면 페니실린에 내성이 생기기 쉽습니다. 인체에서도 똑같은 일이 가끔 일어나곤 하지요." 그리고 앞을 내다보듯 이렇게 말을 이었다.

198

페니실린을 상점에서 아무나 살 수 있는 날이 올지도 모릅니다. 그러면 무지한 사람이 필요한 용량보다 적은 항생제를 사용하여 몸속의 미생물을 비치사량의 약물에 노출시킴으로써 내성을 갖게 만들 수 있습니다. 한 가지 가상의 예를 들어보겠습니다. X씨가 목이 아파서 페니실린을 삽니다. 그리고 그 연쇄상구균을 죽일 만큼은 아니지만 그 균에게 페니실린에 저항하는 법을 가르칠 만큼 약을 투여합니다. 그런 뒤 그에게서 아내가 감염됩니다. X 부인은 폐렴이 걸려서 페니실린으로 치료합니다. 그런데 그 연쇄상구균은 이제 페니실린에 내성이 생겨서, 치료에 실패합니다. X 부인은 죽습니다. X 부인의 죽음은 과연 누구의 책임일까요? 그야 물론 페니실린을 잘못 사용하여 미생물의 성질을 바꿔놓은 X씨겠죠.[62]

플레밍은 항생제의 불충분한 사용에 대해 경고했지만, 항생제의 남용에도 똑같은 위험이 적용된다. 그러나 항생제의 신중한 사용이 공중보건의 필요에 부응하지만, 항생제의 남용은 사익의 필요에 부응한다. 많은 국가에서 병원 의사들은 병동 전체에 무차별적으로 항생제를 투여하는 것이 편리하다고 느꼈다. 환자들은 감기와 독감을 비롯하여 항생제가 소용없는 질병에도 항생제 치료를 하는 것을 편안하게 느꼈다. 축산업자는 가축에게 항생제를 투여하여 이익을 챙겼다. 왜 그런지 이유는 여전히 불분명하지만 항생제를 투여하면 가축이 더 빨리 자랐고, 공장식 가축 농장에서 무럭무럭 자라는 데 도움이 되었다. (가축에게 '성장 촉진'을 위해 저용량

199

항생제를 투여하는 것이 미국의 전체 항생제 소비의 80%를 차지한다.)
화장품 회사들은 비누와 핸드로션에 항생제를 첨가하여 시장을
확대했다.[63] 2009년 무렵 미국의 사람과 동물은 매년 3천 5백만
파운드 이상의 항생제를 소비했다.[64] 한 미생물학자는 "플레밍의
경고는 돈 떨어지는 소리에 묻혀 무시되었다."고 쓰고 있다.[65]

항생제 사용에 대한 제약이 적은 인도 같은 나라에서는 항생제
남용이 만연해 있다. 가장 강력한 항생제도 처방전 없이 구입할 수
있다. 필요한 양을 전부 살 여력이 없는 가난한 사람들은 한 번에
한두 알씩만 복용한다. 현대판 X씨인 셈이다. 매년 수십만 명의 인
도인들이 적절한 때에 적절한 항생제를 쓰지 못해 죽어가지만, 그
밖의 사람들은 감기나 설사 같은 비세균성 상태에도 항생제를 일
상적으로 이용한다. 여러 연구들을 보면 인도에서 일반적으로 항
생제의 사용으로 증상이 완화되는 것으로 보이지 않는 호흡기 감
염과 설사 환자의 80%까지 항생제가 투여된다. 이 위험하고 비효
율적인 사용을 배제할 만한 정확한 진단은 비용이 많이 들고 접근
이 어렵다. 게다가 항생제를 처방하는 약사들은 그것을 파는 제약
회사와 마찬가지로 여기에서 수익을 얻는다.[66]

제대로 관리되었다면 항생제는 수백 년 동안 감염을 효과적으
로 치료할 수 있었을 것이라고 전문가들은 말한다. 그런데 세균성
병원체들은 무차별적으로 겪게 된 항생제의 공격을 피해가는 방
법을 차례로 알게 되었다. 우리는 현재 전문가들이 '치료할 수 없
는 감염의 시대'라고 부르는 상황에 직면해 있다. 이미 '점차 늘어
나는 소수'의 감염들이 '기술적으로 치료할 수 없게' 되었다고 영국

의 국립항생제내성감시연구소의 데이비드 리버모어는 2009년에 썼다.[67]

항생제 소비를 통제하면 거의 확실하게 문제를 해결할 수 있다. 감비아처럼 항생제에 접근하기 어려워서든 아니면 스칸디나비아처럼 의식적인 자제 때문이건, 항생제 사용을 삼가는 국가들은 약물 내성 미생물의 비율이 낮다. 핀란드와 노르웨이, 덴마크, 네덜란드에서는 병원에서도 MRSA가 흔하지 않다. 1998년 이래로 네덜란드 병원들에서는 새로 입원한 환자들에게 면봉을 이용해 세포 표본을 채취하여 MRSA 검사를 실시한 뒤, 양성 반응이 발견되면 항생제를 투여하고 세균이 확실하게 사라질 때까지 격리시켰다. 2000년 무렵에는 네덜란드 병원에서 발견된 포도상구균 균주의 1%만이 메티실린과 그 유사화합물에 내성을 보였다. 덴마크에서는 국가적 지침으로 항생제 처방을 제한했고, 1960년대 후반에는 전체 포도상구균의 18%였던 MRSA 비율이 10년 만에 1%로 줄었다.[68]

그러나 약물 내성 세균의 수가 증가하고 있음에도 불구하고, 기득권층은 문제가 있다는 것을 인정하기를 꺼리고 나약한 공공기관은 그들에게 도전하기를 더더욱 꺼리고 있다. 미국에서 항생제 소비를 늦추고 축산 및 제약 업계, 그리고 의사와 병원의 재정적 이익을 위협하려는 시도는 거듭 실패해 왔다.

1977년 미국 식품의약청FDA은 성장촉진을 위해 가축에게 항생제 페니실린과 테트라시클린을 이용하는 것을 금지할 것을 제안했지만, 의회는 그러한 움직임을 막았다. 2002년에 FDA는 결국 인간에게 고도의 약물 내성 감염을 초래하는 것으로 입증될 경우에만 가축에 대한 항생제 사용을 규제하겠다고 발표했다. 가축에 대한 항생제 사용과 인간의 내성 감염이 서로 연관되어 있다고 믿는 전문가들조차도 그러한 연관성을 결정적으로 입증하기가 거의 불가능하다는 것을 인정하고 있다. 그러나 NGO 연합이 제기한 소송에 반응하여, 2012년 연방 법원은 마침내 FDA에게 그러한 관행을 규제하도록 명령했다.[69] 2013년 12월 FDA는 가축에 대한 항생제 사용에 관한 자발적 지침을 발표했지만, 허술한 구멍이 워낙 많아서 보다 엄격한 통제를 위해 투쟁하는 한 활동가는 그것을 '업계에게 때 이른 크리스마스 선물'이라고 표현했다.[70]

정부는 또한 병원에서의 항생제 사용을 제한하는 것도 꺼렸다. 2006년 10년에 걸친 우여곡절 끝에 질병통제예방센터CDC는 내성 세균이 병원에 퍼지는 것을 방지하는 방법에 대한 자발적 지침을 발표했다. 그러나 미국 회계감사원은 이 지침이 너무 어수선해서 그것을 유용한 행동으로 옮기려는 '노력에 방해'가 된다는 보고서를 작성했다고 저널리스트 마린 멕케나는 MRSA에 관한 기록에서 이야기한다.[71]

마침내 2014년 9월, 백악관은 이 문제에 대한 일련의 지침을 발표했다. 정치 지도자들이 드디어 상업적 이익에 도전한 것인지는 여전히 불분명했다. 지침은 대략 두 범주로 나뉘었다. 항생제 사용을 제한하는, 그래서 제약회사와 축산업자, 병원의 이익과 직접적으로 충돌하는 지침과 기존의 것을 대체할 새로운 항생제 및 진단 검사의 개발을 권장하는 지침이었다. 전자는 지연되었고, 후자는 신속하게 행해졌다. 사용을 제한하는 지침은 2020년까지 전면적으로 실행이 미뤄졌다. 반면, 정부는 고도의 항생제 내성 세균을 식별하기 위한 신속진단검사 개발에 2천만 달러의 상금을 걸어서 제약 업계에 뜻밖의 횡재를 안겨줄 계획을 즉시 발표했다.[72]

약물 내성 병원체의 부담은 효과적인 치료제가 없는 감염으로 죽게 될 사람들에게만 국한되지 않는다. 훨씬 더 많은 사람들이 소수의 선별적인 항생제에만 반응하는 감염을 겪게 될 것이다. 그들은 평범한 감염처럼 보이는 증상으로 병원을 찾았다가 엉뚱한 항생제로 잘못 치료를 받게 될 것이다. MRSA 환자들 가운데 30%에서 100% 사이의 사람들이 처음에는 효과 없는 항생제로 치료를 받는다.[73] 효과적인 치료가 지연되는 동안 병원체가 진행되어 나중에는 너무 늦어버리기 일쑤다. 예를 들어, 단순한 요로 감염이 훨씬 더 심각한 신장 감염이 되고, 신장 감염은 생명을 위협하는 혈류 감염이 된다.[74]

그리고 내 아들과 나 같은 이들도 있다. 포도상구균 감염은 원래 우리 같은 건강한 사람들에게 영향을 주지 않았었다. 그것은 입원이나 중독 치료, 장기적인 요양 생활로 인해 몸이 약해진 사람들에게나 문제가 되었다. 그러나 1999년에 황색포도상구균은 항생제 공격에 반응하여 약물 내성 형태를 낳았고, 독소를 분비할 능력을 획득한 상태에서 처음 등장했던 미국 병원을 탈출했다. 2001년 무렵 미국 인구의 8%가 MRSA 세균에 감염되었는데, 대부분 콧속이 문제였다.[75] 조사관들이 잘 보이지 않는 신체 부위까지 샘플로 채취했더라면, 아마 그 수치가 훨씬 더 커졌을 것이다. 그로부터

203

2년 뒤에는 감염자가 17.2%로 증가했다. MRSA가 건강한 사람에게 가장 많이 일으키는 감염은 피부와 연조직 감염만이 아니었다. 예를 들어, 환부를 통하거나 치과 치료 중 또는 종기를 잘못 짜서 MRSA가 신체 깊숙이 침투하면, 결과는 끔찍해진다. 세포를 파괴하는 폐의 감염(괴사성 폐렴)과 살을 파먹는 질환(괴사성 근막염) 외에도 많은 불쾌하고 종종 치명적인 가능성이 존재한다. 2005년 무렵에는 MRSA가 미국에서 1,300만 건 이상의 감염을 일으킴으로써, 응급실과 병원에서 전문가들이 공중보건 위기라고 표현한 사태를 초래했다.[76]

현재로서는 병원 밖에서 사람들이 가장 흔하게 감염되는 MRSA 균주인 USA300은 페니실린과 기타 '베타락탐' 항생제가 듣지 않지만 여전히 비베타락탐 항생제에는 취약하다. 만일 환자의 38%가 병원에 입원한 뒤 48시간 안에 죽는 괴사성 폐렴에 걸리면 그것이 그리 도움이 되지 않을 수 있지만, 그래도 여전히 듣는 항생제가 있다는 것은 그나마 다행스러운 일이다.[77] 그러나 어쩌면 그것도 오래 가지 않을 수 있다. 비베타락탐 항생제에도 저항할 수 있는 포도상구균이 이미 발견되고 있다.[78]

게다가 새로이 등장할 항생제도 많지 않다. 항생제는 그리 오래 사용할 수 있는 약이 아니기 때문에, 제약 회사로서는 신약을 개발할 시장 동기를 찾기 어렵다. 브랜드의 시장 가치는 5천만 달러에 불과하다. 신약을 개발하는 데 발생되는 연구개발비를 고려해야 하는 제약 회사에게는 보잘 것 없는 수준이다. 그 결과 1998년과 2008년 사이에 FDA가 승인한 새로운 항생제는 13종에 불과했고,

그중 3종만이 새로운 작용 기전을 자랑했다.[79] 2009년에 미국감염병학회에 따르면, 개발 중인 수백 종의 신약 중에 항생제는 겨우 16종뿐이었다. 게다가 그중 어떤 것도 NDM-1을 획득한 세균처럼 가장 내성이 강하고 가장 치료가 어려운 그램음성균을 겨냥한 약이 아니었다.[80]

o─●─o

사익의 막강한 힘에 포로가 되어 병원체의 확산을 허용하고 있는 것은 미국 정부만이 아니다. 최고의 국제기관인 세계보건기구 WHO도 마찬가지다.

WHO는 1948년 유엔 회원국들이 납부하는 분담금을 이용하여 전 세계 공중 보건을 보호하기 위한 캠페인을 조직하고 관리하기 위해 유엔에 의해 창설되었다. 그러나 1980년대와 1990년대에 걸쳐서, 유엔 시스템에 회의적인 주요 공여국들은 점차 공적 자금의 씨를 말렸다.(그들은 유엔 예산과 관련하여 1980년에는 실질 성장 0% 정책을, 1993년에는 명목 성장 0% 정책을 도입했다.)[81] 부족한 예산을 보충하기 위해, WHO는 사적 자금에 눈을 돌려 공여국과 더불어 개인 독지가와 기업, NGO로부터 소위 자발적 기부금을 모았다. 1970년에는 이 자발적 기부금이 WHO 예산의 4분의 1을 차지했고, 2015년 무렵에 이르러서는 거의 40억 달러에 이르는 WHO 예산의 4분의 3을 구성했다.

이런 자발적 기부금이 그냥 줄어드는 공공 자금을 대신하기만 했다면, WHO의 활동 방식을 그리 변화시키지 않았을 것이다. 그

러나 그렇지가 않았다. 공적 자금(회원국들의 분담금)에는 조건이
나 단서가 붙지 않는다. 그냥 분담금을 평가해서 징수할 뿐이고,
WHO는 그 돈을 어떻게 쓸 것인지 결정하는 일을 맡는다. 그런데
자발적 기부금의 경우는 그렇지가 않다. 자발적 기부를 함으로써,
개인 기부자는 WHO에서 영향력을 사는 것이다. 그들은 WHO
의 우선 사항들을 무시하고 그들이 마음에 드는 특정한 목표에 돈
을 할당할 수 있다.[82]

사정이 이렇다보니 WHO의 활동은 더 이상 세계 보건상의 우
선 사항보다 기부자의 이익에 의해 좌우되고 있다고 마가렛 챈
WHO 사무총장은 『뉴욕타임스』와의 인터뷰에서 인정했다.[83] 그
리고 그러한 이익은 WHO 활동을 분명하게 왜곡시켰다. 2004~
2005년도 WHO 예산 분석에 따르면, WHO의 정규 예산은 세계
보건 부담에 비례하여 다양한 보건 캠페인에 할당되는 반면, 자발
적 기부금의 91%가 전 세계적 치사율이 겨우 8%인 질병에 배정되
었다.[84]

WHO 심의의 상당 부분이 비공개로 진행되기 때문에, 개인 기
부자의 영향력이 어느 정도인지는 분명하지 않다. 그러나 그들의
이익에 상충하는 것만은 분명하다. 예를 들어, 만일 말라리아가 정
말로 사라지면 말라리아 예방을 위한 살충제 시장을 잃게 될 입장
인 살충제 제조사들이 WHO의 말라리아 정책 수립에 참여한다.
환자들이 필요한 치료제를 얻을 가능성을 증가시켜 줄 저렴한 일
반 의약품이 나오면 수십억 달러를 잃게 될 제약회사들이 WHO
의 약물 접근 정책 수립에 참여한다. 비만과 비전염성 질환에 기여

하는 제품을 판매하는 데 회사의 재정 상태가 달려 있는 가공식음료 회사가 그런 질환들에 대한 WHO의 새로운 구상 마련에 참여한다.[85]

WHO의 청렴성이 사익에 의해 약화됨에 따라 공중 보건 문제에 대한 전 세계적 대응을 효과적으로 이끌어 갈 능력도 약화되었다. 2014년 서아프리카에 에볼라가 발생했을 때, 약화된 WHO는 즉각적인 대응력을 발휘하지 못했다. 알고 보니 WHO가 직원을 고용할 때 마지못해 청렴성 면에서 타협을 한 것이 한 가지 이유였다. WHO 직원들은 세계 보건에 대한 헌신 때문이 아니라 정치적인 이유로 임명되었다. 감염 국가들이 광산업체와 다른 투자자들에게 해를 끼치지 않기 위해 전염병을 무시하기를 원했을 때, 정치적으로 임명된 WHO 직원들은 그 뜻에 따랐다. 내부 문건이 연합통신AP에 유출되어 사실이 밝혀졌을 때도, 통제하기에 너무 늦어버릴 때까지 전염병의 존재를 인정하지 않았다. 그들은 에볼라에 대한 보고서를 WHO 본사에 보내지 않았다. 기니에 있는 WHO 직원들은 에볼라 전문가들이 기니에 방문하기 위해 신청한 비자를 내주지 않았다. 그것이 정확히 은폐는 아니었지만, WHO의 소아마비 총책임자 브루스 에일워드는 2014년 가을 WHO의 조치들은 에볼라 유행을 통제하려는 노력을 돕기보다 오히려 "망쳐 놓았다."고 인정했다.[86]

WHO의 지도력이 약화됨에 따라, 전 세계의 사설 보건 조직의 영향력이 커졌다. 그리고 일부 집단들은 WHO 같은 공공 기관을 철저히 잠식하기 시작했다. 컴퓨터 거물 마이크로소프트의 공동

창시자인 빌 게이츠는 전 세계적인 첨단 기술 경제에서 축적한 재산을 이용하여 2000년에 세계 최대 규모의 개인 자선단체인 빌-멜린다 게이츠 재단을 설립했다. 게이츠 재단은 곧 미국과 영국에 이어 세계에서 세 번째 규모의 보건 연구 자본 투자자인 동시에 단일 기부자로는 WHO의 최대 기부자 중 하나가 되었다.[87] 오늘날 세계 보건 의제를 정하는 것은 WHO가 아니라 개인이 운영하는 게이츠 재단이다. 2007년 재단은 말라리아 퇴치에 자원을 투자해야 한다고 선언했다. WHO 안팎의 과학자들 사이에 말라리아를 통제하는 것이 더 안전하고 실현 가능해졌다는 오랜 합의에도 불구하고, WHO는 즉시 게이츠의 계획을 채택했다. WHO의 말라리아 담당자 아라타 코치가 대담하게 문제를 제기했을 때, 그는 한 말라리아 과학자의 표현에 따르면 '재취업 유보 휴가' 처리되었고, 다시는 소식을 듣지 못했다.[88]

선의를 가진 게이츠 재단 사람들에게는 공익적 차원에서의 세계 보건 캠페인 추진과 직접적으로 상충하는 특별한 사적 이익이 없다. 적어도 우리가 아는 바로는 그렇다.[89] 그러나 만일 그런 것이 있다면, 그들에게 책임을 물을 만한 메커니즘은 없을 것이다. 아무리 자선의 의도를 가지고 있다 해도, 공적인 통제에 의해 제약받지 않는 강력한 사익은 마치 왕족과 같다. 우리는 그들에게 통제권을 넘겨줬으니 그저 그들이 좋은 사람들이기를 바랄 수밖에 없다. 과연 우리가 다음번 대유행병에 대한 협동적 방어망을 구축할 수 있는지가 여기에 달려 있는 것이다.

물론 정치 지도자가 부패하고 정치 기관이 썩었다 해도, 사람들은 여전히 서로 협력할 수 있다. 스스로 일을 추진하여 병원체 통제를 위한 협동적 노력을 시작할 수 있다. 예를 들어, 19세기에 뉴욕 시 지도자들이 뉴욕 시민들에게 콜레라 확산을 경고하지 않았을 때, 개별 의사들이 뭉쳐서 회보를 발표했다.

이해가 가는 행동이다. 극단적인 사건은 오히려 사람들을 단결시킨다. 9월 11일 테러 공격이나 최근의 허리케인 이후 뉴욕 시민들을 생각해 보자. 하지만 대유행병을 초래하는 병원체가 공격할 때는 그런 경우가 흔치 않다.

전쟁이나 기상 재앙과는 달리, 유행병을 야기하는 병원체는 신뢰를 구축하지 않아 협동적 방어가 용이하지 않다. 오히려 새로운 병원체의 기이한 초자연적 경험 때문에, 사람들 사이에 의심과 불신을 조장하여 인체를 파괴할 뿐 아니라 사회적 유대까지 파괴할 가능성이 크다.

6
—

비난

내가 가이드와 함께 차를 타고 포르토프랭스 외곽을 따라 펼쳐진 해안가 빈민촌 시테 솔레이의 넓고 평탄한 도로를 지나갈 때, 거리의 사람들은 우리를 경계의 눈빛으로 쳐다본다. 나무라고는 거의 찾아볼 수 없는 먼지투성이의 평지 마을에서 판잣집과 군데군데 총알이 박힌 허물어져 가는 건물들 위로 햇볕이 쨍쨍 내리쬔다. 빈민가의 높은 실업률에도 불구하고, 주중의 정오 무렵 거리는 한산하다. 나는 2013년 여름에 콜레라에 가장 취약한 사람들이 콜레라에 대해 어떻게 느끼는지 알아보기 위해 시테 솔레이를 방문한 적이 있었다. 그러나 이번에는 응달에 뒤집어 놓은 양동이 위에 앉아 있거나 판잣집 앞의 다져진 흙바닥에서 어슬렁거리고 있는 몇몇 사람들에게 선뜻 다가가기가 꺼려진다. 햇빛 때문에 눈이 부셔서인지 아니면 말하기 어려운 다른 무엇 때문인지 모르지만, 우리가 지나갈 때 그들은 인상을 찌푸린다.

우리가 시 쓰레기 폐기장이 있는 마을의 언저리로 계속 차를 몰자, 어쩐지 폭력이 발생할 것만 같은 긴장된 분위기가 점점 고조된다. 포르토프랭스의 쓰레기를 뒤져 생계를 유지하는 사람들이 걸어 다니고 있고, 저 멀리 길 위쪽에서 이야기하고 있는 사람들이

213

보인다. 그들에게 다가가야겠다고 생각하고 있는데, 그러기 전에 폐기장 입구 앞의 헬멧을 쓴 경비원들에 의해 제지를 당한다. 관계자의 동행 없이 우리끼리 이 주변을 돌아다니는 것은 금지되어 있다고 그들은 엄격하게 말한다. 가시적인 정부 허가가 없는 사람은 '미친 짓'을 할 수 있다는 것이 그들의 설명이다. 우리로서는 그 말이 도무지 이해가 되지 않는다. 그리고 경비원 중 한 명은 빈 챕스틱 통처럼 보이는 것으로 코끝 한쪽을 밀어올리고 있어서 영 권위가 없어 보인다. 어쨌거나 나는 내키지 않는 동작으로 다시 차에 탄다. 내가 몰래 사진을 찍다가 들키자, 그는 화를 내며 창문을 두들긴다. 만일 내가 방금 한 짓을 누군가 봤다면, 아마 돌을 던지거나 그보다 더한 짓도 했을 거라며 호통친다.

우리는 쓰레기가 널려 있는 해안가에서 말을 걸 만한 사람을 찾았다. 십여 명의 젊은이들이 혹시 근처에 정박된 작은 목선에서 일감이라도 얻을 수 있을까 하는 마음에 주변을 서성이고 있다. 차를 세우자 그들이 우리를 에워쌌다. 폭격으로 파괴된 시멘트 구조물 안에서 밧줄을 풀고 있던 어부들은 우리와 이야기를 하거나 우리가 자신들의 사진을 찍도록 허락하지 않았지만, 이 젊은이들은 순순히 대화에 응했다. 그러나 몇 분 뒤 그들은 우리에게 이곳을 떠나라고 말했다. 마을 깊은 곳 어딘가에서 갈등이 끓어오르고 있었다. 우리가 빈민가를 빠져나가고 있는데, UN이라는 글자가 새겨진 흰색 트럭 두 대가 우리 앞에 차를 대더니 완전무장한 군인들이 우르르 내렸다. 그들은 소총을 손에 든 채 일렬종대로 빈민가로 걸어갔다. 이들이 왜 동원되었는지는 불분명하지만, 계속되는 콜레라가 지

아이티 포르토프랭스에 위치한 시테 솔레이의 해안가. 2006년 현재 실내 또는 옥외 화장실을 이용하는 아이티 사람들은 전체 인구의 20% 미만이었다. 쓰레기에 둘러싸인 공터에 투기된 인분이 식수원을 위협하여 콜레라균 확산에 유리하게 작용했다.(Sean Roubens Jean Sacra)

역 주민들과 외부인들, 특히 유엔 평화유지군 간의 폭력 충돌의 역사를 악화시켰다는 것은 알 수 있었다. 평화유지군은 2004년에 처음 이 나라에 파견되었다. 원칙적으로 그들의 임무는 아이티에서 평화와 질서를 유지하는 것이었지만, 대부분의 아이티 사람들은 유엔의 주둔을 지난 세기에 세 차례 아이티에 파병되었던 미군이 떠난 자리를 넘겨받은 점령이라고 생각한다. (아이티 주재 미국 대사는 2008년에 폭로된 본국으로 보낸 전문에서 유엔군을 '아이티에서 미국 정부의 정책적 이익을 실현하는 데 없어서는 안 될 도구'라고 인정했다.) 1990년대 이래로 그 이익이란 주로 미국 지도자들이 '범죄조직원'이라고 부르는, 해방신학자이자 축출된 아이티 지도자 장베르트랑 아리스티드를 추종하는 정치 투사들을 진압하는 것이었다. 시테 솔레이는 투쟁과 범죄의 요새였다.

그러니 아이티에서 유엔 평화유지군의 활동은 그다지 평화롭지 않았다. 예를 들어, 2004년과 2006년 사이에 유엔군은 아이티 경찰과 불법 무장 단체를 도와 약 3천 명을 죽이고 수천 명의 아리스타드 지지자를 투옥했다.[1] 한 아이티 국회의원은 유엔군을 '목에 걸린 가시'라고 표현했다.[2]

콜레라는 현지인과 유엔군 사이의 또 다른 폭력 충돌을 촉발했다. 생마르크에서는 콜레라 치료 센터에 돌을 던지는 군중들에게 유엔군이 총을 쏘았다. 또한 다른 곳의 한 적십자 병원에서 돌을 던지던 학생들은 소총을 휘두르는 군인들을 마주했다. 포르토프랭스에서는 콜레라 환자들을 치료하기 위해 설치한 텐트를 폭도들이 허물어 버렸다.[3] 카프아이시엥에서는 폭도들이 경찰서에 불을 지를 정도로 상황이 심각해져서 도시 전체가 폐쇄되었다. 학교와 상점, 사무실이 문을 닫고 국제 구호원들이 UN=KOLERA라는 낙서로 덮인 사무실 건물에 숨어 있어야 했다. 이처럼 콜레라는 심각한 불협화음과 폭력을 촉발했고, 그래서 유엔 인권위원회 대표자는 콜레라는 '국가 안보의 위협'이라고 표현했다.[4]

○─●─○

콜레라 폭동의 역사는 19세기까지 거슬러 올라간다. 콜레라 발생에 뒤이어 유럽과 미국 전역에서 발작적인 폭력 사태가 확산되었다. 역사학자 사무엘 콘은 이것을 질병이 발생하자마자 마치 화난 개처럼 공격해 오는 '증오의 대유행병'이라고 표현했다.[5]

216

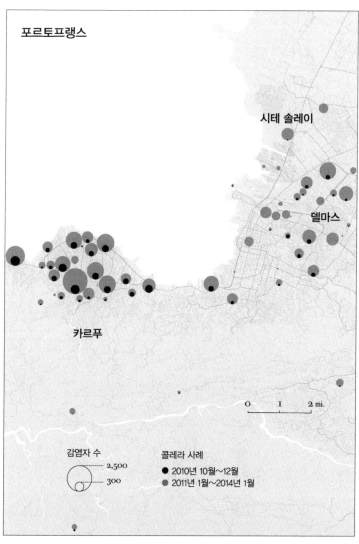

포르토프랭스

시테 솔레이

델마스

217

카르푸

O   I   2 mi.

감염자 수   콜레라 사례
⌒ ⋯⋯ 2,500   ● 2010년 10월~12월
⌒ ─── 300   ● 2011년 1월~2014년 1월

2010년 유엔 평화유지군으로 활동한 네팔 군인들이 아이티에 콜레라를 유입시킨 이후 포르토프랭스에서의 콜레라 유행. 1년 만에 아이티에서는 콜레라 감염자가 전 세계 다른 지역의 감염자를 합친 것보다 많았다.(출처: Weekly tallies of choera cases treated at MSF clinics provided by Médecins sans Frontières, 2014; base map from OpenStreetMap. Adapted by Philippe Rivière and Philippe Rekacewicz at Visionscarto.net from "Mapping Cholera" by the Pulitzer Center on Crisis Reporting at http://choleramap.pulitzercenter.org.)

표면적으로는 잘 이해가 가지 않는다. 사회적 스트레스에 직면했을 때(예를 들어, 치명적인 감염병이 등장했을 때) 적절하고 건강한 반응은 우리끼리 더 가까이 뭉쳐서 손에 손을 맞잡고 침입자에 맞서는 것이다. 그런데 새로운 전염병은 비평가 수잔 손탁이 말한 것처럼 '도덕과 예절의 거침없는 붕괴'를 발동시킨다.[6] 전염병은 "불길한 암시를 자아낸다."고 의학사 학자 로이 포터도 말했다.[7] 그리고 전염병이 촉발하는 불협화음은 일반화되거나 분산되지 않는다. 아이티에서처럼, 그것은 종종 특정 집단에게 레이저처럼 강렬하게 집중된다. 그들은 수많은 잠재적 과실이 있는 집단과 사회적 요인들 가운데 해당 전염병에 특히 책임이 크다고 지목된 희생양인 셈이다.

　　유엔군을 희생양이라고 표현한다고 해서 유엔군과 아이티 현지인들 사이의 적대감이 근거 없는 것이라거나 유엔군이 콜레라 확산에 연루되지 않았다는 얘기는 아니다. 사실 유엔은 미국이 자국 병사들에게 지불했던 돈의 몇분지 일을 지불하고 콜레라 감염국인 네팔에서 군인들을 고용했고, 애초에 콜레라를 아이티에 들여온 것도 이 군인들이었다. 그러나 평화유지군이 콜레라를 들여온 것은 사실이지만, 논리적으로 말해서 이 병원체가 나라 전체에 번지게 된 것이 그들의 탓만은 아니었다. 그것은 가난과 깨끗한 물의 부족, 앞서 일어난 지진으로 인한 혼란 등, 그들의 직접적 통제를 벗어난 보다 크고 보다 깊숙이 뿌리내린 문제들과 관련이 있었다. 또한 평화유지군이 공격을 받을 당시 그들이 전염병에 적극적으로 기여하고 있었던 것도 아니었다. 오히려 그들과 관련자들은

적어도 표면적으로는 도움을 주려 애쓰고 있었다.[8]

몇몇 심리학적 연구는 희생양 만들기가 일어날 확률이 가장 높은 사회적, 정치적 상황에 대한 단서를 제공한다. 이 연구들은 다양한 실험 조건에서 피험자들의 희생양을 비난하려는 마음을 측정하려 했다. 그중 한 연구에서 피험자들에게 사회적 위기에 대한 그들의 무력함과 위기에서 그들을 보호해 주지 못하는 정부의 무능력에 대해 상기시켜 준 경우, 그들은 단순히 위기의 존재에 대해서만 들은 피험자에 비해 희생양을 벌주고 싶어 하는 마음을 더 크게 표현했다. 그리고 피험자들에게 그들이 위기에 어떤 식으로 기여하고 있는지 상기시켜 준 경우에도 희생양을 벌주고 싶은 마음을 다른 피험자에 비해 더 강하게 표현했다.[9] 또 다른 연구에서는 자신이 자기 삶에 대한 통제력을 가지고 있지 않다고 생각하는 피험자들은 그런 통제력을 가지고 있다고 생각하는 피험자들보다 희생양 집단을 더 영향력이 큰 존재로 생각했다.[10] 희생양이 누구냐에 따라서도 차이가 있다. 무능하거나 약하거나 사회적 권한이 제한된 집단은 비난을 받을 가능성이 적다. 가장 표적이 되기 쉬운 대상은 사회 위기에 연류된 것으로 보이고(예를 들어, 환경 문제가 발생한 경우 아미쉬파 사람들보다는 기업을 탓할 것이다.) 영향력 있는 동시에 익숙하지 않아서 잘 모르는 집단들이다.[11]

희생양을 만드는 심리에 대한 책을 쓴 정신과 의사 닐 버튼은 그것을 투영의 한 형태로 본다. 무력감과 죄책감은 사람들이 당연히 지우거나 탈출하고 싶은 불편한 감정이며, 그렇게 할 한 가지 방법은 그것을 다른 사람에게 투영하는 것이다. 다른 사람들이 벌

219

을 받을 때, 예전에 가졌던 무력감과 죄책감은 성취감 또는 심지어 '경건함과 독선적인 분개'로 바뀐다.[12]

어쩌면 신종 병원체가 초래한 전염병이 그토록 빈번하게 폭력적인 희생양 만들기로 이어지는 것도 이 때문일 수 있다. 전염병은 이해하기 힘든 존재인 데다 주로 열악하고 부패한 사회 제도를 가진 사회를 공격하기 때문에, 특히 사람들이 자신이 환경을 통제하고 있다는 느낌을 약화시킨다. 뿐만 아니라 전염병이 일으키는 참화는 전쟁이나 홍수의 영향처럼 분명하게 설명할 수가 없다. 어떤 사람들은 감염되지만 어떤 이들은 그렇지 않으니, 어렴풋이나마 뭔가 공모 같은 것이 있지 않을까 하는 생각이 들게 한다.

고대인들은 사회적 위기가 닥쳤을 때 제물을 바치려는 강력한 충동에 사로잡혔다. 고대 그리스에서는 전염병이나 다른 사회적 위기가 닥치면, '파르마코스'라고 불리는 거지나 범죄자를 잡아다가 돌을 던지고 구타하고 사회에서 쫓아내는 의식을 치렀다. 고대 시리아에서는 왕실에 결혼식이 있는 날 악의 매개체로 지정한 암염소를 은으로 치장하여 황무지로 몰고 가서 혼자 죽게 만들었다. '희생양scapegoat'이라는 말 자체가 구약 성경 레위기에서 하느님이 아론에게 속죄의 날 두 마리의 염소를 바치라고 명령한 의식에서 유래되었다. 한 마리는 도살되고, 다른 염소 '아자젤'은 상징적으로 이스라엘 민족의 모든 죄를 짊어지고 사막에 버려졌다. 킹 제임스 성경이 'scapegoat'라고 번역한 아자젤 염소의 속죄 의식은 기아에서 전염병에 이르기까지 예측할 수 없는 위험들이 도사리고 있는 세상에서 살아가는 무력감과 죄책감을 지우려는 인간들의

욕망을 단적으로 보여 준다.[13]

○●○

전염병이 창궐하는 동안에는 희생양 만들기가 특히 큰 지장을 주는데, 하필 그 표적이 전염병을 통제하는 데 있어서 가장 중요한 역할을 할 수 있는 집단이기 때문이다.

19세기에는 의사와 종교 지도자들이 종종 폭력의 대상이 되었다. 1832년 콜레라가 유럽을 강타했을 때, 병원에서 '잉여' 인간이라고 생각되는 사람들을 사회에서 제거하기 위해 환자들을 죽이려 한다는 소문이 돌았다. 사람들은 지역 의사들에게 돌을 던지고 공격하며 시신 해부를 위해 콜레라 감염자들을 죽게 만들고 있다고 비난했다. 1832년 2월과 11월 사이에 영국과 프랑스에서는 당대인들이 '작은 소동'이라고 불렀던 돌 투척 사건부터 수백 명이 뒤얽혀 싸운 난투극에 이르기까지 30차례 이상의 폭동이 발생했다.[14]

뉴욕에서 콜레라가 발병했을 때 폭도들은 검역센터와 콜레라 병원을 공격하고 보건관리들이 콜레라에 감염된 시체를 공동주택에서 치우지 못하도록 막았다. (보건관리들이 관을 창문을 통해 밖으로 내려놓는 일도 있었다.)[15] 1834년 콜레라가 창궐한 마드리드에서 시민들은 3살의 나이로 즉위한 여왕에게 반기를 든 선왕의 동생을 지지하는 수도사와 수사들이 우물을 오염시켜 콜레라를 가져 왔다고 믿게 되었다. 분노한 폭도들은 마드리드 광장에 모여 수도원과 예수교 교회 건물을 뒤져 14명의 성직자를 살해했다. 성 프란

치스코의 프란치스코회는 큰 타격을 입었다. 40명이 칼에 찔리거나 우물에 빠지거나 목이 매달리거나 지붕에서 던져져 죽었다. "유혈 낭자한 장면은 밤까지 끝나지 않았다."고 역사학자 윌리엄 J. 캘러한은 기록한다.[16]

이민자들도 폭력적인 희생양 만들기의 표적이 되었다. 의료인들과 종교적 지도자들과 마찬가지로, 그들은 전염병 발생에 어떤 식으로든 연루되어 있다고 여겨졌다. 이민자 마을과 질병의 확산 사이에 상관관계는 분명해 보였다. 물론 이민자들을 공동주택에 빽빽하게 채워 넣은 건물주들과 당시 무역과 여행 경로를 장악하고 있던 상업 조직들도 마찬가지로 질병 확산에 일조했지만, 그들은 폭력을 면할 수 있었다. 익숙하지 않은 문화와 외부자라는 지위로 인해, 이민자들이 대신 피해를 당한 것이다.[17]

콜레라의 등장으로 한때는 개방적이었던 지역사회에서 지나가는 이민자와 여행자들에게 방을 임대해 주지 않게 되었다. '갈 곳 없는 이방인들은 거리와 들판, 그리고 주로 침구와 나무판, 막대기 몇 개로 만든' 침대에 누워 잠을 자야 했다고 1832년 켄터키 렉싱턴의 한 지역 신문이 기록했다.[18] 이리 운하를 따라 늘어선 마을들은 배가 운하로 들어오거나 통과하는 배에서 사람들이 내리는 것을 허락하지 않았다. 심지어 집으로 돌아가려는 승객들도 거부되었다.[19]

콜레라의 확산으로 비난 받는 구체적인 이민자 집단은 시기에 따라 달라졌다. 1830년대와 1840년대에는 아일랜드인들이었다. "습관이 대단히 더럽고, 상당수가 알코올 중독자인 데다 도시의 가

222

장 열악한 부분에 밀집해 살았던 비천한 아일랜드인들이 콜레라로부터 가장 큰 타격을 받았다."고 1832년 뉴욕 시 보건위원회는 기록했다. 한편 필립 혼은 아일랜드인들이 "올해 콜레라를 가져왔으며, 그들은 항상 비참함과 곤궁을 가져온다."고 일기에서 불평했다.[20] 1832년에 필라델피아와 피츠버그 사이에 새로운 철도 노선을 건설할 도로를 내기 위해 고용되어 펜실베이니아 숲속의 외딴 공터에 살던 57명의 아일랜드 이민자들이 격리되어 비밀스럽게 대량 학살되고 그들의 오두막과 개인 소지품이 불태워졌다. "모두들 무절제했고, 모두 죽었다!" 지역 신문들은 신이 나서 보도했다.[21] 2009년에 조사관들은 공동묘지에서 총알이 박히고 으스러진 일꾼들의 두개골을 파냈다.[22]

1850년대에 콜레라 이후 불똥이 튄 곳은 이슬람교도들, 특히 성지 순례 '하지Hajj'에 참여한 순례자들이었다. 이슬람교는 모든 신도들에게 일생에 적어도 한번은 사우디아라비아의 수도 메카에서 시작하여 동쪽으로 약 20킬로미터 거리에 있는 아라파트 산까지 성지 순례를 하도록 종교적 의무를 부과하고 있다.[23] 국제 무역과 해운의 속도가 빨라짐에 따라, 하지 순례자의 숫자도 늘어났다. 1837년에는 112,000명의 순례자들이 하지에 참여했는데, 1910년에는 그 수가 300,000명에 이르렀다.[24] 그리고 콜레라도 뒤따랐다. 1865년 최악의 콜레라 발병 당시, 콜레라로 인해 15,000명의 하지 순례자가 사망했다.[25]

콜레라가 서구에서 쉽사리 발생할 수 있다는 것이 입증되었음에도 불구하고 여전히 그것이 불결한 아시아의 질병이라고 주장하는 서구 엘리트들 사이에서는 순례자로 인해 서양 사회가 콜레라에 감염될 것이라는 불안감이 점점 더 커졌다. 1851년과 1938년 사이에는 WHO의 전신이라고 할 수 있으며 1903년 국제위생협정을 탄생시킨 일련의 국제회의가 개최되었는데, 이 회의들은 특히 메카의 불결함이 서구 사회를 오염시키지 못하도록 선별적으로 봉쇄하는 방법에 초점이 맞춰졌다. 영국의 의사 W.J. 심슨의 표현처럼 '메카는 유럽에게 위험한 장소'이며 '서구 세계에 영원한 골칫거리'였다. 실제로 "누더기와 머리와 피부에 균을 잔뜩 묻힌 불결한 자간나트* 군단이 비엔나나 런던, 또는 워싱턴에 있는 우리 시대의 가장 재능 있고 아름다운 사람들 수천 명을 죽일 수 있다."고 또 다른 영향력 있는 영국인도 거들었다.[26] 인도에서 온 하지 순례자들의 문제는 '죽고 사는 문제에 무심하다는 것'이며, 그런 "그들의 무심함이 그들보다 훨씬 더 소중한 사람들의 생명을 위협에 빠뜨리고 있다."고 표현한 사람도 있었다.[27] 어떤 프랑스인은 선별적으로 하지 순례자의 해로 여행을 전면 금지하여 순례자들이 무리를 이루어 사막을 건널 수밖에 없게 함으로서 중동 지역을 철저히 봉쇄할 것을 제안했다.[28]

1890년대에 뉴욕 시에서 콜레라가 부추긴 경멸은 동유럽 이민자들에게 쏠렸다. 그들은 몇 해 전부터 뉴욕으로 쏟아져 들어왔고, 그들 자체에 대한 사회적 공포와 그들이 가져올 수 있는 콜레라에 대한 공포가 동시에 커졌다. 애초에 초기 이민자의 자손인 뉴욕 시

---

* 인도 힌두교의 신들 중 하나 – 옮긴이 주

민들은 그들에게 문을 닫아버릴 것을 요구했다.

1892년 휴 그랜트 시장은 해리슨 대통령에게 "콜레라 유입의 공포가 모두 사라질 때까지 더 이상의 이민자를 금지해야 한다."는 내용의 편지를 썼다. 한편『뉴욕타임스』는 제1면 기사에 이렇게 보도했다. "콜레라의 위험이 문제인 마당에, 미국은 무지한 러시아 유대인과 헝가리인 피난민에게 쉼터를 제공하지 말아야 한다. …… 이 사람들은 아무리 좋게 봐줘도 역겨운 수준이고, 현 상황에서는 이 나라의 건강에 확실한 위협이다. …… 콜레라가 하층민의 집에서 비롯된다는 사실을 명심해야 한다."[29]

1893년 콜레라 감염 이민자에 대한 히스테리가 고조되는 가운데, 뉴욕 시 공무원들은 독일 함부르크에서 이민자들을 싣고 오다가 도중에 콜레라 사망자가 발생한 선박 노르마니아호에 대해 검역 조치를 실시했다. 시 공무원들은 파이어아일랜드에 있는 호텔에 승객들을 수용하려 했지만, 그들이 내리기도 전에 무장한 군중이 부둣가에 모여 호텔에 불을 지르겠다고 위협했다. 이틀 동안 군중은 갇혀 있는 승객들을 야유하고 그들이 선박에서 떠나지 못하도록 막았다. 결국 그들의 안전한 하선을 위해 주 방위군과 해군 예비군 두 연대를 동원해야 했다.[30]

o─●─o

19세기 콜레라가 부추긴 폭력적인 희생양 만들기는 콜레라의 파괴적 영향을 심화시켰지만, 콜레라의 사망자 수를 증가시키는 데 큰 역할을 하지는 않았을 것이다. 의사와 이민자에 대한 폭력은 분명 사람들이 의료 혜택에 접근할 기회를 제한했지만, 당시 콜레라에 대한 의료적 치료라고 해봐야 수은 화합물인 감홍과 담배 연기 관장, 전기 충격, 밀랍으로 항문을 막는 시술 따위가 고작이었던 점을 감안할 때, 어쩌면 그것이 사람들의 생존 가능성을 낮춘 것이 아니라 오히려 높였을 수도 있다. 그러나 지금은 그 반대다. 통제 대책이 실제로 효과적이기 때문이다. 오늘날은 보건 종사자와 그들의 통제 대책이 공격을 받으면, 병원체에 의해 더 많은 사람들이 희생된다.[31]

2014년 서아프리카에 유행성 에볼라가 돌았을 때, 사람들은 전염성이 남아 있는 시신을 안전하게 치우려는 보건 종사자들을 쫓아다니며 거짓말로 혼란을 주거나 공격했다. 기니에서 두 번째로 큰 도시 은제레코레에서는 지역 시장을 소독하려는 팀이 도착했을 때 폭동이 일어났다. 게케투 인근의 한 마을에서는 사람들이 마을과 간선 도로를 연결하는 다리를 불태워 보건 종사자들을 쫓아버렸다. 또 다른 인근 마을에서는 여덟 명의 보건 종사자와 정치인, 기자로 구성된 팀이 에볼라에 관한 정보를 전하다가 성난 주민들의 공격을 받았다. 이틀 뒤 목 잘린 세 구의 시신을 비롯한 그들의 시신이 마을 초등학교의 정화조에서 발견되었다. 기니의 한 촌장은 보건 종사자들을 언급하며 『뉴욕 타임스』에 이렇게 설명했다. "우리는 그들이 들어오는 것을 원하지 않습니다. 그들은 이 공동체에 바이러스를 옮깁니다."[32]

논평가들은 종종 서양 의학에 대한 서아프리카의 불신을 질병 전염과 관련한 미신적 믿음 때문이라고 설명했지만, 그보다 큰 역할을 한 것은 감염 국가에서 발생한 최근의 역사적 사건으로 보인다. 기니와 라이베리아, 시에라리온 사람들은 에볼라가 나타나기 전에 20여 년 동안 군부 치하에서 인권유린과 잔혹행위를 겪은 터여서, 권위에 대한 대중적 신뢰가 떨어질 대로 떨어진 상태였다. 공적 권위를 가진 보건 종사자들이 대부분 외국인이라는 사실도 지역민들의 신뢰를 얻는 데 도움이 되지 못했을 것이다.

남아프리카공화국에서는 정부 스스로가 생명을 구하는 통제 대책을 공격했다. 에이즈를 치료하는 항레트로바이러스 요법을 불법화한 것이다. 1985년에 개최된 에이즈에 관한 국제 과학 컨퍼런스에서, 미국 국립보건연구원 연구자들은 잘못된 자료에 기초하여 우간다의 취학 어린이의 3분의 2, 케냐 인구의 절반가량을 HIV에 감염시켰다고 보고했다. 그러한 주장은 크게 과장된 것이었지만, 그 새로운 바이러스가 '어둠의 심연'에서 발생했다는 생각은 서양 언론인들에게 낯설지 않았다. 케냐의 대니엘 아랍 모아 대통령이 말하는 것처럼, 아프리카에서 HIV의 영향에 대한 선정적 이야기들이 '새로운 형태의 증오 캠페인'이 되었다.[33] 아프리카인들이 HIV 확산의 책임이 있다는 서양 과학자들과 뉴스 매체의 암시에 분개한 남아프리카공화국의 타보 음베키 대통령 같은 반인종분리정책 지도자들은 HIV가 존재한다는 사실 자체를 부정했다. 에이즈는 영양실조와 빈곤의 질병을 가리키는 신조어일 뿐이라고 음베키는 말했다.[34] 여러 해 동안 음베키 정부는 남아프리카공화국 환자들에게 에이즈 치료제를 제공하기를 거부하고 기부 받은 의약품의 사용도 제한했다.(그의 행정부는 대신 레몬주스와 비트 뿌리, 마늘의 치료 효과를 홍보했다.) 2000년과 2005년 사이에 30만 명 이상의 남아프리카공화국 에이즈 희생자가 효과적인 치료를 받지 못해 조기에 사망했다.[35]

한편 미국에서 조기 통제 노력을 망친 것은 HIV 감염 위험이 가장 큰 동성애자와 마약 주사 사용자에 대한 반감이었다. 질병통제센터는 그들이 생각하기에 지나치게 '노골적'인 HIV를 피하는 방법(안전한 성생활을 통해)에 대한 지침을 포함하는 교육 프로그램에 자금을 지원하지 않았다. 미국 상원은 동성애를 '부추기는' 에이즈 교육 자료에 대한 자금 지원을 거부했다. 또한 20년 이상 미국 정부는 자칫 마약 사용을 인정하는 것이 될까 두려운 나머지 마약 주사 사용자에게 멸균 주사기를 제공하여 HIV 감염 위험을 감소시키려는 프로그램에 대한 연방 자금 지원을 금지했다.[36]

에이즈에 걸린 사람들은 직장에서 해고되고, 보험과 의료보장 및 기타 복리후생을 박탈당했다. 1992년에 실시된 한 연구에서 HIV 감염자나 에이즈 환자의 20% 이상이 HIV 때문에 신체적으로 부당한 괴롭힘을 당했다고 말했다. 일부 아이티 사람들이 HIV에 감염되었다는 사실을 과학자들이 발견한 후에, 아이티 사람들도 비슷하게 냉대를 당했다. 이 사례들의 많은 부분은 동성애자들 사이에 발병이 급증한 것과 섹스 관광의 성업으로 서양 관광객을 아이티로 불러들인 상황에서 기인했지만, 생활여건이 비위생적이고 이국적인 부두교 의식이 성행하는 아이티 자체가 HIV 바이러스를 퍼뜨렸다는 생각이 대중의 상상력을 사로잡았다. 1982년에 한 국립암연구소 의사는 "미국에서 동성애자들을 감염시킨 것이

228

아이티의 유행성 바이러스일 수 있다고 의심된다."고 언론에 말했다.[37]

"아이티인들은 일자리와 친구와 가정과 이민의 자유를 잃었습니다." 아이티 출신 미국 작가 에드위지 당키타는 회상한다. "나 자신을 포함하여 아이들은 학교에서 친구들에게 조롱과 구타를 당했습니다. 한 아이는 굴욕감을 이기지 못해 학교 식당에서 총으로 자살했습니다." 아이티 관광산업은 몰락했다.[38]

미국에서 웨스트나일 바이러스의 등장은 평소에 경멸하던 대상에게 엉뚱한 비난의 화살을 겨눌 또 다른 기회를 제공했다. 미국 기성 정치권의 특정 부류는 오랫동안 생화학테러에 집착해 왔다. 그러나 사실 현대전에 병원체를 이용하려는 시도는 거의 없었고, 시도한 경우도 대부분 성공적이지 못했다. 일본의 사교 집단 옴진리교도들은 에볼라 유행 당시 자이레를 방문한 것으로 알려져 있지만, 그들은 이 바이러스를 무기화하기가 너무 어렵다는 것을 알았다. 이 사건에서도 그렇고 1981년 웨스트나일 바이러스가 발생하기 전날 사교 지도자 오쇼 라즈니쉬의 추종자들이 오레곤에서 살모넬라균으로 샐러드 바를 오염시킨 사건에서도 그렇고, 실제 생화학무기 자체보다 그것에 대한 불안감이 더 심각했다. (2001년 미국에서 탄저균 공격으로 17명이 감염되고 5명이 사망하기 전의 일이었다.)[39]

그럼에도 1999년에 웨스트나일 바이러스가 뉴욕 시에 등장했을 때, 정부 관리들은 즉시 눈엣가시 같은 이라크의 사담 후세인 대통령에 의한 생화학테러 공격을 의심했다.

제시된 증거들은 보잘 것 없었다. CDC가 1985년에 웨스트나일 바이러스 샘플을 한 이라크 연구자에게 보냈다는 것과 미카엘 라마단이라는 이름의 이라크 반체제 인사가 후세인이 바이러스를 무기화했다고 주장한 것이었다. 라마단은 자신이 사담 후세인의 대역으로 일했다고 말하기도 했다. 그는 1999년『사담의 그림자*In the Shadow of Saddam*』라는 회고록에서 "1997년에 우리가 거의 마지막으로 만났을 때, 사담은 나를 서재로 불렀다. 그가 그렇게 고무되어 있는 모습은 처음이었다. 자물쇠를 풀고 오른쪽 책상 서랍을 열더니, 두툼한 가죽 장정 문서를 꺼내서 상세히 기술한 발췌문을 읽었다. …… 도시 환경에서 모든 생명을 97%까지 파괴할 수 있는 웨스트나일 바이러스 SV1417종에 관한 내용이었다."[40]

웨스트나일 바이러스의 병독성에 대한 엄청난 과장은 차치하고라도(웨스트나일 바이러스의 병독성은 1% 미만이고, 조류에서 모기, 인간으로 이어지는 복잡한 전파 과정에 의존하며 사실상 인간끼리 직접 전파되지 않는다.), 라마단의 설명은 공상적으로 보였다. 그 책의 발췌문을 실었던 런던의 타블로이드 신문『데일리 메일』마저도 그 책이 허위일 수 있음을 시인할 수밖에 없었고, 그 책의 출판사 또한 그저 좋은 '이야기'를 출판하고 싶었을 뿐이라고 인정했다. 그럼에도『뉴요커』는 후세인이 웨스트나일 바이러스를 무기로 개발하여 뉴욕에 살포했다는 의심과 관련한 리처드 프레스턴의 긴 이야기를 발표했다.

CIA의 생물무기 분석가들이 '불안해' 했다고 프레스턴은 썼다. FBI의 최고 과학 고문은 웨스트나일 바이러스의 유행이 자연스러위 보인다는 사실이 그것이 실제로 테러 계획이라는 발상을 뒷받침한다고 프레스턴에게 말했다. 그는 '만일 내가 생물 테러 공격을 계획 중이라면, 자연스러운 발생처럼 보이도록 아주 미묘하고 교묘하게 일을 처리할 것'이라고 설명했다. 실제로 리처드 댄지그 해군장군은 그것이 생물 테러라는 의심을 "입증하기 어렵지만, 또한 부정하기도 어렵다."고 거들었다.[41]

사스의 경우처럼 단기 전염병도 난폭한 희생양 만들기로 이어질 수 있다. 2003년에 한 토론토 주민이 바이러스에 감염된 채 홍콩에서 돌아온 후 수백 명의 캐나다 사람들이 사스에 감염되었다. 토론토에 있는 병원 두 곳이 폐쇄되었고, 필수 서비스 이외에 모든 서비스가 중단되었으며, 그 병원을 방문한 수천 명의 사람들이 자진해서 10일간 격리되었다. 스페인과 호주는 바이러스 감염 도시로 여행을 하지 말도록 경고를 발표했다. 공포와 히스테리가 뒤따르며, 출신에 관계없이 모든 아시아인들은 해외여행을 다녀왔건 그렇지 않건 무조건 경계의 대상이 되었다.[42]

지하철에서 중국계 캐나다인들은 기피 대상이 되었다.[43] 한 중국인은 이렇게 회상했다. "기침이나 재채기라도 했다간, 객차 전체가 텅 비어 버립니다." 복도에서 아시아인들을 지나칠 때면 백인들은 외투로 얼굴을 가렸고, 아시아인 동료가 있는 사무실에서는 마스크를 썼다. 한 아시아계 캐나다인은 동료가 "내 생각에는 공동체 전체를 가둬버려야 한다."고 말하는 것을 엿들었다. 가족들은 아이들에게 학교에서 아시아 아이들과 놀지 말라고 말했고, 고용주들은 아시아 근로자에 대한 일자리 제안을 철회했으며, 건물주는 아시아인 가족을 집에서 내쫓았다. 중국계 캐나다인 협의회 Chinese Canadian National Council 같은 조직에는 항의 투서가 빗발쳤다. "당신네 사람들은 쥐처럼 살고 돼지처럼 먹고 더럽기 짝이 없는 질병을 전 세계에 퍼뜨리고 있다." 한 편지는 이렇게 썼다. 토론토에서 중국인이 운영하는 기업체의 손실은 80%에 이르렀다. "아시아인들은 어디를 가건 두려움에 떨었어요." 한 아시아계 캐나다인은 회상한다.[44]

전염병이 촉발한 폭력은 다른 생물종들에게도 닥쳤다. 라임병이 처음 시작되었을 때는 사슴을 겨냥한 것이 어느 정도 일리가 있었다. 초기 연구들에서는 질병을 옮기는 진드기가 사슴에 기생한다는 것과 사슴이 전멸한 섬에서는 진드기 개체 수가 감소했다고 밝혔다. 게다가 전국적인 사슴 개체 수가 1900년에 25만 마리에서 1990년대 중반에는 1,700만 마리로 급증했다. 사슴들은 숲을 헤집고 다녔고 교외 지역의 잔디와 정원을 망쳐 놓았다.[45]

그러나 후속 연구에서 사슴이 감염 진드기와 아무 관련이 없다는 사실이 밝혀졌다. 진드기는 설치류에서 바이러스를 옮긴다는 것이었다. 그럼에도 사슴에 대한 살기는 커졌다.[46] 코네티컷과 매사추세츠, 뉴저지의 많은 지역에서 사슴 사냥철이 확대되었고 예전에는 출입 제한 구역이었던 공유지가 사슴 사냥꾼에게 개방되었다. 난타켓 섬의 경우, 멀게는 텍사스와 플로리다에서 주황색 조끼를 입은 사냥꾼들이 동물들을 쫓으러 찾아왔다. 한 난타켓 주민은 이렇게 주장했다. "뭔가를 해야 합니다. 사람들이 이것 때문에 죽어가고 있어요."[47] 히스토리 채널은 급속하게 확대되고 있는 사냥을 포착하기 위한 리얼리티 TV 프로그램을 제작했는데, 위장복 차림의 사슴 사냥꾼들이 코네티컷 교외의 부유한 주민들에게 이 프로그램의 웹사이트에서 표현한 바에 따르면 '자동차 사고를 유발하고 라임병을 확산하는 것으로 악명 높은' 사슴을 그들의 땅에서 사냥하는 것을 허락하도록 설득하는 과정을 추징했다. (이 시리즈의 제목은 「꽁무니 쫓기Chasing Tail」이었다.)[48]

호스니 무바라크의 독재 정부도 이와 비슷하게 2009년 H1N1 인플루엔자 유행병이 발생했을 때 이집트의 돼지 30만 마리를 살처분할 것을 명령했다. 돼지가 H1N1 확산에 어떤 역할을 한다는 증거는 없었다. 이 바이러스는 원래 돼지에게서 비롯되었고 그래서 처음에는 '돼지 독감'이라고 불렸지만, 그것은 인간 병원체였고 인간이 서로에게 감염되었다. 이집트는 당시 H1N1 독감을 한 건도 겪지 않았었다. 그런데도 정부의 명령에 따라 불도저와 픽업트럭이 돼지를 수십 마리씩 퍼 올렸다. 어떤 돼지들은 칼과 몽둥이에 맞아 죽었다. "많은 돼지들이 구덩이에 던져져 생매장되었다."고 『크리스천 사이언스 모니터』는 보도했다.

이러한 피바다는 H1N1의 확산을 잠재우는 데 거의 도움이 되지 못했고, 돼지 사육자의 생계만 파탄시키는 결과를 낳았다. 이들은 '자발린Zabbaleen'이라고 불리는 차별받는 이집트의 소수 기독교도로, 쓰레기 수거를 생업으로 한다.

이 경우 한 병원체에 대한 반응으로 촉발된 희생양 만들기는 다른 병원체에 대한 사람들의 취약성을 증가시키는 결과를 낳았다. 돼지는 자발린이 집집마다 돌아다니며 수거해 온 음식물 쓰레기를 소비함으로써 공중 보건을 보호하는 데 있어서 중요한 역할을 했다. 카이로에서 돼지는 도시 쓰레기의 60%를 처리했다. 정부는 그 역할을 대체하려 했으나 그러한 시도는 성공하지 못했다. 정부가 고용한 외국계 쓰레기 수거 회사들은 사람들이 쓰레기를 분리해서 밖에 내놓으면 자신들이 주기적으로 수거해 가는 방식을 취했으나, 이집트 사람들은 그런 방식을 좋아하지 않았다. 그 결과 쓰레기가 거리에 쌓여 이집트인들은 쓰레기를 매개로 하는 감염의 위협에 노출되었다. 카이로를 방문했던 한 기자는 이렇게 썼다. "어느 날이건, 어느 동네건 쓰레기의 '무인지대'가 됩니다." 카이로의 한 공동체 지도자는 또 이렇게 말했다. "돼지를 살처분한 것은 지금까지 그들이 했던 그 어느 것보다 가장 멍청한 짓이었으며 …… 의사 결정자들의 정보 부족을 여실히 보여 주는 한 가지 예일 뿐입니다."

다행히 이집트 사람들은 쓰레기 축적으로 인한 질병 위험을 무사히 피했지만, 무바라크 정권은 무사히 넘어가지 못하고 결국 2년 뒤 '아랍의 봄' 혁명 과정에서 무너졌다.[49]

○─●─○

보건 전문가와 의료 개입에 대한 공격을 낳은 사회적 위기가 전염병만은 아니었다. 백신 접종 캠페인 역시 비슷한 폭력적 거부와 보복을 촉발했다. 두 경우가 원인은 다르지만 결과는 같았다. 병원체를 통제하려는 노력이 방해를 받아 결국 전염병이 발생한 것이다.

나이지리아 북부 촌락에서 로스앤젤레스 교외에 이르기까지, 전 세계에서 많은 사람들이 백신 투여가 이슬람교를 약화시킨다거나 유아에게 화학물질을 투여하는 행위라는 등의 다양한 이유로 백신과 그것을 투여하는 사람들을 거부해 왔다. 1998년에 시작된 WHO의 소아마비 퇴치 캠페인이 그 좋은 예다. 백신의 안전성과 목적에 대한 안 좋은 소문이 돌았다. 나이지리아의 이슬람교 지도자들은 소아마비 백신이 HIV로 오염되어 있으며, 이슬람교도를 불임으로 만들려는 은밀한 의도가 숨어 있다고 주장했다. 카노 주의 주지사는 1년 동안 캠페인을 중단시켰다.[50] 파키스탄의 북와지리스탄North Waziristan의 탈레반 지도자들은 백신 접종 의료진은 스파이 작전을 숨기기 위한 위장에 불과하다고 주장했다.[51] 인도의 비하르와 우타르프라데시 사람들은 백신이 돼지 피와 피임약으로 오염되었다고 의심했다.[52] 그리고 이런 의심들은 폭력으로 폭발했다. 나이지리아 북부에서는 백신을 접종하는 의사들이 공격을 당하고 이들의 가정 방문이 금지되었다. 2012년에는 파키스탄의 무장단체가 백신을 접종하는 의료진과 백신 접종에 동의한 부모들을 겨냥한 공격을 시작하여 2014년까지 64명의 백신 접종 의료진을 살해했다.[53]

　　물론 이러한 폭력의 이유는 다양하며 지역적인 상황에 근거한다. 그러나 신종 전염병에 시달리는 사회와 마찬가지로, 서방 주도의 백신 캠페인을 거부하는 이슬람교 사회들은 죽느냐 사느냐의 위기에 빠져 있었다. 미국과 유럽에서 급증하는 반이슬람교 정서와 다가올 군사적 개입의 위협 때문이었다. 그리고 기니 숲에서 임상의들이 에볼라의 확산을 부추기는 존재로 보였고, 19세기 뉴욕에서 아일랜드 사람들이 콜레라 전파자로 보였던 것처럼, 서방의 예방접종 의사들은 파괴의 행위자로 보였을 수 있다. 사실 그들은 강압적이고 은밀한 캠페인에 가담하는 것으로 알려져 있었다. 1970년대 남아시아에서 천연두 퇴치 사업을 벌이는 과정에서 미국의 백신 접종 의사들은 문을 부수고 들어가 울부짖는 여인들에게 강제로 접종을 실시했다.[54] 필리핀에서는 사람들에게 총구를 겨눈 채 천연두 백신을 접종했다.[55] 2011년 미 중앙정보국 CIA는 B형 간염 백신 캠페인을 가장하여 정보를 수집했고, 이것은 파키스탄에서 알카에다 지도자 오사마 빈 라덴의 암살로 이어졌다.[56]

이유가 어떻건, 백신 거부가 있었던 지역에서는 소아마비가 급증했다. 나이지리아의 소아마비 바이러스는 가나 북동부와 베냉, 부르키나파소, 차드, 말리, 니제르, 토고로 퍼졌다. 인도의 소아마비 바이러스는 콩고로 퍼져서 백신을 접종하지 않은 노인들 사이에서 소아마비를 일으켰다. WHO의 브루스 에일워드 박사는 2010년 『뉴욕타임스』에 이렇게 말했다. "두 곳의 병원에 수백 명의 마비 환자가 있었으며, 많은 사람이 사망했습니다." 그 해에 겨우 2개월 동안 인도 소아마비 바이러스가 콩고에서 2백 명 이상을 마비시켰다.[57] 파키스탄의 소아마비 바이러스는 1994년 이래로 소아마비 감염자가 없었던 중국으로 넘어갔고, 2013년에는 참혹한 내전을 겪고 있던 시리아로 넘어갔다.[58] 2014년에 WHO는 전 세계적인 보건 비상사태를 선언해야 했다.[59]

백신과 백신 접종 의사들에 대한 깊은 불신은 한때 통제되었던 병원체가 미국과 유럽에서도 다시 발생할 기회를 제공했다. 백신이 미국에서 백일해와 홍역, 수두 발병을 감소시키는 데 결정적인 역할을 했음에도 불구하고, 1980년대에 정부가 미취학아동에게 일련의 예방 접종을 받을 것을 의무화했을 때, 백신에 대한 저항과 백신 접종자에 대한 불신이 증가했다. '리퓨저스' 같은 대중음악 공연자와 제니 맥카시, 짐 캐리같은 유명 배우들이 백신 프로그램을 비난했다. 인터넷에 백신의 위험성을 공격하는 수많은 웹사이트가 우후죽순처럼 등장했다.[60]

미국에서의 백신 거부도 다른 곳에서와 똑같은 양상을 띠었다. 이 경우 불신을 부추기는 것으로 보이는 생존의 위기 —산업에 의한 자연의 오염— 는 다소 막연했지만, 비난의 대상인 백신과 그것을 접종하는 의사들에 대한 악감정은 여전했다. 백신에 반대하는 주장들 중에 가장 대중적인 것은 홍역과 볼거리, 풍진MMR 백신에 자폐증을 일으키는 알 수 없는 힘이 있다는 것이었다. 이러한 주장은 19세기에 의사들이 시신 해부를 위해 콜레라 환자들을 죽였다거나 소아마비 백신이 이슬람교도를 불임으로 만들기 위해 고안되었다는 주장만큼이나 과장되고 음모적인 것이다. 그것은 사실이 아니었다. MMR 백신과 자폐증 간의 연관성을 주장한 1998년 연구 논문은 허위임이 널리 밝혀졌고, 그것을 게재한 학술지가 공식적으로 철회하였다. 게다가 2013년의 한 연구는 홍역 예방 접종한참 전인 생후 6개월 아이들에게도 자폐증이 발견된다는 것을 발견함으로써, 백신과 자폐증 사이의 인과관계를 부정했다. 그럼에도 불구하고 그러한 주장은 계속되었다.[61]

또 한 가지 대중적인 백신 반대 주장은 제약 회사들이 순전히 돈을 벌기 위해 백신을 밀어붙인다는 것이었다. 이 주장 역시 사실이 아니다. 백신 홍보에 기업이 미치는 영향력은 비교적 적은 편이다. 사실 제약 회사들 중에는 백신이 수익성이 없다고 판단하여 1990년대와 2000년대에 백신 사업을 아예 포기한 회사들이 많았다. 그 결과 1998년과 2005년 사이에 일상적인 유년기 면역 형성을 위해 꼭 필요한 아홉 가지 백신은 만성적인 부족을 겪기도 했다.[62]

백신이 자폐증을 초래하는 것도 아니고 제약 회사의 손익계산에 영향을 주는 것도 아니지만, 그것이 정교한 산업 공정의 집약된 결과물인 것은 사실이다. 산업적 오염을 두려워하는 사람들에게, 이는 백신을 거부할 만한 충분한 근거가 된다. 사실 백신 접종을 삼갈 것을 권하는 백신 회의론자들이 약한 병원체에 신체를 노출시킴으로써 질병 예방을 위한 면역력을 얻는다는 면역 형성이라는 개념 자체에 반대하는 것은 아니다. 예를 들어, 자연주의 육아 방식에 초점을 맞추는 육아잡지 『마더링』은 수두 백신 대신 수두에 걸린 아이와 자연스럽게 접촉하는 '수두 파티'를 열 것을 제안한다. "파티에서 수두에 감염된 아이가 다른 아이들에게 자연스럽게 수두를 옮기는 것이다." 그 잡지는 이렇게 조언한다. 그들이 반대하는 것은 면역 형성 자체가 아니라 산업 공정의 합성 산물인 백신을 인체에 직접 주입함으로써 면역력을 전달한다는 개념이다.[63]

이런 불신의 대상인 백신을 권장하는 소아과 의사와 공중보건 전문가들의 분노와 좌절감도 분명하게 느껴진다. 미국소아과학회

238

에서 2005년에 실시한 설문조사에서 거의 40%에 이르는 소아과 의사들이 백신을 거부한 가정에 대해서는 치료 제공을 거부할 것 이라고 주장했다.[64] 2012년 애틀랜타에서 있었던 공중보건 전문 가들의 모임에서 한 연사는 '반백신주의' 집단의 문제점에 대해 이 야기했다. 어느 시점에 그는 만화 캐릭터 바트 심슨의 작은 뇌가 도드라지게 강조된 MRI 스캔 영상을 보여 주며 킥킥거리는 청중 들에게 중얼거렸다. "이런 말 하긴 뭐하지만, 이건 꼭 반백신주의 자들의 뇌 같네요."[65]

백신에 대한 거부가 확산됨에 따라 병원체에 대한 예방도 약화 되고 있었다. 백신에 대한 의심이 증가하는 가운데, 미국의 19개 주가 학부모에게 '철학적인 이유로' 취학 연령 자녀들을 백신 접종 에서 제외시키는 것을 허용했다. 캘리포니아와 오리건, 메릴랜드, 펜실베이니아를 비롯한 14개 주는 부모가 자녀에게 백신 접종을 받게 하는 것보다 백신 접종을 면제받는 것을 더 쉽게 만드는 법을 통과시켰다.[66] 2011년에 이르러서는 8개 주 공립학교 유치원생의 5% 이상이 백신 접종을 받지 않았다.[67] 캘리포니아에서 가장 부유 한 카운티에 속하는 마린 카운티의 어린 학생들 중 7%가 철학적인 이유로 백신 접종을 받지 않았다. 그것은 홍역 같은 병원체에 대한 '집단면역'을 훼손하기에 충분했다. 집단면역은 병원체를 전염시 킬 사람이 충분하지 않을 때만 가능하며, 집단면역이 형성되어 있 지 않으면 백신 접종을 받지 않은 사람들과 유아들처럼 백신 접종 을 할 수 없는 사람들이 모두 병원체에 감염될 수 있다.

2000년에 미국에서 홍역이 퇴치되었다는 공식 선언이 있었으나, 2011년까지 10여 차례가 넘는 홍역이 발병했다. 그중에는 2014년 후반에 캘리포니아의 디즈니랜드 테마파크에서 시작된 대규모 홍역 발병도 있었다. 2개월 만에 7개 주에서 140명이 감염되었다. (캘리포니아 주지사는 몇 개월 뒤 개인적, 종교적 신념에 의한 백신 접종 거부에 대한 허용을 철회했다.)[68]

유럽에서는 백신과 그중에서도 특히 MMR*에 대한 회의주의가 훨씬 더 광범위하게 퍼져 있다. 2006년에는 프랑스 인구의 절반 이상이 2회에 걸친 의무적 홍역 백신 접종을 받지 않았다.[69] 2011년에는 영국 인구의 16%도 접종을 받지 않았다.[70] 2009년 불가리아에서 홍역 유행이 시작되어 그리스를 거쳐, 마침내 유럽 전역의 36개국으로 확산되었다. 프랑스와 영국은 특히 타격이 컸다.[71] 2011년까지 프랑스에서는 14,000명 이상이 홍역을 앓았다. 유럽 전역에서 3만 명 이상이 홍역에 걸렸다.[72]

◦─●─◦

유행병과 그 밖의 사회적 위기가 촉발한 막연한 두려움과 그에 따른 엉뚱한 비난 사이의 연결고리를 끊는 것이 과연 가능할까? 철학자 르네 지라르의 개념에 따르면, 공포와 비난의 악순환을 끝내려면 신약 성서에서 결국 부활로 마무리되는 예수 박해의 이야기에서처럼 희생양의 무고함을 입증해야 한다.

어쩌면 오늘날 현대적 형태의 책임 추궁이 그와 비슷한 기능을

---

* 홍역, 볼거리, 풍진 백신—옮긴이 주

할 수 있을 것이다. 비록 그 목적이 무고함을 입증하기 위해서가 아닌 유죄를 입증하기 위해서이지만, 지금 아이티의 인권 변호사들은 바로 이것을 시도하고 있다. 그들은 콜레라 유행에 대한 유엔의 책임을 입증하기 위해 법원에 제소했다. 아이티에서 콜레라가 창궐하자, 아이티 인권 변호사 마리오 조제프는 미국의 번호사들과 함께 아이티의 콜레라 피해자들로부터 15,000건의 고소 신청을 받았다. 유엔이 아이티 정부로부터 면책특권을 받았다며 책임을 회피하는 데다 유엔이 평화 유지군에 대한 소송 진행을 위해 결성하겠다던 위원회가 소집되지 않자, 조제프와 그의 동료들은 미국과 유럽의 법정에서 유엔을 제소하여 콜레라 창궐에 대한 사과와 배상금을 요구하기로 계획했다.[73]

2013년 포르토프랭스에 있는 조제프의 사무실을 방문했을 때, 그곳은 육중한 문에 황동 장식이 달린 대저택 내에 위치해 있었다. 사무실 안은 어둡고 숨 막힐 듯 더웠다. 천장에 선풍기 몇 대가 달려 있었지만, 워낙 천천히 돌아서 애초에 왜 선풍기를 틀어 놓은 것인지 의아할 정도였다. 창문에는 유리가 끼워져 있지 않아서 항상 교통이 혼잡한 도로에서 소음이 흘러들어왔다. 하늘색 반팔 셔츠를 입은 가무잡잡하고 동그스름한 얼굴의 조제프는 이마와 목에 구슬땀이 송골송골 맺힌 채로 아이티에서 벌어지고 있는 제국주의적, 인종주의적 개입을 강도 높게 비난했다.

"네팔 사람들이 강에 인분을 쏟아 부었고, 많은 사람들이 그 강물을 마십니다. 이것은 점령군이 만들어낸 참사입니다." 그는 말했다.

"그들은 대가를 지불해야 합니다. 사람들에게 보상을 해야 하죠. 그리고 사과를 해야 합니다. 유엔은 네팔의 콜레라로부터 사람들을 보호하지 않았으니까요! …… 이런 일이 미국이나 프랑스나 영국에서 일어났다고 상상해 보십시요. 그럼 어떻게 되었을까요? …… 도무지 이해할 수가 없어요. 우리가 아이티인이기 때문입니까? …… 우리가 흑인이기 때문이에요? 전 도저히 모르겠습니다."[74]

조제프의 주장은 유엔이 아이티의 위생 상태를 알고 있으며, 그러니 위험한 신종 전염병의 유입을 피하기 위해 적절한 예방조치를 취했어야 한다는 것이다. 예를 들어, 군인들을 보다 엄격하게 검사하여 감염자가 있는지 확인하고, 기지에서 배설물 처리 방식을 위생적으로 관리했어야 한다는 얘기다. 그런데 유엔은 그렇게 하지 않았고, 결국 기름 적신 장작더미에 성냥불을 던진 셈이다. 이 경우에 유엔은 억울한 희생양이 아니었고, 실제로 죄가 있었다. 법정에서 유엔에게 책임을 물으면 그것이 밝혀질 것이다.

아이티의 콜레라가 네팔에서 비롯되었다는 것에는 의심의 여지가 거의 없다. 과학자들이 아이티에서 돌고 있는 콜레라균과 네팔의 콜레라균의 유전체를 비교했을 때, 한두 개의 염기쌍만 다를 뿐 거의 완벽에 가까운 일치를 보인다는 것을 발견했다.[75] 그럼에도 나는 사람들이 남들에게 병원체를 감염시켰다고 해서 그들이 법적인 책임을 져야 한다는 생각에는 여전히 선뜻 동의하기 어렵다. 만일 기지에서 배설물을 위생적으로 관리했거나 군인들에 대한 엄격한 보건 검사를 실시했다 해도, 네팔의 콜레라가 아이티로 넘어오는 것을 막지 못했을 가능성은 있다.

콜레라를 유입한 사람은 자신의 몸에 콜레라균이 있다는 사실을 스스로도 인지하지 못하는 무증상 보균자였을 가능성이 크다. 유엔 기지에서 그의 인분을 처리했다 해도, 아이티의 다른 곳에서는 그렇게 하지 않았을 것이다. 그런 면에서 콜레라를 아이티에 가져온 네팔 군인들은 여느 누구와도 다를 바 없었다. 전 세계적 생물군과 병원체가 이동하고 있는 상황에서, 우리는 모두 잠재적 보균자다.

물론 희생자들의 분노를 법정에서 해결하는 것은 거리에서 분노를 표출하는 것보다 훨씬 더 건설적인 방법이다. 그러나 조제프가 추구하는 판결이 결국 법의 힘을 부여한 희생양 만들기가 될 수도 있지 않을까? 판결을 누가 하느냐에 따라, '책임이 있는' 사람들은 2014년 기니에서처럼 보건 전문가가 될 수도, 1980년대 미국에서처럼 동성애자가 될 수도, 1830년대 뉴욕 시에서처럼 아일랜드 이민자가 될 수도 있다. 또한 아이티에서처럼 새로운 병원체를 유입한 사람들을 정확히 밝혀낼 수 있다 해도, 그들이 어느 만큼의 책임을 져야 하는지 명확하지 않다. 유행병 촉발에 있어서 사회적 여건은 외부 유입 못지않게 중요하다. 그것이 서아프리카의 산림 파괴와 내전이나, 아이티의 위생 및 현대적 시설의 부족, 또는 19세기 뉴욕 시의 인구 밀집과 불결함 같은 사회적 여건이 없었다면, 콜레라와 에볼라 유행은 발생하지 않았을 것이다. 서아프리카의 보건 전문가와 아이티의 유엔군, 19세기 뉴욕의 아일랜드 이민자가 그에 대한 책임도 져야 할까?

마치 유엔군에게는 책임을 묻고 지역 기반시설의 약점은 문제 삼지 않는 책임 전가의 선별적 본성을 역설이라도 하듯, 조제프가 한참 열변을 토하는 와중에 사무실의 침침한 형광등이 깜빡거리 다가 꺼졌다. 프린터며 컴퓨터, 느리게 돌아가는 천장용 선풍기를 비롯하여 사무실 안에 자리 잡은 다양한 기계류가 모두 작동을 멈 췄다. 곧 사무실은 어둠에 빠졌다. 나는 의자에 앉은 채 몸을 앞으 로 빼고 두리번거리며 움직일 준비를 했다. 그러나 조제프는 동요 하지 않았다. 그는 포르토프랭스에서 정전이 수시로 일어난다는 것을 알았다. "곧 들어올 겁니다." 그가 조용히 말하고는, 조금 전 내가 커다란 그의 책상에 설치해 둔 배터리로 작동되는 녹음기에 대고 이야기를 계속했다.

○—●—○

새로운 병원체들이 우리의 사회적 관계를 약화시키고 정치적 분열을 이용하는 방식은 광범위하고 다양하다. 그러나 여전히 우 리에게는 그것을 무력하게 할 수 있는 최후의 수단이 있다. 어쩌면 가장 강력한 수단일 것이다. 우리는 족집게처럼 정확하게 병원체 를 파괴하거나 억제할 도구를 개발할 수 있다. 이 도구는 접근만 할 수 있다면 복잡한 공동 노력이 없이도 개인이 효과적으로 이용 할 수 있다.

이 도구는 물론 의학이다.

적절한 치료는 병원체를 전염시키는 모든 방식들을 무력하게 만든다. 적절한 치료법만 있다면, 종간 전파도, 오물도, 밀집도, 정치적 부패도, 사회적 갈등도 병원체를 퍼뜨릴 수 없다. 전염병과 유행병은 사산될 것이고 초라한 등장과 함께 흐지부지 사라질 것이다. 골목에 약국이 있고 처방전을 쓸 의사가 있다면, 사람들은 병원체를 스스로 길들일 수 있다.

그러나 그러려면 우선 그런 치료법을 개발해야 한다.

7

치료법

콜레라가 어떻게 확산되는지 양상을 밝히고, 어떻게 그것을 멈출 수 있는지 방법을 찾는 것은 그 질병의 영향을 받은 19세기 사회의 모든 분야에서 긴급한 문제였지만, 의료계만큼 그것이 시급한 분야는 없었다. 치명적인 신종 질병은 불벼락처럼 의료계를 향해 돌진했다. 의사와 과학자들은 콜레라의 신비를 풀고 감염된 환자를 구하기 위해 열심히 일했다. 그들은 수많은 논문과 강의, 컨퍼런스, 에세이에서 콜레라의 병리학과 전파에 관한 생각을 자세히 설명했다. 또한 실험적인 치료법과 콜레라가 어떻게 확산되는지에 대한 이론, 그것을 억제하기 위한 처치 방법을 개발했다. 그러나 수십 년 동안 효과적인 콜레라 치료법을 찾아내지 못했다.

그들의 실패는 기술적 역량의 부족 때문이 아니었다. 콜레라 치료는 우습다 싶을 만큼 단순하다. 콜레라균은 예를 들어, 혈구를 잡아먹는 말라리아 기생충이나 폐를 파괴하는 결핵균처럼 신체 조직을 파괴하지 않는다. 또한 HIV처럼 우리의 세포를 적으로 돌려 자가 공격하도록 만들지도 않는다. 물론 콜레라는 치명적이지만 신체 내에서 그것의 지위는 사실 살인적인 공격자라기보다 요구사항이 많은 불청객에 가깝다. 우리를 죽음에 이르게 하는 것은 장 속에서 콜레라균이 증식하는 동안 일어나는 탈수다. 역으로 생각하면 콜레라를 극복하고 살아남으려면 그것이 뽑아가는 수분을 보충하기만 하면 된다는 얘기다. 콜레라 치료제는 깨끗한 물과 소금 같은 단순 전해질이다. 이런 기본적인 치료만으로 콜레라 사망률을 50%에서 1% 미만으로 줄일 수 있다. 마찬가지로 인분을 식수에서 분리함으로써 콜레라를 예방하는 것은 19세기의 기술 수준으로도 충분히 가능한 것이었다. 고대인들의 수로와 저수지는 그렇게 할 수 있었다.[1]

그러지 못한 것은 콜레라의 본성에 관한 관찰 부족 때문도 아니었다. 유럽에서 콜레라가 처음 등장한 이래로 의사와 과학자들은 콜레라와 더러운 물 사이의 연관성을 지적했다. 모스크바에서는 모스크바 강둑, 바르샤바에서는 비스툴라 강둑, 런던에서는 템스 강둑 주변에서 유행병이 발생했다. 프랑스 의사 자크 마티유 델페시는 1832년에 잉글랜드의 콜레라가 중심점에서 주변부로 확산되었으며 '중심점은 강둑'이라고 기록했다. 같은 해에 또 한 명의 프랑스 논평가는 콜레라가 '부패 물질이 가득한' 우물에서 확산되었으며, 그 우물을 포기하자 "더 이상의 콜레라 발병은 없었다."고 말했다.[2] 1833년에 한 의과대학 교수는 콜레라 사망 발생 위치와 지역의 지형 및 오물의 상관관계를 보여 주는 켄터키 렉싱턴 시의 지도까지 발표했다. 소금물 치료법의 경우도 마찬가지였다. 그것은 1830년대에 처음 제안되어 확실한 증거로 뒷받침되었다.[3]

19세기 의사들은 올바르게 관찰했고 콜레라 치료를 위한 적절한 기술을 갖고 있었다. 문제는 올바른 관찰과 적절한 기술이 요점을 벗어났다는 것이었다.

○●○

1962년, 물리학자이자 과학철학자인 토마스 쿤은 어떻게 과학적 활동이 역설적이게도 사실을 보여 주는 동시에, 시야를 제약할 수 있는지 설명했다. 과학자들은 쿤이 '패러다임'이라고 말한 프리즘, 즉 사물과 현상을 설명하는 이론적 구조를 통해 현실을 이해한다. 패러다임은 과학적 관찰을 위한 설명적 틀을 제공한다. 그것은 정교한 밑그림과 같으며 과학자들은 거기에 색과 세부사항을 채워 넣음으로써 패러다임을 더욱 강화하고 풍부하게 한다. 진화는 근대 생물학의 패러다임, 판구조론은 근대 지질학의 패러다임이라고 할 수 있다.

히포크라테스의 이론은 19세기 의학의 패러다임이었다. 히포크라테스의 원리에 따르면, 건강과 질병은 기후 조건이나 지형 같은 수많은 무정형적 외부 요인들과 고유한 내부 요인들 간의 복잡하고 특이한 상호작용의 결과이고, 건강을 유지하고 회복하는 것은 이런 다양한 요인들 간의 균형을 잡는 문제다.

이런 생각들은 고대 그리스 물리학자 히포크라테스의 추종자들에 의해 처음 설파되어, 기본적으로 큰 변화 없이 수천 년간 그대로 전해져 내려왔다. 기원전 5세기경에 저술된 건강과 의술에 관한 60편 분량의 『히포크라테스 전집』과 서기 2세기경 그리스의 의사 갈레노스가 이러한 생각들과 관련하여 10,000페이지에 걸쳐서 집대성한 이론은 서기 6세기 이래로 의학 교육에서 표준 주제

251

였다. 서기 1200년 무렵, 유럽에서는 의사 면허를 받으려면 이러한 저작들을 공부해야 했다. 19세기 내내 히포크라테스와 갈레노스의 문헌에 대한 중요한 영어와 불어 번역본이 계속 등장했다.[4]

쿤은 그러한 패러다임이 없다면 과학은 존재할 수 없다고 믿었다. 우리가 얻을 수 있는 정보와 던질 수 있는 질문들은 그야말로 무궁무진하다. 무언가가 어째서 그런 식으로 일어나는지에 대한 인식이 없다면, 과학자들은 어떤 질문을 던져야 할지 어떤 사실을 수집해야 할지 알 수 없을 것이다. 따라서 대부분의 과학 활동의 기초가 되는 '어떻게'라는 질문에 이를 수 없을 것이다.

그러나 패러다임이 이처럼 유용한 것은 사실이지만, 그것은 또한 과학자들에게 위험한 딜레마를 안겨주기도 한다. 패러다임은 예상을 만들어내고, 예상은 과학자들의 인지를 제약한다. 심리학자들은 두 가지 일반적인 인지적 문제에 대해 이야기한다. 확증편향confirmation bias와 변화맹시change blindness가 그것이다. 확증편향은 사람들이 자신의 예상을 뒷받침하는 증거만을 선택적으로 감지하고 기억하는 것이다. 사람들은 자신들이 볼 것이라고 예상하는 것만 본다. 또한 사람들은 자신의 예상에 위배되는 변칙들은 잘 감지하지 못하는데, 이를 '변화맹시'라고 한다. 변화맹시에 관한 한 연구에서, 질문자가 피험자에게 인터뷰를 진행하는 도중에 피험자가 잠시 다른 곳으로 정신을 돌린 사이 질문자를 다른 사람으로 몰래 바꿔치기함으로써 고의로 피험자의 예상을 교란시켰다. 그런데 피험자들은 그러한 변화를 의식적으로 알아차리지 못했다. 마치 아무 일도 일어나지 않은 것처럼 느꼈다.[5]

확증편향과 변화맹시는 쿤이 '변칙anormaly'이라고 표현한 예상에 위배되는 관찰을 무시하는 두 가지 방식이다. 의심의 여지없이 이 두 가지 인지적 편향은 콜레라가 히포크라테스 원칙에 따라 진행되지 않았을 때 히포크라테스 원칙을 추종하는 의사들이 그것을 알아차리지 못하게 되는 데 있어서 중요한 역할을 했다. 그러나 쿤은 또 하나의 인지적 딜레마도 지적했다. 가끔은 사람들이 어쩔 수 없이 변칙을 인지하게 되는 경우에도 여전히 그것을 거부하는 것이다.

쿤은 1949년 수행된 카드 식별을 통해 인지부조화의 문제를 확인하는 연구를 예로 들었다. 대부분의 카드는 정상이었지만, 몇 개는 예를 들어, 빨간 스페이드 여섯 개가 그려진 카드나 검은 하트 네 개가 그려진 카드처럼 변칙적인 것들이었다. 사람들에게 그런 카드가 정상인지 물었을 때, '주저하거나 당황하는 기색 없이' 그들은 즉시 그것이 정상적인 카드라고 대답했다. 피험자들이 본 것은 빨간 스페이드 여섯 개가 그려진 변칙적인 카드였지만, 그들은 자신이 본 것이 검은 스페이드 여섯 개 또는 빨간 하트 여섯 개가 그려진 정상적인 카드라고 말했다. 그것은 일종의 확증편향이었다. 그러나 그들에게 변칙적인 카드를 여러 차례 보여 주니, 흥미로운 현상이 나타났다. 그들은 카드에 문제가 있다는 것을 점차 인지하게 되었음에도, 정확히 그 문제가 무엇인지 확신할 수 없었다. 어떤 이들은 변칙을 인정하기를 거부하고 총체적인 혼란에 빠졌다. "그 카드가 뭐였는지 통 모르겠어요. 그때는 아예 카드처럼 보이지도 않더라고요." 한 피험자는 말했다. "지금은 그게 무슨 색

253

인지, 스페이드인지 하트인지도 모르겠어요. 스페이드가 어떻게 생겼는지조차 확신할 수 없다니까요. 아이고, 맙소사!"[6]

의학의 역사는 이런 현상을 보여 주는 사례들로 점철되어 있다. 예상을 벗어나거나 당대의 지배적인 패러다임에 위배된 관찰과 치료법은 대안적인 설명이 설득력 있게 제시되지 않는 한, 아무리 많은 증거로 뒷받침되어도 순전히 이론적 근거만으로 폐기되곤 했다. 예를 들어, 17세기에 네덜란드의 포목상 안톤 판 레벤후크는 현미경을 손수 만들어 세균을 발견했다. 그는 빗물과 호수의 물, 수로의 물, 그리고 자신의 분변을 조사한 결과 어디서나 미생물을 발견했다. 그는 이것을 '극미동물'이라고 불렀다. 추가적인 조사를 실시했다면 이 미생물들이 인간의 질병에 어떤 역할을 하는지 밝혀냈을 것이다. 그러나 현미경을 통한 신체의 연구는 2세기 동안 지하로 숨었다. 미세한 것들이 건강과 신체를 기계적인 방식으로 결정한다는 발상은 건강을 전체적이고 유기적인 기획으로 보는 히포크라테스 패러다임에 위배되었다. '영국의 히포크라테스'로 알려진 17세기 의사 토마스 시드넘은 레벤후크의 현미경 관찰을 부적절한 것으로 치부했다. 그의 학생이었던 의사이자 철학자 존 로크는 현미경으로 신체를 살펴봄으로써 질병에 대해 이해하려는 시도는 시계 내부를 들여다봄으로써 시간에 대해 이해하려는 것과 같다고 썼다.[7]

이와 비슷한 경우는 18세기에도 있었다. 영국 해군 소속 의사였던 제임스 린드는 선원들을 여러 집단으로 나누어 각기 다른 치료법을 제공한 뒤 결과를 비교하는 비정통적인 연구 방법을 통해

254

레몬주스가 비타민C 결핍에 의해 야기되는 괴혈병에 효과가 있다는 사실을 발견했다. 오늘날 그는 최초의 임상 시험을 실시한 것으로 칭송되지만, 당시에는 왜 레몬주스가 효과적인지에 관한 이론을 뒷받침할 수 없었기 때문에(린드는 축축한 공기에 의해 막힌 땀구멍을 산성인 레몬이 뚫기 때문이라고 주장했다.), 그의 발견은 무시되었다. 의료 전문가들은 레몬 대신 별 효과도 없는 식초를 권했다.[8]

19세기에 콜레라를 치료할 때도 바로 이런 상황이 벌어졌다. 콜레라 치료법을 발견한 과학자들은 기성 의료계 최정상의 엘리트 의사들처럼 히포크라테스 의학의 패러다임에 완전히 세뇌된 사람들이 아니었다. 그들은 아웃사이더였다. 예를 들어, 윌리엄 스티븐스는 버진 제도에서 의료업에 종사했던 초라한 의사였고 런던에 있는 영국 엘리트 의료진에게 알려지지 않은 인물이었다. 스코틀랜드의 의사 윌리엄 오쇼너시도 마찬가지였다. 두 의사는 1830년대에 소금물이 목숨을 구할 수 있는 콜레라 치료제라고 주장했다. 스티븐스는 그것이 콜레라 환자의 짙은 색 피를 정상으로 되돌리는 데 도움이 된다고 생각했다. (그는 소금이 열대 열병 환자들의 혈액을 밝게 만든다는 것을 확인했다.) 오쇼너시는 혈액의 색을 교정할 뿐 아니라 잃어버린 신체의 수분과 염분을 보충하기 위해 '혈관에 미지근한 물을 주입하여 혈액을 정상적인 염도의 용액으로 유지할 것'을 권했다고 의학저널 『란셋』은 전했다.[9] 이 요법의 효과를 가장 설득력 있게 입증한 사례는 1832년 스티븐스가 런던 감옥에서 2백 명 이상의 콜레라 환자에게 소금물을 투여한 결과 환자 중에 불과 4% 미만이 사망한 것이었다.[10]

그러나 구토와 설사를 통해 빠져나간 수분을 보충한다는 치료의 논리는 히포크라테스 패러다임에 위배되었다. 히포크라테스 원리에 따르면, 콜레라 같은 전염병은 사람들을 독으로 오염시키는 '독기miasma'라는 악취 나는 공기를 통해 전파된다.* 그래서 콜레라 환자는 극적인 구토와 설사를 경험하며, 이는 그들의 몸이 독기를 배출하려고 시도하는 것이다. 따라서 그런 증상들에 소금물이나 다른 어느 것으로 대응하는 것은 오늘날 딱지를 떼어 내는 것과 마찬가지로 철학적으로 잘못된 발상이었다.

의료 전문가들은 소금물 옹호자들을 맹비난했다. 스티븐스의 치료 결과를 확인하기 위해 감옥을 찾은 전문가들은 그런 결과를 아예 부정하며 그가 치료한 환자들이 애초에 콜레라에 걸린 적이 없다고 주장했다. 그들은 콜레라 희생자를 '쇠약' 때문에 죽어가는 사람이라고 정의했다. 스티븐스의 환자들 중에 누구도 그런 상태가 아니었기 때문에, 당연히 그들은 콜레라에 걸렸을 리 없다는 것이었다. (그들이 사실은 콜레라에 걸렸다가 회복된 상태일지도 모른다는 것은 너무 황당해서 생각조차 할 수 없었다.) "내가 목격한 어떤 징후로 봐도 콜레라라고 지목할만한 사례는 한 건도 없었습니다." 한 조사관은 주장했다. 또 다른 조사관은 한 젊은 여인을 '아주 골치 아프고 비뚤어진 성격'이라고 묘사하면서 그냥 콜레라인 척 '흉내내고 있을 뿐'이라고 지적했다.

---

* 이것은 전염병 원인에 대한 두 가지 이론 중 하나인 장기설miasmatism을 설명한 것이다. 다른 하나는 감염설contagionism, 또는 세균설germ theory이다. ─옮긴이 주

스티븐스의 연구를 검토한 학술지 편집자들은 그가 돌팔이라고 결론 내렸다. "우리는 전체 사건을 살펴본 뒤 동정과 혐오가 뒤섞인 착잡한 심정에 빠졌습니다." 『내과외과학 리뷰』의 편집자들은 "'소금요법'과 그 발명자들이 기대할 수 있는 최선은 양자 모두 빠르게 망각되는 것이다."라고 말했다.[11] 1844년에 한 논평가는 이렇게 비꼬았다. "돼지나 청어에게는 어떨지 모르지만, 인간에게 소금을 주는 것이 항상 똑같은 치료 효과를 내는 것은 아니다." 또 다른 사람도 이에 동의하며 1874년에 소금 요법이 "효과가 없는 것으로 입증되었다."고 말했다.[12]

콜레라가 독기가 아닌 더러운 물을 통해 전파된다는 것을 보여주는 증거들도 마찬가지로 거부되고 숨겨졌다. 19세기 런던의 마취 전문 의사인 존 스노우는 장기설瘴氣說을 콜레라에 적용했을 때 그 이론의 허점을 이해하는 데 특히 좋은 위치에 있었다. 스노우는 환자들에게 투여할 완벽한 마취제를 찾기 위해 클로로포름과 벤젠을 비롯한 다양한 가스로 스스로를 마취하면서 그런 가스들이 인체에 미치는 영향을 연구했다.[13] 가스 행태에 관한 전문가로서 그는 만일 기성 의료계가 주장하는 것처럼 사람들이 공기의 흡입으로 콜레라에 감염된다면 매운 연기를 들이마셨을 때처럼 폐를 포함한 호흡기가 영향을 받을 것임을 알고 있었다. 그런데 그렇지가 않았다. 콜레라는 호흡기가 아닌 소화기에 영향을 미쳤다.[14]

스노우에게 그것이 의미하는 것은 단 한 가지였다. 감염자들이 콜레라균을 입으로 삼켰다는 얘기였다.[15] 스노우는 자신의 이론을 뒷받침할 근거를 수집했다. 1854년에 런던의 소호에서 콜레라가

257

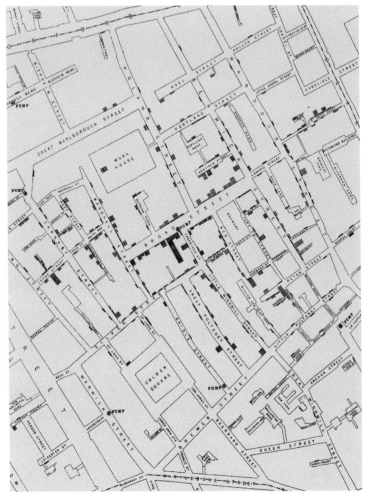

258

1854년 마취 전문의 존 스노우가 브로드 스트리트 펌프와 관련하여 런던 소호에서 콜레라 발병 지점을 표시한 지도. 스노우는 콜레라가 오염된 물을 통해 전파된다는 것을 입증했지만 기성 의료계는 1890년대까지 그의 연구 결과를 받아들이지 않았다.(Wellcome Library, London)

집단 발병했을 때, 스노우는 현지 주민들을 방문해 면담을 했다. 그는 지도에 결과를 표시함으로써 브로드 스트리트에 있는 인기 있는 식수 펌프에서 물을 길어다 쓰는 주민의 거의 60%가 콜레라에 걸린 데 비해, 그러지 않은 사람들은 7%만 콜레라에 걸렸다는 것을 발견했다. 또한 그 물이 어떻게 오염되었는지까지 밝혀냈다. 헨리 화이트헤드라는 이름의 현지 사제의 도움으로, 그는 우물 근처 브로드 스트리트 40번지에 사는 루이스 부인이라는 여인을 찾았고, 그녀가 펌프에서 1미터도 떨어지지 않은 곳에 위치한 일부가 막혀 있는 오수 구덩이에서 콜레라에 감염된 아기의 기저귀를 빤 사실을 알게 되었다.

마침내 스노우는 사망률과 런던 주민들의 식수원 간의 상관관계를 입증했다. 어떤 수도 회사는 도시 하수도가 닿지 않는 상류수를 이용한 반면, 일부 수도 회사는 오염된 하류수를 공급했다. 스노우는 1849년에 오염된 템스 강에서 물을 끌어다 쓴 램베스라는 수도 회사와 사우스워크 앤 복스홀이라는 수도 회사가 물을 공급한 두 지역에서 동일한 숫자의 콜레라 사망이 발생했음을 발견했다. 그러나 램베스 컴퍼니가 취수구를 상류로 옮겨가면서, 이 회사 고객들의 사망률은 사우스워크 앤 복스홀 고객의 8분의 1 수준으로 감소했다.[16]

스노우는 독기가 아닌 더러운 물이 콜레라를 일으킨다는 확실한 주장을 펼쳤다. 문제는 그의 연구 결과가 장기설의 근본적 신조를 위태롭게 한다는 것이었다. 그것은 마치 그가 생물학자들에게 자신이 달에서 생명체를 발견했다고 말한 것과 같았다. 그런 반란적인 주장을 받아들이려면 수세기 동안 의료 활동을 지배해 온 원리들을 부정해야 했다.

의료계는 변칙 카드 실험의 피험자들과 마찬가지의 반응을 보였다. 그들은 빨간 스페이드 카드를 검은 스페이드 카드라고 말하고, 스노우의 주장을 장기설의 체계로 덮어 버리려 했다. 스노우의 연구 결과를 검토하기 위해 공중위생국은 위원회를 소집했다. 그들이 얼마나 동요했는지 모르지만, 적어도 연구 결과를 전면으로 부정하지는 않았다. 아마도 스노우가 비록 어떤 면에서는 아웃사이더였으나, 여왕이 출산할 때 클로로포름을 투여한 경험이 있고 런던의료협회장까지 역임한, 의료계 엘리트들 사이에서 나름 유명한 인물이었기 때문일 것이다. 그래서 98개의 표와 8개의 그림, 32개의 별쇄 삽화가 삽입된 352페이지의 부록을 포함하여 장장 300페이지가 넘는 긴 보고서에서, 위원회는 콜레라가 실제로 물을 통해 확산될 수 있다는 데 동의했다. 그러나 그렇다고 히포크라테스의 원리에 오류가 있는 것은 아니라고 보고했다. 그들은 콜레라는 공기를 통해서도, 물을 통해서도 전파될 수 있으며, 두 가지 방식 중에 공기가 결정적인 역할을 한다고 주장했다. 위원회는 "이 매체들 중 어떤 것이 독성 발효의 주된 배경인지 말하기는 쉽지 않다."면서도, 전체적으로 "공기보다 물의 영향력이 작다는 것을 의심할 수는 없어 보인다."고 썼다.[17]

이런 완곡하지만 분명한 거부에 일부 과학자들은 사기가 꺾였으나 스노우는 예외였다. 그는 계속해서 장기설이 틀렸다고 주장했다. 결국 의료계는 그를 대놓고 비난할 수밖에 없었다. 위원회가 보고서를 발표하고 얼마 되지 않아, 스노우는 의회공청회에서 독기를 배출하는 산업을 엄중히 단속하려는 공중위생국 법안에 반대하는 증언을 했다. 의회 의원들은 장기설에 반대하는 그의 입장을 공격했다. "뼈를 끓이는 공장을 예로 들자면, 뼈를 끓이는 공장에서 나오는 악취가 아무리 불쾌해도, 그것이 지역 주민들의 건강에 해롭지 않다고 생각한다는 얘기입니까?" 의원들은 따져 물었다. 그는 긍정했다. "동물이건 식물이건 분해 물질에 의해 오염된 공기를 호흡한다는 것이 건강에 해롭지 않다는 말입니까?" 그들은 또 물었다.

스노우가 입장을 굽히지 않자, 의원들의 질문은 거의 히스테리에 가까워졌다. "그런 오염된 공기를 호흡함으로써 엄청난 질병을 일으킨다는 것을 모르는 겁니까? …… 악취 물질을 흡입함으로써 혈액이 오염된다는 것을 알지도 못하나요? …… 아주 강한 불쾌한 냄새가 구토를 일으킬 수 있다는 것을 모릅니까? …… 발진티푸스가 개방된 하수구가 있는 곳에서 발생한다는 사실에 이의를 제기하는 것입니까?"[18]

법안에 반대하는 스노우의 증언을 검토한 영국의 주요 의학저널 『란셋*Lancet*』은 그가 공중보건을 배신한다며 비난했다. "어째서 …… 스노우 박사는 그런 특이한 의견을 펼치는 것인가? 입증할 만한 어떤 사실이라도 가지고 있는 것인가?" 잡지의 편집자들은 거품을 물었다. "아니다! 그런데도 그는 동물성 물질이 입으로 삼켰을 때만 피해를 줄 수 있다는 취지의 이론을 펼치고 있다! …… 스노우 박사가 위생과 관련한 모든 진실을 끌어오는 원천은 바로 하수도다. …… 자신의 취미에 너무 몰두한 나머지, 그는 그만 도랑에 빠지고 말았고, 지금까지 거기서 빠져나오지 못하고 있다."[19]

스노우를 힐책하며 의회는 1855년 7월에 공중위생국의 악취나는 매연을 금지하는 법안을 통과시켰다. 소호에서 브로드 스트리트의 오염된 펌프의 손잡이를 제거하도록 지역 교구를 설득하는 것 외에(그때는 어차피 펌프가 망가진 상태였기 때문에, 아마 이것이 콜레라 집단 발병에 큰 영향을 미치지 않았을 것이다.), 콜레라에 대한 스노우의 연구 결과는 장기설의 잔잔한 수면에 파문을 일으키지 못했다.

1858년에 스노우는 마취에 관한 역작 『클로로포름과 기타 마취제에 관하여*On Chloroform and Other Anaesthetics*』를 쓰기 위해 콜레라 연구를 포기했다. 그해 6월 10일, 그는 마지막 문장을 쓰다가 뇌졸중으로 의자에서 떨어졌다.[20] 그리고 6개월 뒤에 사망했다. 『란셋』은 스노우가 장기설을 반박한 것이 여전히 못마땅한 듯 짧은 부고 기사를 실으면서 콜레라에 관한 그의 파격적인 연구를 언급조차 하지 않았다.[21]

○—●—○

콜레라의 획기적인 치료법들이 묵살됨에 따라, 19세기 의사들은 히포크라테스식 치료와 처치를 계속 이어 갔다. 이런 치료법들은 오랫동안 지켜 온 신조를 안전하게 보존했다.

그것들은 또한 콜레라를 더욱 더 악화시켰다.

19세기 치료법은 콜레라 사망률을 50%에서 70%로 증가시켰다.[22] 콜레라 환자의 구토와 설사가 치료에 도움이 된다고 간주했기 때문에, 의사들은 환자들을 죽음으로 몰아넣는 그런 증상들을 오히려 더 심화시키는 화합물로 치료했다. 그들은 '감홍'이라고도 불리는 염화제1수은을 환자들에게 투여했다. 그것은 구토와 설사를 유발하는 독성 수은 화합물이었다.[23] (18세기 미국의 의사이자 의무감이었던 벤자민 러시는 감홍이 '안전하고 거의 모든 곳에 두루 쓰이는 약'이라고 썼다.)[24] 의사들은 환자가 침을 심하게 흘리고 입술이 갈색으로 변하고 숨에서 금속 냄새가 나기 시작해야 완전한 치료라고 생각하여 환자를 문자 그대로 독살시켰다. 이런 것들은 모두 오늘날의 의사들이 수은 중독으로 여기는 증상들이다.[25]

의사들은 또한 콜레라 환자들의 혈액을 모두 빼냈다. '방혈'은 오랫동안 만병통치 치료법이었으며, 갈레노스도 열렬히 지지한 방법이었다. 중세 시대 이래로 사람들은 봄마다 피를 빼기 위해 의사를 찾았다.[26] 이런 행위의 논리는 피를 제거하면 4대 '기질'을 복원할 수 있다는 것이다. 인체와 환경에서 이러한 4대 기질의 상호작용이 건강 상태를 좌우한다고 믿었다. 의사들은 방혈이 콜레라 환자들에게 특히 효과가 좋다고 여겼는데, 콜레라 환자들의 이상할 만큼 시커멓고 진한 피(스티븐스가 소금물로 고치려 했고, 지금은 탈수 증상으로 이해되고 있는)를 제거하기 때문이었다.[27] 1831년에 『란셋』에서 조지 타일러 박사는 이렇게 썼다. "이 질병을 자주 보고, 이 질병에 대해 글을 쓴 의사들은 한 가지에 대해서는 모두 동의한다. 그것은 바로 질병 초기 방혈의 엄청난 효과다."[28]

그들의 가장 기막힌 실수는 인분을 식수원에 버리도록 권장한 것이다. 장기설에 따르면, 수세식 화장실이나 변기는 인간 거주지에서 나쁜 냄새를 빠르게 제거함으로써 인간의 건강을 개선한다.

런던 사람들은 18세기 후반에 수세식 변기를 설치하기 시작했다. 그들은 냄새는 위험하지만 인분 자체는 무해하다고 생각했기 때문에, 냄새만 나지 않는 한 인분을 버리는 장소에 대해서는 별로 신경을 쓰지 않았다. 그들은 하수관을 통해 가장 편리한 하치장인, 런던을 관통해 흐르는 템스 강으로 인분을 흘려보냈다. 그들은 강에 인분이 쌓일수록 더 안전하다고 느꼈다. 『타임스』의 표현에 따르면, 콜레라와 그 밖의 질병을 예방하려면 화장실 폐기물을 실어나르는 '하수관과 강 전체에 쓰레기가 없도록' 해야 했다. 런던 시의 하수관 담당 위원들은 도시의 화장실이 강에 효율적으로 퇴적시킨 인분의 엄청난 양을 자랑스럽게 기록했다. 1848년 봄에는 2,300만 리터, 1849년 겨울에는 6,000만 리터에 달했다.[29] 그들은 심지어 사망률과 강의 불결함 간의 상관관계도 포착했다. '템스 강이 더러워질수록' 런던의 사망률이 감소했다고 『타임스』는 1858년에 전했다.[30]

그런데 사실은 그 반대였다. 왜냐하면 런던은 식수를 템스 강에 의존했기 때문이다. 하루에 두 번 북해의 조수가 상승하며 템스 강 하류의 흐름이 역류할 때면, 사람들이 강에 버린 오물이 상류로 거의 90킬로미터까지 거슬러 올라가 런던 수도 회사의 취수구로 흘러들어갔다. 그럼에도 불구하고 장기설의 막강한 영향력에 사로잡힌 런던 사람들은 콜레라가 덮쳤을 때 그것이 너무 많은 수세식 화장실이 인분을 강으로 쏟아냈기 때문이 아니라 오히려 그러지 못했기 때문이라고 믿었다. 1857년 보고서에 따르면, 1832년 런던의 콜레라 발생 이후 몇 년 간 수세식 화장실 판매는 '급속하

264

고 괄목할만한' 성장을 누렸다. 또한 1848년에 콜레라가 발생한 이후에도 수세식 화장실은 또 한 차례의 판매 급증을 누렸다. 1850년대에는 워낙 많은 런던 사람들이 수세식 화장실을 설치해서, 1850년에서 1856년 사이에 런던의 물 사용이 거의 두 배로 증가했다.[31]

달리 말해 히포크라테스 의학이 콜레라균에게는 축복이었던 셈이다. 다른 병원체들도 아마 그 덕을 보았을 것이다. 역사학자들은 히포크라테스 의학이 오랜 시간 동안 사람들을 이롭게 한 점보다 해롭게 한 점이 많다고 판단한다. 그럼에도 하나의 사고 체계로서 히포크라테스 의학은 놀랄 만큼 탄력적이었다. 그것은 건강과 질병이 신의 작품이라는 이전의 사상들에 비해 효과적으로 건강과 질병을 설명했다. 토마스 쿤의 표현에 따르면, "어떤 이론이 패러다임으로 받아들여지려면 경쟁 이론보다 좋아 보여야 하지만, 그것이 직면할 수 있는 모든 사실들을 설명할 필요는 없으며, 사실상 그런 적은 한 번도 없다."[32] 히포크라테스 의학의 경우 분명히 그랬다. 일단 패러다임으로 받아들여지자, 그것은 의사들의 인지적 편견의 도움으로 더욱 탄력을 받았다. 히포크라테스 원리 자체는 '설명 체계로서 놀랍도록 쓸모가 많다'고 역사학자 로이 포터는 썼다. 네 가지 체액(혈액, 점액, 흑담즙, 황담즙)이 신체를 지배한다는 4체액설은 4계절과 인간 발달의 4단계(유년, 청년, 성인, 노년), 4원소(물, 불, 공기, 흙) 같은 온갖 종류의 외부 현상과 연관 지어 생각할 수 있었다. 수세기에 걸쳐서 의사들은 히포크라테스 원리들을 연관 짓고 미묘한 차이를 더하여 다층적인 깊이와 의미로

그것을 풍부하게 만들었다.[33]

    그리고 히포크라테스 의학은 성공의 환상을 유지할 수 있었다. 치료법의 유용성을 밝혀줄 수 있었을 집단 간 비교 같은 것은 거의 이루어지지 않았다. 한 역학자의 표현에 따르면 히포크라테스 의학은 환자들 한 명 한 명을 '눈송이처럼 고유한' 존재로 보았기 때문이다. 환자들을 분류하여 결과를 비교하는 것은 의미가 없었다. 만일 수은 치료를 받은 환자가 다른 치료법으로 치료한 환자와 비교해서 경과가 좋지 않았더라도, 히포크라테스 의사들은 그것을 결코 알 수 없었을 것이다.[34] 더욱이 히포크라테스 치료법들 중에 어떤 것은 실제로 유해했지만, 많은 경우 그저 무용한 수준이었다. 후자의 경우, 순전히 환자의 믿음 때문에 병세가 호전되는 위약 효과 덕분에 치료법이 몸에 이로운 것처럼 보였을 것이다. (전문가들은 현대 의학의 겉으로 보이는 효과의 3분의 1은 위약 효과 덕분일 수 있다고 말한다.)[35] 그러므로 "2,400년 동안 환자들은 의사가 자신에게 도움이 된다고 믿었는데, 2,300년 동안 그들은 잘못 생각한 것이다."라고 역사학자 데이비드 우튼은 썼다.[36]

o—•—o

    뜻밖의 계기로 의회는 런던의 하수관을 개조하기로 결정했고, 이 공사로 존 스노우가 사망한 같은 해에 마침내 런던에서 콜레라 전염에 종지부를 찍었다. 스노우가 사망한 뒤 그렇게 빨리 하수관 개조가 시작된 것을 보고, 평범한 사람들은 영국 의료계가 마침내 스노우의 의견을 받아들인 것이라고 결론 내렸다. 그러나 사실 하수관을 개조하기로 한 것은 존 스노우와는 아무 관계가 없었고 순전히 장기설에 입각한 결정이었다.

스노우가 콜레라에 대한 주장을 펼치기 몇 년 전부터 의료계는 새로운 하수 시스템을 주장해 왔다. 사회 개혁가 에드윈 채드윅은 당시 큰 인기를 끌었던 1842년 보고서 「영국의 노동자 집단의 위생 상태에 관한 연구On an Inquiry into the Sanitary Condition of the Labouring Population of Great Britain」에서 새로운 하수관을 건설할 것을 주장했다.[37] 채드윅과 다른 이들이 도시의 하수관 개조를 원했던 이유는 독기, 보다 구체적으로 말하면 하수관에서 올라오는 가스를 제거하기 위한 것이었다. 만조 때가 되면 하수관의 하수가 강으로 흘러가지 못하고 다시 도시로 돌아오는 현상이 발생했다. 장기설을 주장하는 사람들은 그것이 그 자체로 문제라고 생각하지 않았지만, 역류로 인해 악취를 풍기는 하수구 공기가 방심한 런던 시민들의 콧속으로 들어가는 것을 심각한 공중보건상의 위험으로 여겼다. 하수관에 들어갔다가 가스에 질식했다는 사람들의 이야기들이 넘쳐 났다.[38]

장기설을 믿는 전문가들은 도시 하수관 개조의 유용성에 대해서는 의견이 일치했지만, 어떻게 개조할 것인지에 대해서는 그렇지 못했다. 채드윅은 가스와 배설물을 멀리 떨어진 수로와 농촌으로 쓸어내기 위한 전혀 새로운 하수관로를 건설해야 한다고 생각한 반면, 의사이자 화학자인 골즈워디 거니Goldsworthy Gurney 같은 사람들은 단순히 하수관에서 독성 가스를 배출하여 증기 욕조를 통과시킨 뒤 태워서 냄새를 없애고, 따라서 무해한 상태로 만들 수

있다고 생각했다. 런던 시 당국은 이견을 조정하지 못해 어떤 계획
도 진행할 수 없었고, 그 와중에 이상 기상 현상이 겹치면서 하수
구 악취가 참을 수 없는 지경에 이르렀다.[39]

1858년 여름 무더위가 런던을 강타했다. 가뭄으로 템스 강 수
위가 낮아져서 강둑을 에워싼 두꺼운 배설물 층이 노출된 직후였
다. 수은주가 섭씨 38도를 오르내리면서, 폐기물로 뒤덮인 마른
강둑에서 강한 악취가 뿜어져 나왔다.[40]

신문에서는 이 냄새를 '대악취'라고 불렀다.

냄새가 질병을 일으킨다고 믿는 사람들에게 대악취는 재앙의
징조였다. 모두들 공황에 빠졌다. 『브리티시 메디컬 저널』은 이렇
게 물었다. "은혜의 해 1858년에 우리 런던 시민들은 어떻게 될 것
인가? 이 거대한 도시가 역병으로 파괴될 것인가?" 『메디컬 타임스
앤 리뷰』는 이렇게 썼다. "모두들 뭔가를 해야 한다고 외치고 있
다." 『란셋』은 이렇게 썼다. "강둑 진흙 바닥과 물 자체에서 올라오
는 악취가 너무도 지독해서 건강하고 튼튼한 사람들도 어질어질
해지고 구토를 하고 열이 오를 지경이다."[41] 『공중보건저널 및 위
생리뷰』도 입을 보탰다. 사람들은 "강둑에서 피어나는 악취와 온
갖 질병으로 쓰러지고 있다." 『시티 프레스』는 이렇게 썼다. "악취
를 풍긴다. 한번 맡아본 사람은 결코 잊을 수 없는, 그것을 맡고도
살아 있는 것이 다행이라고 여길만한 악취다."[42]

그때까지 템스 강이 이처럼 심한 악취를 풍긴 적은 없었다. 그
리고 더 중요한 것은, 런던에서 가장 영향력 있는 사람들이 템스
강의 냄새에 이처럼 심하게 노출된 적이 없었다는 사실이다. 당시

에 이루어진 재건축으로 강을 따라 270미터에 걸친 땅에 의회 의원들이 모이는 웨스트민스터궁전 건물이 세워졌다.[43] 게다가 회의실을 독기로부터 보호하기 위해 고안된 환기 시스템은 이미 철거된 상태였다. 환기 시스템이 철거되지 않고 남아 있었다면, 템스강의 악취가 회의실로 들어오지 못하도록 막아 주었을 것이다. 이 시스템은 90미터 높이의 궁전 탑 꼭대기에서 신선한 공기를 빨아들인 뒤 축축한 시트로 여과하고 물을 분무한 다음 바닥에 뚫린 수천 개의 작은 구멍을 통해 의회 회의실로 강제 유입하게 되어 있었다. 들어온 공기가 다시 새나가는 것을 최소화하기 위해 뻣뻣한 말총 카펫으로 바닥 구멍을 덮었다. 그런 다음 '사용한' 공기를 유리천장에 설치된 굴뚝을 통해 밖으로 배출시켰다. 런던의 악취나는 공기를 향해 나 있는 의회 회의실의 창문을 열 필요가 없었다.[44]

그러나 1852년 국회의원들이 어지러움을 호소했을 때, 환기 시스템에 비난의 화살이 돌아갔고, 그 설계자(『타임스』가 '대기의 가이 포크스'라고 칭했던*)가 경질되었다.[45] 하수관의 가스를 연소시키기만 하면 기존의 런던 하수관을 통해 계속해서 강에 하수를 버릴 수 있다고 믿었던 골즈워디 거니가 의회를 독기로부터 보호하는 임무를 넘겨받았다. 그가 처음으로 한 일은 창문을 열어젖혀서 런던에서 가장 영향력 있는 사람들이 강의 경치와 소리와 냄새에 직접 접촉하게 만든 것이었다.

---

* 가이 포크스는 영국 국회의사당에서 찰스1세를 폭약으로 암살하려다 미수에 그친 화약 음모 사건의 주동자다. ―옮긴이 주

대악취가 강에서 의회 회의실의 열린 창문으로 들어왔다.[46] 의원들은 '템스 강의 지독한 상태 때문에 죽을 것만 같아서' 도서관과 회의실에서 줄행랑을 쳤다고 『타임스』는 기록했다. 의회 원내총무는 손수건으로 코를 틀어막고 탈출했고, 상원의원들은 위원회 회의실을 버리고 달아났다. 의회를 다른 곳으로 옮기자는 근심어린 이야기도 나왔다. 악취는 여왕좌법원의 활동을 방해했다. 지독한 악취가 나는 방에 남아 있다가는 '배심원과 변호인단, 증인의 생명에 위협이 될 수 있다'고 의사들이 경고했기 때문이다. 6월 말에 이르러 대악취가 궁전을 에워쌈에 따라 골즈워디 거니는 자신을 고용한 이들에게 더 이상 하원의 건강을 책임질 수 없다고 통지하는 편지를 보냈다.[47]

역병에 대한 두려움 때문에 국회의원들은 하수관 개조 작업의 속도를 내기 위한 법률을 도입했다. 그들의 선택은 이제 보다 분명해졌다. 거니가 불명예스럽게 물러났으므로, 그들은 엔지니어 조셉 바잘제트가 제안한 대안적인 계획을 채택했다. 그는 런던의 모든 가스와 하수를 하류 쪽으로 좀 더 멀리 유도해 줄 차집관거를 설치할 것을 제안했다. 그러니 존 스노우의 지도가 해내지 못한 일을 골즈워디 거니의 열린 창문이 해낸 셈이다. 1875년 무렵에는 새로운 하수관이 건설되었고, 바잘제트는 기사 작위를 서임 받았으며, 템스 강에는 하수가 없어졌고, 콜레라는 런던에서 영원히 사라졌다.

이 모든 일이 일어나는 와중에도 기성 의료계는 여전히 오염된 물이 콜레라를 전염시킨다는 생각을 거부했다.[48]

뉴욕 시도 같은 시기에 우연치 않게 상수도를 정화하게 되었지만, 이들 역시 더러운 물이 콜레라를 퍼뜨린다는 생각을 거부했다. 여기서 상수도 정화를 촉발한 요인은 맥주를 만들기 위해 마실만한 물을 요구하는 양조업자들의 수요였다. 두 차례의 콜레라 창궐 기간을 포함한 50년 동안, 뉴욕 시민들이 마실만한 물과 화재 진압과 거리 청소를 위해 필요한 물을 충분히 공급해달라고 간절히 요청했음에도 불구하고 맨해튼 회사는 계속 오염된 지하수를 공급했다. 그러나 주류 회사가 더러운 물에 대한 원성에 목소리를 보태자, 친기업적인 시 의회는 마침내 문제를 해결하기로 작정했다.[49] 그 무렵 브롱크스 강은 더 이상 깨끗한 물을 충분히 공급할 수 있는 상황이 아니었고, 그래서 뉴욕 시는 더 멀리 있는 크로톤 강을 이용했다. 이를 위해 무려 67킬로미터에 이르는 긴 도수관이 필요했다.[50]

1842년부터 크로톤 강물이 뉴욕 시로 들어오기 시작했다.[51] 처음에는 계약하는 사람이 많지 않았다. 그러나 1849년 콜레라가 덮친 후, 사람들은 수천 명씩 줄을 섰다. 1850년 무렵에는 수도국의 연간 예산이 바로 전 해에 비해 두 배로 증가했다. 풍부한 크로톤 강의 물 덕분에 한때 하수가 고여 있던 하수관도 씻어 내릴 수 있게 되었고, 1850년대에는 하수관망을 확장하기 시작했다. 1865년에 뉴욕 시는 하수를 강으로 실어 나르기 위한 300킬로미터가 넘는 하수관 건설을 마쳤다. 1866년 뉴욕 시에서 마지막으로 콜레라가 집단 발병했을 때 사망자는 6백 명 미만이었다. 그리고 이후 콜레라는 뉴욕 시에서 영원히 사라졌다.[52]

두 도시 모두 자신들이 실행한 전략이 사실은 장기설에 반대하는 스노우의 견해에 입각한 것임을 인지하지 못했다. 런던 시민들은 콜레라가 사라진 것이 악취 나는 하수관 가스의 방향을 돌린 덕이라고 생각했고, 뉴욕에서는 콜레라가 최후를 맞이한 것이 공중위생국의 거리 정화 노력 덕분이라고 여겼다. "우리에게 공중위생국이 없었다면, 훨씬 더 많은 콜레라를 겪었을 것이다."라고 당시 한 신문 편집자는 기록했다.[53]

장기설을 신봉하면서도 어쨌거나 콜레라 문제를 해결한 이 두 도시에게는 그것이 별로 중요하지 않았을 수 있지만, 다른 곳에서는 그렇지 않았다. 뉴욕 시민들과 런던 시민들은 깨끗한 물과 위생을 통해 콜레라로부터 자유로운 삶을 누렸지만, 그들의 혁신적인 생활 방식은 젖은 성냥처럼 다른 곳에서 사회적 변화의 불을 붙이지 못했다. 예를 들어, 19세기 후반 이탈리아 나폴리에서 첨단 건축은 낮게 깔리는 독기 위로 건물을 높이 올리는 데 집중되었고, 그로 인해 깨끗한 식수에 쉽게 접근하기 힘들어졌다.[54] 19세기 후반에 독일의 초현대적인 도시 함부르크는 하수에 오염된 여과되지 않은 강물을 주민에게 대단히 효율적으로 공급했다.[55]

당시 유럽 대륙의 상당 부분에서 독일 화학자 막스 폰 페텐코퍼의 가르침이 지배적이었다. 그는 1866년 콘스탄티노플에서 열린 국제위생회의 참가자들에게 존 스노우의 식수 이론을 거부할 것을 설득한 인물이었다. 페텐코퍼에게 있어서 콜레라를 유발하는 존재는 독성 구름이었다. 이러한 믿음은 콜레라가 발생했을 때 온갖 종류의 부작용을 낳았는데, 그중에서도 이동을 권장한 것이 특히 치명적이었다. 페텐코퍼는 독성 콜레라 구름이 형성되면, 항상 '신속한 대피가 유익한 조치'라고 말했다. 1884년 프랑스의 프로방스에서 콜레라가 발생했을 때, 이탈리아 당국은 심지어 무료 기차표까지 나눠주고 증기선을 전세 내어 이탈리아 이민자들을 (그리고 그들이 감염된 콜레라균을) 신속하게 대피시켰다. 이탈리아로 돌아온 그들은 나폴리에서 새로운 발병의 씨앗을 뿌렸다.[56]

장기설이 기성 의료계에 의해 거부되고 콜레라 치료법들을 자체적인 설명적 틀 속에 통합할 수 있는 새로운 패러다임에 의해 대체될 때까지, 의사들이 인정한 콜레라를 악화시키는 관행들은 계속되었다.

○–●–○

새로운 패러다임은 19세기 후반에 등장했다. 전염을 초래하는 것은 독기가 아닌 미생물이라는 '세균설'이 그것이었다. 이 이론은 많은 발견들에 근거했다. 마침내 현미경이 다시 유행하여, 과학자들이 2세기 전에 레벤후크가 처음 찾아낸 미생물의 세계를 다시금 찾을 수 있게 되었다. 그런 다음 그들은 동물들에 대한 실험을 실시함으로써 이 미생물들이 동물의 질병에서 구체적으로 어떤 역할을 수행하는지 밝혀냈다. 프랑스 화학자 루이 파스퇴르는 1870년에 누에병 뒤에 숨어 있는 미생물 범인을 발견했다. 독일 생물학자인 로베르트 코흐는 1876년에 탄저균이 탄저병을 일으킨다는 것을 발견했다.[57] 이런 발견은 여전히 장기설을 믿는 사람들에게 민감한 것이었지만, 그들이 과거에 거부했던 것들과는 근본적으로 달랐다. 그런 결과들은 갑자기 간헐적으로 나타나는 것이 아니라 점점 더 꾸준하고 주기적으로 나타났다. 게다가 강력한 설명적 틀이 뒷받침하고 있었다. 세균설은 전염의 속성에 대한 설명과 더불어, 보다 일반적으로 건강과 질병에 대해 생각하는 전혀 새로운 방식을 제공했다. 건강하지 않다는 것은 복잡한 외부와 내부 요인들이 결부된 불균형의 결과라기보다 현미경 차원에서 알 수 있는 것이었다.

1884년에 코흐는 자신이 콜레라 발병에 책임이 있는 미생물인 콜레라균을 발견했다고 발표함으로써 베를린에서 열린 콜레라에 관한 회의에서 많은 관심을 끌었다. (사실 코흐는 콜레라균을 들여다본 최초의 인물이 아니었다. 필리포 파치니라는 이탈리아 의사는 1854년에 스스로 '콜레라 미생물'이라고 부른 것을 발견했다.) 그리고 코흐는 세균이 질병을 일으킨다는 것을 입증하는 방법을 개발했다. 1950년대까지 사용된 '코흐의 가설'이라고 알려진 그의 방법은 3단계 증명을 포함했다. 그는 우선 콜레라에 걸린 환자에게서 문제의 미생물을 검출했다. 둘째, 그 미생물을 실험실로 가져와 영양분을 투입한 배양접시에서 배양했다. 셋째, 실험실에서 배양한 세균을 건강한 개인에게 투여했다. 만일 그 사람이 문제의 병에 걸린다면, 그 미생물이 범인으로 증명되는 것이었다.

그러나 코흐는 콜레라균과 콜레라에 대한 증명에는 성공하지 못했다. (실험 동물을 콜레라균으로 감염시키는 것은 어렵기로 유명하다.)[58]

페텐코퍼 같은 주요 장기설 신봉자들은 '코흐의 발견은 아무것도 바꿔놓지 못했으며, 잘 알려져 있다시피 내가 예상했던 일'이라며 비웃었다. 다른 전문가들도 코흐의 발견을 '비운의 대실패'라고 표현했다. 1885년 영국의 한 의료선교단(단장이 페텐코퍼를 '콜레라 원인론에 있어서 살아있는 가장 위대한 권위자'라고 생각했던)은 코흐가 발견한 균은 콜레라와 아무 관계가 없다고 보고했다.[59]

세균이 콜레라를 일으키는 것이 아님을 입증하기 위해, 페텐코퍼와 그의 동료들은 과감한 증명을 고안했다. 페텐코퍼는 콜레라로 죽어 가는 환자에게서 수천만 마리의 콜레라균이 우글거리는 분변을 추출하여 마셨다.[60] 그 액체는 '순수한 물처럼' 넘어갔다고 그는 주장했다. 페텐코퍼의 조수를 포함한 27명의 다른 유명 과학자들도 똑같은 행동을 취했다. 파리의 한 대중 잡지는 한 남자가 분변을 먹으면서 아래로 제비꽃 다발을 싸는 그림으로 그들의 허튼 짓을 다루었다. 이 그림에는 "N 박사는 콜레라가 우글거리는 분변을 입으로 먹고, 5분 뒤 반대쪽에서 …… 제비꽃 다발을 만들어낸다."라는 캡션이 붙었다.[61] 페텐코퍼와 그의 조수는 콜레라 증상과 유사한 설사를 겪었고 특히 조수는 이틀 동안 매시간 설사와 한바탕 씨름해야 했지만, 콜레라균을 마신 사람들은 모두 살아남았고, 페텐코퍼는 이것이 코흐의 세균설에 대한 성공적인 반박이라고 여겼다.[62]

장기설과 세균설 간의 대결은 이후에도 수년 간 계속되었다. 그러다가 1897년에 함부르크에서 발생한 콜레라가 장기설의 운명을 결정지었다. 장기설에 따르면, 함부르크와 마찬가지로 엘베 강변에 위치한 알토나라는 서쪽 교외 지역 역시 함부르크에서 콜

275

레라를 일으킨 독기에 희생되는 것이 당연했다. 그런데 그렇지 않았다. 전문가들은 그 이유를 부정할 수 없었다. 알토나는 식수를 걸러서 마신 반면, 함부르크는 그러지 않았던 것이다. 놀랍게도 행정 구역상으로는 함부르크에 속하지만 알토나의 여과된 상수도에서 물을 공급받는 함부르크의 호프 아파트 단지에 사는 주민 345명 중 단 한 명도 콜레라에 걸리지 않았다.[63]

코흐의 주장에 대한 (그리고 오래 전에 죽은 스노우의 주장에 대한) 이런 인상적인 입증으로 장기설의 마지막 신봉자들은 항복하지 않을 수 없었다. 히포크라테스 의학은 2천 년간 이어진 긴 군림 끝에 왕좌에서 물러났다. 1901년 페텐코퍼는 권총으로 자신의 머리를 쏴 자살했다. 몇 년 뒤 코흐는 노벨 생리학 · 의학상을 받았다. 세균설 혁명은 그렇게 완성되었다.[64]

장기설의 종말과 함께, 북미와 유럽을 점령했던 무시무시한 콜레라의 위세도 막바지에 접어들었다. 런던과 뉴욕에서 점차 콜레라에 대한 승기를 잡았다. 산업화된 나라의 지방 정부들은 여과와 기타 기법을 통해 식수의 질을 개선했다. 1909년 액체 염소를 이용할 수 있게 되면서 염소 소독을 시작했다.[65] 20세기 수처리와 여과에도 살아남은 몇몇 수인성 병원체들은 전보다 한결 순해졌다.[66]

세균설 혁명은 콜레라 치료도 개선했다. 영국-인도 혼혈 병리학자 레너드 로저스는 1900년대 초에 소금물이 콜레라 사망률을 3분의 1 수준으로 감소시킨다는 것을 입증했고, 이로써 한때 조롱받았던 소금물 주입이 인기를 얻었다.[67] 20세기를 거치며 과학자들은 꾸준히 재수화 요법을 정교화시켰다. 오늘날은 식염수에 약간의 젖산과 칼륨, 칼슘을 혼합한 것이 당뇨병성 혼수에 빠진 환자에게 인슐린 주사만큼이나 효과적인 콜레라 해독제로 이용된다. 단순히 빠르게 콜레라와 그 밖의 설사성 질병을 치료하는 경구 재수화 요법은 20세기의 가장 중요한 의학적 진보 중 하나로 여겨진다.[68]

그뿐만이 아니다. 사멸된 전체 세포와 콜레라 독소의 아단위들을 주입하여 콜레라 생존자가 가진 보호적 면역성을 복제하는 콜레라 백신도 있다. 면역성이 어떻게 작용하는지 아직 아무도 모르지만, 그럼에도 2009년에 허가를 받은 저렴한 경구 백신 샹콜Shanchol과 여행자 백신 듀코랄Dukoral은 적어도 몇 년간은 60~90%의 효과를 발휘하기 때문에 유용한 콜레라 예방 무기에 추가된다.[69] (이 백신들이 효과를 보려면 여러 번 투여해야 하고 몇 주가 걸리기 때문에, WHO는 이 백신들을 다른 콜레라 예방 조치와 함께 사용할 것을 권하고 있으며, 이 글을 쓰는 현재 두 백신 모두 미국에서 유통되고 있지 않다.) 또한 인도의 전통 의상 사리 몇 겹으로 물을 여과하는 방법처럼 미생물학자 리타 콜웰과 그녀의 동료들이 개척한 훨씬 더 단순한 방법들도 오염된 물에서 비브리오균을 90%까지 제거하여 콜레라 감염을 50% 감소시킨다.

드디어 의학은 콜레라 치료법을 알아냈다. 다만 너무 늦게 알아서 거의 1세기 동안 콜레라 대유행병을 겪는 내내 인류에게 도움을 주지 못한 것은 아쉬운 일이다.[70]

오늘날 새로운 병원체가 등장하면, 그것이 어떻게 확산되는지를 알아내는 데 예전처럼 수십 년씩 걸리지 않는다. 현대 생물의학은 새로운 병원체의 전염 방식을 빠르게 파악한다. HIV는 성접촉을 통해 전파되고, 사스는 연무질을 통해 전파된다는 것이 최초 발생 사례들에서 명백해졌다. 의학이 전염 방식을 빠르게 알아내는 덕분에 예방 전략을 즉시 고안할 수 있다. 예를 들어, HIV의 경우는 콘돔, 사스의 경우는 마스크, 에볼라의 경우는 안전한 매장이될 것이다.[71](물론 그렇다고 그러한 전략들이 실행될 수 있거나 실행된다는 얘기는 아니다. 안전한 성관계를 통해 HIV 감염을 예방하는 방법에 대한 의료계의 통찰에도 불구하고, 2014년까지 HIV 감염자는 전 세계적으로 7천 5백만 명에 이르렀다.)

그러나 우리는 여전히 새로운 병원체가 제기하는 위협으로부터 우리를 지키기 위해 현대 의학에만 온전히 의존할 수 없다.

우선 과학자들이 새로운 치료법을 고안한다 해도, 우리가 언제나 그것을 적절한 시기에 적절한 규모로 생산할 수 있는 것은 아니다. 의약품 개발은 더딘 데다 이윤을 추구하는 제약 업계의 경제적 고려에 의해 제약을 받는다. 시장에서 신약의 수익성 전망이 불투명하다면, 공중보건이 얼마나 그것을 간절히 필요로 하건, 과학적 증거가 얼마나 확실하게 효과를 뒷받침하건, 그것은 중요하지 않다. 그 약은 시장에 나올 가능성이 낮다. 말라리아와 에볼라처럼 가난한 사람들에게 집중되는 질병의 치료를 위해 개발된 약은 극소수에 불과하다. 매년 수억 명이 말라리아에 감염되지만 감염자 대부분이 연간 의료비 지출이 1달러 미만이기 때문에, 말라리아 신약 시장은 거의 없다고 해도 무방할 만큼 작다. 오늘날 이용할

278

수 있는 최첨단 말라리아 치료약은 2천 년 간 중국에서 치료제로 사용된 아르테미시닌*이라는 식물성 화합물을 기반으로 한다. 에볼라의 경우 말라리아에 비해 감염자가 훨씬 적지만 훨씬 더 걱정스러운 공중보건 위협을 제기한다. 2014년 현재 에볼라에 대한 치료제도 백신도 나와 있지 않다. 2014년 런던의『인디펜던트』지의 헤드라인은 "대형 제약회사, 치명적인 바이러스 희생자들을 실망시키다."라고 표현했다.[72] 이는 곧 치료를 받지 못하는 가난한 사람들을 제물로 삼는 병원체들이 증식하여 보다 광범위한 인구를 전염시킬 수 있음을 뜻한다.

새로운 병원체로부터 우리를 지키기 위해 의학에 의존하는 것이 갖는 또 다른 문제는 의학의 새로운 패러다임이 기존의 패러다임을 대체한 것과 관련이 있다. 현대 의학은 과거의 의사들이 율법처럼 공부한『히포크라테스 전집』에 필적하는 것을 갖고 있지 않지만, 그 지도 이념은 마찬가지로 구석구석에 깃들어 있다. 복잡한 문제를 풀기 위한 현대 생물의학의 근본적 접근법은 모든 문제를 가장 작고 단순한 요소로 환원하는 것이다. 현대 의학이 볼 때 심장병은 혈중 콜레스테롤 분자의 문제이고, 인간의 의식은 뇌의 화학적 반응이다. 건강과 질병과 관련한 복잡한 현상의 각각의 작은 구성요소를 전공 전문가들이 대개 고립적으로 연구한다.[73]

예를 들어, 내가 MRSA에 감염된 사실을 의사들이 알았을 때, 그들은 전체적인 그림이나 집안 환경, 면역 상태, 또는 우리 집에

---

* 개똥쑥에서 추출한 물질 — 옮긴이 주

사는 동물이나 식단 따위는 생각하지 않았다. 그들은 병원체, 오직 병원체만을 목표로 했다. MRSA는 보이지 않는 경계선의 한쪽에 있었고, 나는 손에 총을 든 채 그 반대편에 있었다.

현대 의학의 환원주의적 접근법은 근본적으로 전체론적이고 다학문적이며 질병의 작용을 밝히기 위해 토목과 지리에서부터 건축과 법에 이르기까지 광범위한 전문 지식을 총동원했던 히포크라테스 의학의 접근법과 정반대다.[74] 이는 우연의 일치가 아니다. 세균설과 환원주의적 접근법은 혁명적인 새로운 의학의 패러다임이었다. 일반적으로 새로운 혁명적 패러다임은 기존의 패러다임을 수용해 그 원칙과 접근법을 포섭하지 않는다. 기존의 이념을 파괴하고 그 열렬한 신봉자들을 숙청한다.

내가 MRSA와 싸우는 동안, 환원주의의 한계가 분명하게 드러났다. 어느 여름날 휴일에 극심한 농양이 생기기 시작했다. 그것은 따끔거리는 점에서 시작하여 일주일에 걸쳐서 서서히 고름과 피의 활화산으로 발전하더니 급기야 편안하게 걷거나 운전할 수 없는 지경에 이르렀다. 나는 날마다 병원에서 처방한 소독제에 몸을 적셨고, 하루에 두 번씩 옷을 갈아입고, 입었던 옷가지는 모두 소독했다. 해진 붕대가 살갗을 자극하여 간지럽고 빨갛게 부어오르자, 나는 상점으로 가서 더 나은 무언가, 기존에 구입한 붕대를 대체할 새로운 '비자극성' 붕대를 찾으려 했다. 예전에 샀던 붕대는 이제 보니 '자극성'이었다. (누가 알았겠는가?)

당시 가장 두려웠던 것은 붕대 아래에서 새로 생긴 피부의 균열 속으로 MRSA가 가득한 고름이 스며들어 병원체가 더욱 깊숙이 침투하게 될지 모른다는 것이었다. 내 아들이 자칫 다리를 잃을 수도 있었다는 미생물학자의 말이 귓전에 울렸다.

욕실에 있는 MRSA 바구니는 점점 더 커져서 이제 선반 전체를 차지했다. 미생물과 싸우기 위한 의료용품이 점점 늘어나 멸균 붕대에서 테이프, 항생크림, 연고, 그리고 언젠가 온라인에서 읽은 적이 있는 고약까지 포함되었다.

수년간 이 같은 전쟁은 계속되었다. 농양은 같은 곳에 자꾸 재발했다. 그리고 나는 매번 세균을 없애기 위한 노력에 노력을 더했다. 침입자를 몰아내기 위해 옷도 더 자주 삶고, 조리대도 더 자주 닦고, 약과 스프레이도 더 많이 사용하고, 표백제 목욕도 더 자주 했다.

3년 만에 마침내 나는 싸움을 멈추었다. 딱히 마땅한 이유가 있었던 것은 아니었다. 그저 지친 것이었다. 하루는 뾰루지가 생겼는데, 그것을 알아차렸지만 거기에 대처할 여력이 없었다. 그래서 그것을 긁지도 눌러 짜지도 연고를 바르지도 열을 가하지도 표백제에 담그지도 않았다. 그런데 놀랍게도 뾰루지는 저절로 사라졌다. 나는 쾌재를 부르지 않았다. 그저 우연히 한 번 그렇게 된 것이려니 생각했기 때문이다. 그러나 이후에도 그런 일은 계속되었다. 마치 내가 농양과의 싸움을 멈추자, 농양도 싸울 의지를 잃어버린 것 같았다. 농양은 점점 작아지고 희미해졌다. 내가 인내심을 가지고 어떤 자극도, 어떤 처치도 없이 가만히 있으면, 농양은 조용히 알아서 사라졌다.

왜 이런 일이 생긴 것인지는 나도 모르겠다. 내 면역체계가

MRSA의 식욕을 잠재우는 방법을 발견한 것일까? 내 몸속의 황색 포도상구균의 다른 종이 농양의 성장을 억제한 것일까? 아니면 내 식단이나 운동 요법이 농양의 확산 능력을 약화시킨 것일까? 혹은 어쩌면 그것은 나와는 아무 상관이 없는 이유일 수도 있었다. 어쩌면 내 증상은 MRSA 치료법 자체의 결과물이거나 아니면 내 환경의 문제일 수도 있었다. 진실이 무엇이건 간에, 나는 그것이 나와 의사들이 외과적으로 열을 올렸던 그 세균뿐 아니라 더 많은 것과 관련이 있다고 생각한다. 여러 가지 내적인 요인들과 어쩌면 외적인 요인들 사이에 히포크라테스적인 상호작용이 진행되고 있었다.

미시적인 것에 치중하는 현대 의학은 그런 상호작용을 파악하기에 적합하지 않다. 그런데 신종 병원체들은 대부분 분야 간의 경계를 넘는다. 수의사들의 연구 대상인 동물에게 생긴 병원체가 의사들의 연구 대상인 사람에게로 넘어간다.

그러나 두 분야 간에 상호작용이 드물기 때문에, 경계를 넘는 지점을 간파할 수 없다. 에볼라 바이러스는 2014년 서아프리카에서 유행병이 발생하기 전에 침팬지와 유인원을 먼저 감염시켰다. 만일 의사와 수의사가 계속 공조했다면 그 바이러스가 인간에게 전염된 것을 좀 더 일찍 파악할 수 있지 않았을까? 웨스트나일 바이러스는 뉴욕에서 인체 감염이 발생하기 한 달 전에 까마귀를 비롯한 조류를 감염시켰다. 이 경우 두 가지 발병을 연결 지어 범인이 웨스트나일 바이러스임을 정확히 집어낸 것은 브롱크스 동물원에서 일하는 수의과 병리학자였다.[75] 이처럼 서로 분리되어 있는 것이 비단 전문가들만은 아니다. 환자들도 이 두 분야가 서로 상관없는 별개의 분야라고 생각한다. HIV 환자들 중에 애완동물이 자신에게 제기하는 건강상의 위험에 대해 수의사에게 질문하는 환자는 전체 환자의 4분의 1도 되지 않는다. 이러한 위험에는 거북이와 그 밖의 파충류가 옮기는 살모넬라와 개와 고양이가 옮기는 MRSA, 그리고 2003년에 아프리카 설치류의 수입이 금지되기 전에 프레리도그가 옮겼던 수두가 포함된다.[76]

생물의학 전문가들은 사회과학자들과 거의 공조하지 않는다. 생물의학 전문가들을 대상으로 한 설문조사에서 응답자의 약 절반 정도가 스스로 사회과학에 대해 '비수용적'이라고 인정했다. 다른 응답자들은 대부분 복잡한 감정을 표현했다.[77](그들은 대체로 의학이 의존하는 대조 실험에 비해 사회과학 연구가 혼란스럽다는 점에 반감이 있었다.) 그래서 새로운 병원체가 질병을 일으키면 즉시 생물의학적 원인과 해결책을 찾기에 급급할 뿐, 19세기에 오염된 물에 대한 존 스노우의 발견들이 열외로 취급된 것처럼 사회적, 정치적 요인들은 그저 사소한 기여 요인으로 취급된다. 뉴욕에서 웨스트나일 바이러스가 발생했을 때, 통제 전략은 주로 질병의 생물의학적 원인, 즉 바이러스를 옮기는 곤충 매개체를 공격하는 것에 집중되었다. 조류 종들의 다양성 상실 같은 비생물의학적 요인은 다뤄지지 않았다.

2009년 플로리다에서 뎅기열 발생에 기여한 사회적, 경제적 요인도 마찬가지로 무시되었다. 2008년에 플로리다 남부에서는 주택 압류가 빈번하게 발생했고, 그 결과 모기들이 해충 감시원과 집 주인의 손길이 미치지 않는 방치된 수영장과 정원에서 번식할 수 있었기 때문에 모기의 폭발적 증가가 있었다. 이듬해에 70년 만에 처음으로 뎅기열이 발생했고, 특히 압류 위기의 진원지인 키 웨스트가 가장 큰 타격을 입었다.

질병통제예방센터[CDC]의 연구는 키웨스트 주민의 5%가 뎅기 열에 대한 항체를 가지고 있음을 발견했다. 그러나 생물의학의 환 원주의적이고 비공조적 접근법의 영향으로 누구도 주택 위기의 해 결을 뎅기열 발생의 적절한 대응의 일환으로 고려하지 않았다.[78]

o—●—o

20세기 중반 이래로 생물의학은 생명을 구하는 치료법을 제공 함으로써 찬사를 받아 왔다. 받을 만한 찬사였다. 그러나 이제 생 물의학의 한계가 드러나기 시작했으며, 앞으로는 그것이 더욱 분 명해질 것이다. 지금 새로운 질병의 동인으로서 현미경적 메커니 즘을 능가하는 외적 장애 요인들은 지금까지 봐 온 세계보다 더욱 더 무정형적이고 광범위하고 예측 불가능해지고 있다.

284

8
—

바다의 복수

인간의 활동이 다양한 방식으로 유행병에 기여하게 만든 단 하나의 역사적 발전이 있다면, 그것은 바로 인간이 석탄과 석유, 가스 같은 화석연료를 이용하게 된 것이다. 석탄과 석유를 발견하기 전에 문명은 에너지를 얻기 위해 주로 장작불과 인력에 의존해야 했다. 사회는 에너지를 얻기 위해 벌목의 형태로든 노예를 먹이는 형태로든 거의 동일한 수준의 에너지를 써야 했다. 잉여 에너지는 많지 않았고, 이것이 인간 개체군의 크기와 전 세계에 걸친 팽창, 그리고 대유행병의 빈도와 규모를 제한했다.

풍부한 석탄 광맥과 매장된 석유의 발견은 사회를 그러한 열역학적 제약으로부터 해방시켰다. 최고의 화석 연료는 그것을 채취하기 위해 필요한 에너지보다 수백 배 이상의 에너지를 제공할 수 있다.[1] 화석 연료가 가져온 잉여 에너지는 예전에는 상상할 수 없었던 속도로 문명이 팽창하는 것을 가능케 했다. 화학비료를 통해 가능해진 농업 산출량 증가의 형태로건, 아니면 교역과 운송의 속도와 규모의 형태로건, 화석연료 동력이 가져온 모든 현상들은 병원체의 등장과 확산에 기여했다. 화학비료는 농업 산출량을 몇 배로 증가시켜 인구 증가와 도시의 인구 과밀화를 부추겼다. 석탄은 증기선과 수로 건설 기계에 동력을 제공하여 콜레라를 바다 건너 대륙 내륙까지 실어 나르는 데 일조했다. 석유는 숲 벌목에 이용된 기계와 비행기에 동력을 제공함으로써 한때 숲속에 감춰져 있었던 바이러스를 전 세계로 퍼뜨리는 역할을 했다.

그러나 인구 증가와 도시화, 기동성을 부추김으로써 대유행병에 기여하는 것 외에도, 전 세계적인 화석 연료의 이용은 그 자체로 모든 기여 요인들을 합친 것보다 훨씬 더 결정적인 방식으로 대유행병의 가능성을 높인다. 우리는 연료가 지하에서 생성되는 것보다 수십만 배나 빠른 속도로 게걸스럽게 화석 연료를 소비했다. 마치 평생 먹을 음식을 단 하루에 먹어치우는 것과 같았다. 탄소에서 나오는 화석연료 에너지는 수백만 년 동안 지하에 축적되어 있었다. 그것을 채굴해 태움으로써, 우리는 고대부터 축적된 모든 탄소를 몇 십 년 만에 대기 중에 배출했다. 이런 폭발적인 에너지 배출은 기후의 변화와 함께, 오랫동안 제한된 구역 내에서 살아온 생물들의 삶에도 변화를 가져왔다.

20세기 중반에 이르러 대기 중 이산화탄소의 농도는 산업화 이전 수준에 비해 40% 이상 증가했다. 담요처럼 대기를 덮고 있는 과잉 탄소는 아래쪽 공기를 꾸준히 데워 해수면의 온도를 서서히 높였다. 10년마다 해수면 온도는 0.1도 이상 상승했다. 그렇게 데워진 해수는 심해로 가라앉고 전 세계로 흐르는 해류에 섞여 들어가 마치 토마토주스 잔에 보드카를 탄 것처럼 미묘하지만 분명하게 변화를 가져오는 방식으로 바다의 기질을 바꾸어 놓았다. 따뜻한 물과 그 위로 움직이는 차가운 물 사이의 온도차에 의해 발생하는 해류가 변형되었다. 따뜻해진 바다 위에서 떠도는 증기 구름이 5% 정도 증가하면서 지구 전체의 강우 패턴도 바뀌었다. 온도가 올라가면서 팽창한 따뜻해진 물은 더 높고 더 깊게 해안과 해변으로 밀려와 담수 서식지를 염수로 침수시켰다. 2012년 세계의 어떤 지역에서는 해수면이 1960년대보다 20센티미터나 상승했다.[2]

바다가 변하면서, 콜레라의 운명도 바뀌었다.

o—●—o

20세기의 대부분 동안, 콜레라와 바다의 연관성은 잘 알려지지 않았다. 바다 자체는 일정하고 변하지 않는 장소이며, 환경주의 작가 레이첼 카슨이 '천천히 넘실대는 해류보다 활발한 어떤 물의 움직임에 의해서도 동요되지 않는 영원한 잔잔함을 간직한 검은 심연'이라고 표현한 광대한 영역으로 여겨졌다.[3] 과학자들은 비슷한 맥락에서 바다에 떠 있는 미생물인 플랑크톤에 대해서도 비슷한 평가를 했다. 그들은 플랑크톤이 마치 벽난로 위 선반에 덮인 먼지 층처럼 느릿느릿한 바다를 변함없이 덮고 있다고 믿었다. 그리고 그것은 콜레라와 아무 관련이 없다고 생각했다. 일반적 통념에 따르면 콜레라균은 육지에 살면서 오염된 식수를 통해 이 사람 저 사람의 소화관을 옮겨 다닌다.

동물학자 앨리스터 하디는 다르게 생각했다. 그는 플랑크톤에 대한 과학적 이해에 대변혁을 일으킬 단순하지만 창의적인 작은 기계를 고안했다. 그것은 계속해서 움직이는 긴 두루마리로서, 배 뒤에 매달아 끌면 실크 띠를 풀어내서 플랑크톤 샘플을 채취했다.

설치를 위해 전문가의 도움이 별로 필요하지 않고 공간도 많이 차지하지 않아서, 어느 종류의 선박이건 뒤에 실크 두루마리를 매달고 다니며 과학자들이 분석할 플랑크톤 샘플을 얼마든지 채취할 수 있었다. (그렇게 한 최초의 배는 디스커버리호로, 1901년에 탐험가 로버트 팰컨 스콧과 어니스트 새클턴을 남극으로 실어다준 배였다.)[4]

하디의 기계가 바다를 누비고 다니면서, 콜레라의 수중 생활이 서서히 드러나기 시작했다. 미생물학자 리타 콜웰은 1976년 체서피크 만의 바닷물에서 예기치 않게 콜레라균을 발견했다.[5] 그녀는 실험실에서 콜레라균을 배양할 수는 없었지만(다시 말해 미생물학자들이 세균을 식별할 때 '황금 기준'으로 여겼던 한천이 담긴 작은 배양 접시에서 군집을 생산해 내지 못했지만), 세균들을 결합시키는 형광 항체에 시료를 노출하여 균들이 빛을 내는 것을 볼 수 있었다. 그녀는 콜레라균이 거기 있다는 것을 알았다.[6]

그래서 콜레라균을 찾기 위해 연안 해역에서 샘플 채취를 계속했다. 그리고 그녀가 살펴본 5대주의 모든 연못과 강, 호수, 해수에서 콜레라균을 발견했다. 마침내 콜웰과 다른 과학자들은 콜레라 독성을 생산하는 유형과 그렇지 않은 유형을 포함하여 바다에 사는 2백 가지가 넘는 콜레라 혈청형을 발견했다. 그들은 콜레라균이 살아가는 방식, 다시 말해 동물성 플랑크톤, 그중에서도 특히 요각류와 함께 산다는 것도 발견했다.[7]

한편 지금은 수중 플랑크톤 연속 채집기라고 알려진 하디의 기계는 세계에서 가장 광범위하고 가장 긴 해양 생물에 대한 기록 중 하나를 엮어냈다. 21세기 초까지, 연속 채집기는 북대서양에서 5백

290

만여 해리 이상을 누비고 다녔다. 실크 두루마리는 플랑크톤이 거미 다리에 달린 미세하게 떨리는 털만큼이나 주변 환경에 정교하고 민감하게 반응한다는 것을 밝혀 주었다. 그것은 수천 킬로미터에 걸친 바다에서 작동하는 바다와 공기의 미묘한 신호 —멕시코 만류의 북방 경계의 표층수 온도— 에 반응했다.[8]

그리고 북대서양의 변화하는 조건이 이미 플랑크톤에게 영향을 미치고 있었다. 1948년부터 플랑크톤의 생물량은 6분의 1로 급감했는데, 몇 십 년 뒤 플랑크톤은 돌아왔다. 그러나 그것은 예전과 같은 플랑크톤이 아니었다. 따뜻한 물에 사는 플랑크톤 종들은 점점 따뜻해지는 해수면에 반응하여 연간 22킬로미터의 속도로 북상하여 960킬로미터나 이동했다.[9]

이러한 이동은 결과적으로 플랑크톤에 붙어서 사는 콜레라균의 운명을 결정했다. 하디의 기계가 밝혀낸 통찰과 콜웰의 연구가 짝을 이루어 지구상의 삶을 형성하는 데 있어서 환경미생물의 역할에 대한 새로운 이해를 개척했다. 콜레라에게 일어나는 모든 일들은 육지 사람들의 생활과 습성 못지않게 바다 밑에서 벌어지는 상황과 밀접한 관련이 있었다.

◦●◦

거의 1세기 동안 연이어 대유행병을 일으킨 콜레라는 1926년에 자취를 감추고 원래의 고향인 벵골만으로 물러난 것처럼 보였다. 역사학자 윌리엄 H. 맥닐은 1977년에 출간된 역사상 감염병의 역할에 관한 획기적인 저서에서 "세계적인 재앙으로서 콜레라

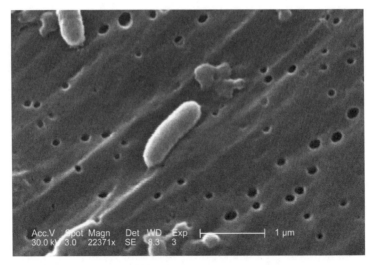

고전형 콜레라균 O1형의 주사전자현미경 사진(CDC/Janice Haney Carr, 2005)

는 사실상 종지부를 찍었다.”고 썼다. 콜레라의 종말은 ‘성공적인
통제의 패러다임’을 극명하게 보여 주었다.[10]

　사실 콜레라는 1926년에 완전히 사라진 것이 아니었다. 여섯
차례의 대유행병으로 세계를 유린한 ‘고전형 콜레라균 O1형’이라
는 특정한 균주는 멸종되었다. 그러나 그것은 사라지기 전에 교활
한 후손을 남겼다. 그것이 서식하는 바다의 변화로 인해 생겨난 새
로운 기회를 이용하기에 특히 적합한 균이었다. 이 신종 콜레라균
은 강과 어귀, 호수와 연못에서 고전형 콜레라균 O1형보다 최소
세 배 이상 오래 생존할 수 있었다.[11] 게다가 특히 회복력이 강해
항생제의 공격을 견뎌낼 수 있었다.[12]

　이 콜레라의 후손은 1904년에 시나이 반도 서해안에 있는 엘
토르 검역소에서 처음 발견되었다. 메카로 가는 순례자들 중에 설

사로 사망한 여섯 명의 시신에서 검출된 것인데, 공중보건 전문가들은 1970년대까지 그것을 대유행병을 초래할 수 있는 병원체로 인식하지 못했다. 당시에는 이 새로운 비브리오균이 전 세계에 콜레라를 일으킨 고전형 콜레라균 O1형에 비해 보잘 것 없어 보였다. 조사관들은 그것이 콜레라균이 아니며, 별로 특별할 것 없는 일반적인 비브리오균의 한 종류일 뿐이라고 판단했다. 그들은 그냥 그것을 처음 발견한 장소의 이름을 따서 엘토르 비브리오라고 명명했다.[13] 그리고 의료계는 이 균을 까맣게 잊었다.

엘토르 비브리오는 1937년에 다시 수면 위로 나타나, 인도네시아의 남술라웨시 연안에 고리 모양으로 형성된 일련의 고립된 저지대 산호섬인 스페르몬데 군도에서 집단 발병을 일으켰다. 그런데도 이 균은 국제적인 관심을 피해 갔다.[14] 감염자의 65%가 사망했음에도 질병이 술라웨시의 외딴 지역을 벗어나서 확산되지 않았기 때문에, 세계보건기구는 그것이 콜레라에 의해 초래된 질병이라고 생각하지 않았다. WHO는 엘토르 비브리오가 일으킨 질병은 '현지 상황에 영향을 받은 특이현상'의 일종일 뿐이라고 말했다. 그들은 그것을 '의사擬似콜레라'라고 칭하고, 방역을 위해 딱히 해야 할 일이 없다고 판단했다. "검역, 감염자와 그들이 접촉한 물건의 엄격한 격리, 소독, 대중 면역 형성 같은 방법을 동원하는 것은 타당하지 않다."고 WHO는 보고했다.[15]

알고 보니 이것은 대유행병을 조기에 진압할 절호의 기회를 놓친 것이었다. 스페르몬데의 환경 여건이 변화함에 따라, 엘토르 발병의 성격도 변했다. 이후 몇 년에 걸쳐서 강수량 증가와 강력해진 폭풍우, 해수면 상승이 술라웨시를 계속 강타했다. 강수량이 매년 5~7센티미터씩 증가했고, 폭풍우 때문에 노련한 어부들마저 바다에서 배를 잃었다. 해수면 증가로 우물은 늘 짠물로 오염되었다.[16]

1961년, 엘토르 '의사콜레라'는 그 범위를 극적으로 확대하여 이제 술라웨시를 넘어 다른 인도네시아 지역은 물론이고 필리핀과 말레이시아, 태국까지 강타했다. 그해 여름에는 중국 남부의 광둥 지방에서 엘토르가 발생하여, 서구 논평가들의 추정에 따르면 3천 명에서 4천 명이 사망했다. 그들의 보고에 따르면, 마을 전체가 완전히 쑥대밭이 되었다. 그곳에서 엘토르는 홍콩으로 침투했고, 마침내 콜레라의 심장부인 남아시아로 들어갔다.[17] 그것은 진짜 콜레라가 아닌 의사콜레라로 위장하고 다녔기 때문에, 콜레라에 관련된 검역과 통지에 관한 국제적 규칙이 적용되지 않았다.[18]

엘토르는 1971년 이전까지 한 번도 나타난 적이 없는 아프리카에 모습을 드러냈다.[19] 그것은 차드와 카메룬, 니제르, 나이지리아와 접경해 있는 담수호인 차드호 주변에서 한 왕자의 할례 의식을 위해 모인 엄청난 수의 군중을 덮쳤다. 몇 주 만에 8백 명 이상이 감염되어 백 명 이상이 사망했다. 얕고 따뜻하고 플랑크톤이 풍부한 수역은 적응력이 뛰어난 엘토르 비브리오에게 훌륭한 온상이었다. 댐 건설과 관개 수로 변경, 호안 주변의 매립 열풍으로 호수는 말라가고 있었다. 한때 26,000평방미터 이상 펼쳐져 있었던 호수는 2000년 무렵 1,500평방킬로미터 미만으로 줄었고, 깊이도 1.5미터가 채 안 되었다. 그때부터 차드호 유역에는 매년 치명적인 콜레라가 발생했다.[20]

294

마침내 WHO는 의사콜레라, 다시 말해 고립된 특정 지역에서만 발생하는 순한 형태의 콜레라와 유사한 질병은 존재하지 않는다는 것을 인정했다. 엘토르는 그 자체로 공포를 자아내는 치명적 위력을 가진 엄연한 콜레라였다. '성공적인 통제' 이후 40년 만에 콜레라가 귀환한 것이다. 이로써 일곱 번째 대유행병이 시작되었다.[21]

○─●─○

1990년에 콜레라는 1895년 이래로 모습을 드러내지 않았던 남아메리카에 등장했다.

이번에도 콜레라는 기상 이변과 함께 등장했다. 이 경우에는 엘니뇨 남방진동ENSO이었다. ENSO는 2년 내지 7년 주기로 주로 12월 무렵에 발생한다. 그래서 크리스마스를 기념하는 지역민들이 그것을 남자 아이, 또는 아기 예수를 뜻하는 엘니뇨라고 부르게 된 것이다. ENSO는 무역풍이 약해지면서 인도네시아 주변의 난류가 동쪽으로 자유롭게 흘러가면서 시작되었다.[22] 이 난류는 대기 중에 비구름을 만들어 냈다. 이것은 마치 시냇물로 떨어진 바윗덩어리 같은 역할을 했고, 전 세계적으로 다양한 기후 패턴에 영향을 미쳐 미국 북서부에서 건조한 겨울, 아프리카 동부에서 강한 호우, 그리고 호주 북부에서 산불 증가를 초래했다.[23]

1990년 후반 엘니뇨 난류가 페루의 서해안과 충돌하면서 해안 주변의 해류와 지역 플랑크톤의 구성을 바꿔놓았다. 적도의 동물성 플랑크톤 개체군이 밀려들어오면서 지역 동물성 플랑크톤 개체균의 수가 격감했다. 해안을 따라 북류했던 탁월 해류의 방향이 반대로 바뀌었다.[24] 이 해류에 콜레라균이 서식하고 있었다면, 따뜻한 물에 의해 훨씬 더 풍부하고 적응력 있고 더 치명적이 되었을 것이다. 따뜻한 물은 콜레라균이 인간 희생자에게 수분을 모두 뽑아버릴 독소를 생산하는 데 도움이 되었고, 또한 콜레라균이 플랑크톤에 달라붙는 데도 도움을 줘서 더 열악한 조건에서 더 오랫동안 생존할 수 있게 해 주었다.[25](요각류의 알주머니나 내장에 달라붙어 사는 콜레라균은 단독으로 생활할 때보다 농도가 수천 배 높아지고, 1년 이상 살아남는다.)[26]

얼마 지나지 않아 960킬로미터에 걸친 페루 해안가에 사는 사람들이 엘토르 콜레라에 걸리기 시작했다.[27] 공중보건 당국은 갑자기 치명적으로 변한 해안가의 물과 접촉하지 말 것을 주민들에게 권고했다. 경찰은 날 생선을 레몬즙에 절여서 만드는 국민 요리 세비체를 파는 노점상을 비롯하여 각종 어류를 판매하는 노점상을 단속했다.[28]

그럼에도 1991년 봄까지 콜레라는 7만 2천 명의 페루인들을 감염시키고 대륙 전체로 확산되기 시작했다. 강물은 에콰도르와 컬럼비아, 브라질, 그리고 미국 국경까지 콜레라를 실어 날랐다. 콜레라균을 가득 실은 파도가 로스앤젤레스 해안으로 밀려와 인기 TV 프로그램 〈SOS 해상구조대 Baywatch〉가 한동안 촬영을 중단하는 사태까지 빚어졌다. 콜레라균이 가득한 선박평형수를 실은 화물선은 앨라배마 모빌 만에 콜레라를 쏟아냈고, 이로 인해 지역 굴 양식장이 폐쇄되었다. 또한 아르헨티나항공에서 탑승객에게 기내식으로 제공한 새우 샐러드를 통해, 콜레라는 부에노스 아이레스에서 로스앤젤레스로 건너와 수십 명을 감염시키고 한 명의 사망자를 냈다. 한편 코카인 밀수범들은 비밀 활주로를 숨겨 둔 멕시코 남부의 외딴 마을로 콜레라를 가져왔다.[29]

1993년까지 라틴아메리카 전역에서 감염자는 백만 명에 육박했고, 그중에 약 9천 명이 사망했다. 유일하게 우루과이와 카리브 해만은 엘토르 콜레라의 흉포함을 피해 갔다. 그러나 그것도 그리 오래가지 않았다.[30]

○─●─○

환경에 존재하는 엘토르 콜레라균이 증가하면서, 1994년 무렵에 조상의 유전자를 획득하여 새로운 능력을 갖게 되었다. 19세기에 고전형 콜레라 O1형이 가졌던 것과 똑같은 종류의 치명적인 독성을 분비할 수 있게 된 것이다. 이제 엘토르형은 조상인 고전형에 비해 환경에 대한 적응력이 커지고, 항생제에 대한 내성이 강해졌을 뿐 아니라, 고전형 만큼 강력한 살인적인 세균이 되었다.[31]

엘토르형이 새롭게 독소를 생산하게 됨에 따라 아프리카와 아시아에서 사망자 수가 치솟았다. 2001년과 2006년 사이에 엘토르형이 생명을 위협하는 탈수를 초래한 사례는 30%에서 80%로 증가했다.[32] 2007년에는 '변종' 엘토르형이 네팔을 비롯한 남아시아에서 지배적인 콜레라종이 되었다. 그로부터 3년 뒤, 유엔이 고용한 콜레라 발병 지역의 군인들이 변종 엘토르 콜레라균을 보유한 채 최근 지진 피해를 입은 아이티로 향하는 비행기에 탑승했

다.[33]

아이티는 언제 터질지 모르는 콜레라의 시한폭탄을 안고 있었다. 오랜 내전과 빈곤, 부족한 위생 시설뿐 아니라, 콜레라를 부르는 환경적 조건까지 겹쳐졌기 때문이었다. 그런데 2010년까지는 온갖 병원체가 난무하는 아이티가 이상하게도 콜레라에는 내성이 있었다. 콜레라는 1833년에 처음으로 카리브 해에 등장해 쿠바에서 집단 발병했다. 그러나 히스파니올라의 동쪽 3분의 2를 차지하고 있는 도미니카 공화국을 포함하여 지역 전체에 질병이 퍼졌는데도, 유독 아이티에서는 역사적으로 콜레라가 나타난 기록이 없었다.

1850년대 후반에 아이티 역사학자 토마스 마듀Thomas Madiou는 그것이 '우리 토양에서 발산되는, 콜레라 독소가 생존할 수 없게 만드는 무언가' 또는 '우리 대기의 어떤 조건' 때문이라며, 아이티의 지형이 가진 특별한 무언가가 보호막 역할을 하고 있다고 추측했다. 만일 그렇다면 2010년 1월 아이티를 강타한 진도 7.0의 지진 이후 그 보호막이 사라졌다는 얘기가 된다.[34] 토사와 석회석이 강으로 쓸려 들어가서 비브리오균이 좋아하는 영양분이 풍부한 알칼리성 조건을 형성했다. 지진의 참사로 사람들의 영양 상태와 주거 상태는 전보다 더 악화되었다. 콜레라 전문가 안와르 후크는 이렇게 말한다. "아이티는 지진으로 인해 매우 부자연스러운 조건이 되었다. 땅에서 영양분이 나오고, 생태계가 변화했다."[35] 10개월 뒤 콜레라가 마침내 아이티를 접수했다.[36]

인류가 본 것 중 가장 교활하고 적응력 강하고 치명적인 콜레라

종에 의해 야기된 일곱 번째 대유행병은 가장 길고 가장 널리 퍼진 콜레라 유행병이 되었다. 그것은 오늘날까지 계속되고 있다.[37]

○—●—○

바다 속 콜레라균의 은밀한 역사에 관한 연구로, 리타 콜웰은 국립과학재단 이사를 6년간 역임한 것을 포함하여 과학 연구자로서 최고의 위치에 올랐다. 일곱 번째 대유행병이 아이티를 덮쳤을 때, 그녀는 76세였다. 해양 비브리오균이 인간에게 미치는 영향이 이보다 더 분명하게 드러난 적은 없었다. 기후 변화로 바다는 점점 더 따뜻해졌고, 아이티뿐 아니라 전 세계적으로 비브리오균 감염이 증가했다. 수온이 올라가는 북해와 발트 해에서 비브리오 감염이 급증했다.[38] 2006년에서 2008년 사이 미국에서 비브리오균 감염은 43%나 증가했다. 병원성 비브리오균은 알라스카와 아이슬란드처럼 전에는 문제를 일으킨 적이 없었던 지역까지 확산되어 어패류에 기생하며 그것을 먹은 사람들을 위협했다.[39]

2011년 가을, 나는 메릴랜드 대학 칼리지파크 캠퍼스의 제일 끝자락에 위치한 콜웰 교수의 연구실에서 그녀를 만났다. (그녀는 존스홉킨스 대학의 유명 교수이자 두 곳의 미생물 검출 회사의 회장이기도 하다.) 그녀는 자신의 연구가 촉발한 패러다임 변화를 잘 인식하고 있다. "30년 전에는 우리가 환경에 세균이 존재한다고 말만 해도 조롱을 당했었지요. 하지만 지금은 그 내용이 교과서에도 나옵니다. 증거가 워낙 압도적이니까요! 이제는 그것을 모두 알고 있어요." 오랜 세월이 지났는데도, 그녀는 여전히 놀라워하는 것 같왔다.

그러나 콜웰 교수의 기성 과학계 흔들기는 여기서 끝이 아니다. 환경에 의해 역학이 결정되는 것은 비단 콜레라만의 특징은 아니라고 그녀는 말한다. 기후가 변화함에 따라, 환경은 다른 새로운 감염병의 역학에 있어서도 똑같이 두드러진 역할을 할 것이다. 콜레라의 이야기 속에는 새로운 질병들을 이해하기 위한 새로운 설명적 틀이 있었다. 이 틀 속에서 생물학적, 사회적, 정치적, 경제적 환경은 질병의 원천인 동시에 동인이다. 이러한 통찰은 히포크라테스 의학에서 세균설로의 패러다임 전환과 맞먹는 엄청난 파급 효과를 갖기 때문에 과학적 혁명이라 해도 과언이 아니다. 그녀는 그것을 콜레라 패러다임이라고 표현한다.[40]

기후 변화가 감염병에 어떤 영향을 미치는지를 판단하는 것은 그리 단순하지 않다. 다양한 기상 이변이 결합하여 예측할 수 없는 방식으로 감염병 발생의 양상을 결정한다. 2006년 야생 혹고니가 기존의 이동 패턴을 바꾸어 결과적으로 유럽 20여 개국에 H5N1을 퍼뜨리게 된 것은 갑자기 닥쳐온 겨울 한파 때문이었다.[41] 1999년 모기가 뉴욕 시 하수구에서 4계절 내내 알을 낳고 번식할 수 있었던 것은 따뜻한 겨울 날씨 때문이었고, 뒤이어 찾아온 여름 가뭄은 목마른 새들을 웅덩이에 모여들게 하여 결과적으로 뉴욕에 최초의 웨스트나일 바이러스가 창궐하게 만들었다.[42]

환경적 조건이 이런 전염병 발생의 양상을 결정하는 것은 분명하지만, 누가 어떻게 그것을 예측할 수 있을까? 모기에 의해 전염되는 말라리아를 일으키는 열대열원충처럼 환경적으로 민감한 병원체를 생각해 보자.

강우량의 증가는 말라리아의 증가로 이어질 수도(모기가 번식하는 웅덩이와 연못이 형성되어서), 아니면 오히려 말라리아의 감소로 이어질 수도 있다(흐르는 빗물과 홍수가 모기 알과 유충을 쓸어가 버려서). 마찬가지로 가뭄도 말라리아의 증가(강물이 모기가 좋아하는 정체된 물로 변해서) 또는 말라리아의 감소(건조한 날씨에는 모기의 몸이 말라버려서)로 이어질 수 있다.

그럼에도 날씨와 감염병 사이에 특정한 상관관계는 분명히 존재한다. 1948년과 1994년 사이에 미국에서 발생한 수인성 질병의 68%가 극심한 호우(상위 20%에 해당하는) 이후에 찾아왔다.[43] 웨스트나일 바이러스 발생 사례는 호우 뒤에 33% 증가했다.[44] 그리고 과학자들은 기온 상승이 박쥐와 모기, 진드기를 포함하여 우리에게 질병을 옮기는 생물종의 서식 범위를 확대시킬 것이라는 데 의견을 같이 한다.[45] 그러한 확대는 이미 시작되었다. 코스타리카에서는 특정 박쥐 종들이 정상보다 높은 고지대로 이동했고, 북미에서는 이 박쥐 종들의 월동 범위가 북쪽으로 확대되었다.[46] 오랫동안 멕시코 만 남동부 국가들에 국한되었던 황열병과 뎅기열을 옮기는 모기 종인 이집트숲모기Aedes aegypti가 2013년에 캘리포니아에 나타났다.[47] 흰줄숲모기Aedes albopictus는 북쪽으로 이탈리아의 고위도 지역까지 확산되었다.[48] 진드기도 북쪽으로 북유럽과 미국 동부의 고위도 지역으로 퍼졌다.[49]

기후 온난화는 이런 질병 매개체들의 삶을 수월하게 만든다. 또한 그런 매개체들의 생명주기를 가속화시킬 수 있다. 나무좀은 나무껍질 밑에 굴을 뚫고 알을 낳아 나무의 조직을 파괴한다. 그런데 날씨가 따뜻해지면, 나무좀의 생명주기가 2년 주기에서 1년 주기로 바뀐다. 1990년대 후반 이래로 나무좀은 점점 더 어린 나무와 광범위한 수종을 공격하여 알라스카에서 멕시코까지 거의 300억 그루의 침엽수를 말라죽게 했다. 와이오밍과 콜로라도 같은 일부 주에서는 딱정벌레에 의해 쓰러진 로지폴 소나무가 매일 10만 그루에 이르렀다.[50] 기후에 의해 가속화된 생명주기가 한 가지 이유일 수 있다. 다른 병원체들도 이와 유사하게 생명주기를 가속화시킬 수 있다. 말라리아 기생충은 주변 온도가 상승하면 발달 주기를 며칠 씩 단축시킬 수 있다. 그러면 모기 매개체의 짧은 수명 이내에 감염을 일으키는 형태로 발달할 가능성이 더 커진다.

그러므로 기후가 온난화되고 바다의 수온이 올라가고 강수량이 불안정해질수록, 콜레라와 그 후예는 거기에서 이득을 취할 가능성이 커진다. 기후는 단순히 병원체의 분포를 바꿈으로써 사람들을 아직 면역력이 형성되지 않은 새로운 병원체에 노출시켜 질병 위험을 증가시킨다.

그러나 그것은 우리가 이미 익숙해진 병원체에 대해 예측할 수 있는 일이다. 우리가 아직 만나보지 못한 병원체는 과연 어떨까? 미생물학자 아르투로 카사데발 박사에 따르면, 지구의 기온 상승은 전혀 새로운 병원체의 왕국을 불러올 수 있다.

우리는 곰팡이로 포화된 세상에서 산다. 숨을 쉴 때마다 수십 개의 곰팡이 포자를 흡입하고 곰팡이투성이 땅을 밟고 다닌다.

곰팡이는 강력한 병원체일 수 있다. 생존을 위해 살아 있는 세포를 필요로 하는 바이러스와는 달리, 곰팡이는 죽어서 부패한 물질을 먹고 살기 때문에 모든 숙주들이 죽은 후에도 존속할 수 있다. 곰팡이는 또한 지속성 있는 포자의 형태로 환경에서 독립적으로 생존할 수 있다.[51]

정원을 가꾸는 사람은 누구나 아는 것처럼, 곰팡이는 주요 식물 병원체다. 감자잎마름병을 일으켜 기아를 초래한 감자역병균 같은 어떤 곰팡이들은 인류 역사의 흐름을 바꿔 놓기도 했다. 박쥐를 괴롭히는 가성-김노아스쿠스 데스트럭탄스와 양서류를 괴롭히는 호상균류 같은 곰팡이들은 종 전체를 멸종 위기로 몰아넣었다.[52]

그러나 병원성 세균과 바이러스가 인간을 주기적으로 괴롭히기는 하지만, 질염이나 무좀을 제외하면 우리를 괴롭히는 곰팡이 병원체는 극소수에 불과하다. 어쩌면 우리가 온혈동물이기 때문이라고 카사데발 박사는 말한다. 수시로 곰팡이 병원체의 먹이가 되는 파충류와 식물, 곤충과 달리, 포유류는 주변 기온에 관계없이 항상 혈액 온도를 지구의 평균 온도인 섭씨 16도보다 거의 20도가량 높은 온도로 유지한다. 주변 온도에 적응하는 대부분의 곰팡이는 우리 혈액의 열을 견디지 못하고 오븐처럼 뜨거운 우리의 몸속에서 죽게 된다.

열은 감염에 대한 효과적인 해결책이어서, 파충류도 곰팡이에 감염되면 체온을 올리기 위해 햇볕을 쬐임으로써 '인공 발열'을 한다. 과학자들은 개구리의 체온을 섭씨 36.6도까지 올리면 호상균 감염을 치료할 수 있다는 것을 보여 주었다.

온혈 동물인 포유류의 곰팡이 병원체에 대한 방어 수단이 어쩌면 공룡이 멸종한 이후 포유류가 파충류를 지배하게 된 미스터리를 설명할 수 있다고 카사데발 박사는 추측한다. 냉혈 동물의 생활 양식은 우리보다 훨씬 효율적이다. 포유류는 온혈 동물이기 때문에 냉혈 상태일 경우에 비해 매일 열 배 이상의 칼로리를 소비해야 한다.[53] 카사데발 박사는 그 주제에 관한 오전 강연에서 청중들을 쳐다보며 책망하듯 말했다. "여러분 같은 포유류들은 방금 아침 식사를 마쳐놓고 벌써 점심 먹을 생각을 하고 있을 겁니다."(그 말에 긍정하듯, 내 배에서 꼬르륵 소리가 났다.) 악어는 일주일 동안 음식에 대해 생각할 필요가 없다고 그는 지적했다. 그리고 공룡이 멸종한 뒤 다른 파충류들이 뒤를 이어 제2막을 펼치지 못했고, 대신 아주 작고 비효율적이지만 곰팡이 병원체로부터 자유로운 포유류가 군림하게 되었다.

온혈성은 호모사피엔스가 지구에 등장한 초기에 병원체에 대한 특히 결정적인 보호막을 제공했을 것이다. 당시 병원체의 대부분은 적어도 삶의 일부분은 환경 속에서 살았기 때문에 주변 기온에 적응이 되었다. (당시에는 병원체가 처음부터 끝까지 인간의 몸속에 들어가서 살만큼 인간의 수가 많지 않았다.) 그래서 우리 몸을 따뜻하게 유지함으로써 그들을 저지할 수 있었다. 그런데 불행히도 오늘날 병원체의 대부분은 다른 포유류에서 온다. 이는 곧 병원체가 우리에게 도달할 때 이미 따뜻한 피에 적응했다는 것을 뜻한다. 그럼에도 우리는 신체 내부의 열로 병원체를 태워서 쫓아내기 위해 열을 낸다. 이는 우리를 구해 주었던 이전 시대에 대한 격세 유전의 제스처라고 카사데발 박사는 지적한다.

문제는 우리의 따뜻한 피가 곰팡이 병원체를 퇴치하는 이유는 순전히 혈액의 온도와 곰팡이들이 익숙한 주변 온도 사이에 격차가 있기 때문이라는 점이다. 곰팡이 병원체가 더 높은 온도를 견디도록 진화한다면, 그런 격차는 사라질 것이다. 기술적으로 가능한 일이다. 실험실에서 섭씨 27.7도에서 죽는 곰팡이를 섭씨 36.6도까지 견디도록 키울 수 있다. 그리고 기후 변화는 전 지구 차원에서 이와 똑같은 결과를 만들어낼 수 있다. 서서히, 그러나 가차 없이 온도 증가를 견디도록 곰팡이를 훈련시키는 것이다. 그리고 어느 순간에는 인간의 혈액 온도까지 견디게 될 수 있다.

열을 견디는 곰팡이가 등장한다면 그것은 다른 무엇과도 다른 감염병의 위협을 제기하게 될 것이라고 카사데발 박사는 말한다. 피가 따뜻하다는 것을 제외하면, 우리는 곰팡이에 대한 어떤 방어 수단도 갖고 있지 않다. "제 말을 못 믿겠다면 양서류에게 물어보세요." 그가 곰팡이균에 의해 양서류가 대량으로 희생된 사건을 암시하며 말한다. "아니면 박쥐에게 물어보셔도 되고요."[54]

지구의 온도가 상승함에 따라, 곰팡이 병원체는 이미 감염병의 지형으로 슬그머니 들어오기 시작했다. 캘리포니아와 애리조나에서는 1997년에서 2009년 사이에 콕시디오이데스 이미티스와 콕

305

시디오이데스 포사다시 같은 토양에 사는 곰팡이로 인한 인간 감염('계곡열'이라고 하는)이 무려 일곱 배나 증가했다.[55] 헬스맵Health-Map과 프로메드Pro-MED 같은 질병 감시 프로그램들은 점점 더 많은 곰팡이 질병 발생을 보고하고 있다. 헬스맵은 2007년과 2011년 사이에 두 배 증가한 발병 사례를 보고했고, 프로메드는 1995년과 2010년 사이에 일곱 배 증가한 것으로 보고했다.[56] 이것은 단순히 곧바로 잦아들게 될 일시적인 급증 현상일 수도 있고, 아니면 기후 변화로 인한 곰팡이 병원체들이 밀려올 조짐일 수도 있다.

◦━◦

기후 변화는 오늘날 우리가 스스로를 대유행병 위험에 빠뜨리는 다른 모든 방식들과 마찬가지로 근대화의 산물이다. 오늘날 우리는 대기 중에 존재하는 과도한 탄소 원자 하나하나가, 석탄을 동력으로 이용한 최초의 공장에서부터 오늘날 가스를 뿜어내는 차량과 제트기에 이르기까지, 모두 자본주의의 발생과 함께 생겨난 특정한 활동들에서 비롯되었음을 알 수 있다. 이는 우리가 다음번 대유행병에 대처하려면 산업화와 세계화에 의해 초래되는 새로운 문제들과 씨름해야 한다는 것을 시사한다. 그러나 그것만으로 문제를 전부 해결할 수는 없다. 내일의 대유행병은 근대화의 산물일 수 있지만, 일반적인 대유행병이 모두 그렇지는 않다. 사실 전염병의 유령은 수백만 년 동안 우리를 계속 쫓아다녔다.

19세기 콜레라에서부터 오늘날의 신종 병원체에 이르기까지 감염병의 역학은 특정한 역사적 조건에 의해 결정되지만, 근대에 우리가 병원체와 벌여 온 대결은 우리와 미생물 간의 훨씬 더 길고 험난하고 복잡한 대결의 역사에서 가장 최근에 발생한 소규모 충돌에 불과하다.

9

판데믹의 논리

인간을 괴롭힌 고대의 대유행병에 대한 직접적인 기록은 없다. 우리는 그저 그것이 드리운 긴 그림자의 윤곽만으로 어렴풋하게 짐작할 수 있을 뿐이다. 그러나 진화론과 유전학, 그리고 기타 분야에서 점점 늘어나고 있는 증거에 따르면, 대유행병과 그것을 초래하는 병원체는 우리가 번식하는 방식에서 죽는 방식에 이르기까지 인간의 근본적인 측면들을 형성해 왔다. 유행병과 병원체는 우리의 몸 자체와 오늘날 병원체에 대한 취약성은 물론이고 우리 문화의 다양성과 전쟁의 결과, 미에 대한 개념을 형성했다. 대유행병의 강력하고 오랜 영향력은 조수가 해류에 영향을 미치듯 현대의 삶이 유행병을 촉발하는 구체적 방식들에 영향을 미친다.

질병은 미생물과 숙주 사이의 근본적 관계에 내재된 속성이다. 이를 확인하려면 미생물의 역사를 간략하게 고찰하고 우리의 신체 내부를 엿보는 것만으로 충분하다. 지금은 인간이 지구를 지배하고 있지만, 과거의 지배자는 미생물이었다. 약 7억 년 전 최초의 다세포 유기체인 최초의 선조가 바다에서 올라올 때까지, 미생물은 거의 30억 년 동안 지구 전체에 군락을 형성하고 살았고, 닿을 수 있는 모든 서식지에 퍼져 있었다. 그것은 바다와 토양, 지구의 단단한 표면 아래 깊은 곳에서 살았다. 낮게는 섭씨 영하 10도에서 높게는 110도에 이르기까지 광범위한 기후 조건을 견뎌 내며, 햇빛에서 메탄에 이르기까지 모든 것을 먹고 살 수 있었다. 미생물은 특유의 강인함으로 대부분의 극단적이고 외딴 환경에서 살 수 있었다. 바위 내부의 기공과 빙하 중심부, 화산, 심해에서도 서식했고, 심지어 가장 차갑고 염분이 많은 바다에서도 번성했다.[1]

미생물에게 우리의 몸은 비집고 들어가야 할 또 하나의 틈새에 불과했고, 인간이 형성되자마자 미생물은 인체가 제공하는 새로운 서식지로 퍼져 나갔다. 미생물은 우리의 피부와 내장에 대량 서식했다. 또한 자신들의 유전자를 우리 유전자에 통합시켰다. 인체는 곧 인간의 세포 수보다 10배나 많은 100조 개의 미생물 세포를 수용하게 되었다. 우리 유전체의 3분의 1에 세균에서 비롯된 유전자가 첨가되었다.[2]

그렇다면 우리 선조들이 외부에서 침입한 미생물이 몸속에서 대량 서식하도록 순순히 숙주 노릇을 해 주었을까? 그럴 가능성도 있지만, 아마 아닐 것이다. 마치 안보가 불안한 국가의 대규모 군대처럼, 우리는 갖가지 무기를 개발하여 미생물을 감시하고 단속하고 파괴했다. 피부 층을 벗겨내 피부 표면에 달라붙은 미생물을 제거하고, 눈꺼풀을 계속 깜빡여 눈에서 미생물을 씻어냈다. 또한 위장에서 세균을 죽이는 염산과 점액을 생산해냈다. 우리 몸의 모든 세포는 세균의 침입으로부터 스스로를 보호하기 위한 정교한 방법들을 만들어내고, 만일 실패할 경우 자살할 수 있는 능력까지 키웠다. 순전히 침입하는 미생물을 감지하고 공격하여 파괴하는

312

역할만을 수행하는 특화된 세포, 백혈구가 우리 몸속에서 흘렀다. 여러분이 이 문장을 읽는 짧은 순간에도, 백혈구는 여러분의 전신을 돌며 미생물의 침입 흔적을 찾을 것이다.

이처럼 면역 방어 체계가 발달했다는 것은 분명 미생물이 지속적으로 위협을 가했다는 것임을 반증한다. 생존을 위해 인체는 감염에 맞서 싸우기에 적합하도록 미세하게 조정되어야 했다. 우리의 면역 방어 체계는 한산한 상점 뒤쪽에서 느긋하게 근무를 서는 늙은 경비원처럼 퇴화한 예비 시스템이 아니었다. 그것은 언제나 경계 태세를 유지하고 민첩하게 작동되었다. 오늘날 피부 병변이 있는 사람이나 재채기를 하는 사람처럼 미생물 공격을 겪는 사람의 사진을 보기만 해도, 우리의 백혈구는 마치 우리 자신이 미생물의 침입을 당한 것처럼 인터류킨6 사이토카인 같은 면역 전사를 더 많이 쏟아내기 시작한다.[3]

이처럼 미생물에 대한 전투태세를 유지하는 것은 쉽지 않았을 것이다. 면역 체계가 작동하는 순간, 우리는 더 많은 산소를 필요로 했다. 이를테면 임신을 했을 때처럼 우리가 다른 곳에 에너지를 소비해야 하는 기간에는 경계를 늦출 수밖에 없었다. 지금과 마찬가지로 당시에도 우리는 비용이 큰 면역 체계를 계속 작동시킬 충분한 자원이 부족했다. 미생물들의 식욕으로부터 우리 몸을 지키는 것은 생물학자들의 표현처럼 '대가가 드는' 일이다. 그러나 미생물의 세계에서 살아남으려면 꼭 필요한 일이기에, 우리는 그 대가를 지불했다.[4]

그러나 면역 체계가 병원체의 침입을 막는 데 도움을 주긴 했

313

지만 우리의 몸을 완전히 보호해 준 것은 아니다. 오늘날도 우리의 전투태세가 조금이라도 약화되거나 미생물에게 우리의 방어 체계를 무산시킬 능력이 생기면, 어김없이 팽팽한 대치 국면이 초래된다. 나이나 질병, 피로 등으로 인해 우리의 면역 방어 체계가 약해지면, 미생물은 우리의 세포에 침입한다. 그리고 일단 침입하면 다양한 방식으로 해를 입힌다. 어떤 미생물은 멋대로 자기복제를 하여 우리의 영양분을 모두 소비하거나 우리의 세포를 손상시킨다. 또 어떤 것들은 콜레라처럼 복제 또는 전파를 돕는 독소를 분비한다. 반면, 어떤 것들은 단순히 다른 민감한 신체 시스템의 반응을 촉발한다. 방법은 각기 다르지만, 결과는 똑같다. 우리가 아픈 동안 번성하는 것이다.

우리는 이 범인을 '병원체'라고 부르지만, 사실 그것은 그저 미생물일 뿐이며, 어디서나 똑같은 일, 즉 먹고 성장하고 확산되는 일을 할 뿐이다. 미생물은 억척스럽게 일한다. 그것이 미생물의 본성이다. 최적의 조건에서라면 미생물은 30분마다 두 배로 증식한다. 미생물은 결코 노화되지 않는다. 주변에 먹을 것만 충분하면, 무언가에게 죽임을 당하지 않는 이상 저절로 죽지는 않는다. 다시 말해, 미생물은 가용한 자원을 최대한 활용할 것이다. 그렇게 해서 전염병과 유행병이 발생한다면, 어쩔 수 없는 일이다.

미생물과 우리의 면역 방어 체계의 본성은 유행병으로 얼룩진 과거를 떠올리게 한다. 그러나 그것이 전부는 아니다. 진화 생물학자와 유전학자들은 DNA의 이상 특징이나 달리 설명하기 힘든 이상 행동 같은 특정한 변칙들을 단서로 해석한다. 겉으로는 별 문제 없이 보이는 외상 피해자의 수전증이 형사나 탐정에게 암시하는 바가 큰 것처럼, 많은 전문가들에게 그런 변칙들은 암시하는 바가 크다. 그것은 유행병에 시달린 참혹한 과거의 흔적이라고밖에 설명할 수 없다.

○━○

여기서 말하려는 변칙들은 대부분의 사람들이 이상하다거나 정당화하기 어렵다고 여길 만한 것들이 아니다. 그것은 우리 생명 주기에서 기본적인 두 부분을 이루는 유성 생식과 죽음이다. 우리는 이것들을 당연하게 여긴다. 그러나 진화 생물학자들에게 유성 생식과 죽음은 우리의 진화에서 설명이 필요한 수수께끼 같은 발전이다.

다소 반직관적으로 들리는 이러한 개념을 이해하려면, 진화의 '이기적 유전자설'이라고 불리는 것을 간략하게 살펴볼 필요가 있다. 이 이론의 기본 개념은 유전자 또는 주어진 개인의 유전자 총체인 유전체(게놈)가 진화를 견인하고 선동하는 역할을 한다는 것이다. 유전체는 우리의 모든 세포에서 운반되는 DNA(또는 RNA)라는 긴 나선형 분자로 이루어지며, 우리의 모든 세포(즉, 유전자)는 눈 색깔에서 코의 형태, 목소리에 이르기까지 광범위한 생물학적 특징에 대한 지시를 내린다. 이기적 유전자설에 따르면, 진화의 모든 것은 유전자의 교묘한 책략으로 귀결될 수 있다. 어떤 유전자들은 전파에 도움이 되는 특징들의 유전 암호를 지정함으로써 우세해지는 반면, 전파에 도움이 되지 않거나 오히려 불리한 특징들

315

의 유전 암호를 지정하는 유전자들은 소멸된다.

이기적 유전자설에 비춰보면, 유성 생식과 죽음은 우리의 고개를 갸웃거리게 한다. 다른 대안들을 고려할 때, 유성생식도 죽음도 유전자를 퍼뜨리는 딱히 효율적인 방법이 아니기 때문이다.

유성 생식을 생각해 보자. 한때는 지구상의 모든 생명체가 무성 생식을 했다(클론 복제 등을 통해). 유성 생식을 하는 유기체는 없었다. 그런데 진화의 역사에서 어느 시점에 유성 생식이 등장했다. 그런데 우리의 유전자의 관점에서 보면, 그것은 다른 생식 방법에 비교할 때 매우 열등한 전략이다.

자기 복제를 하는 유기체는 제 유전자의 100%를 후손에게 전달한다. 유성 생식을 하는 유기체는 다른 유기체와 짝짓기를 해야 할뿐 아니라, 자식이 부모의 유전자를 절반씩 물려받기 때문에 부모 모두 제 유전자의 절반씩을 잃게 된다.

최초의 유성 생식 유기체는 생존을 위해 지구의 자원과 서식지를 점령한 클론 복제 유기체들과의 경쟁에서 성공해야 했다. 하지만 어떻게 그것이 가능했을까? 1970년대에 진화 생물학자 윌리엄 해밀턴은 그러한 경쟁이 어떤 모습이었을지 모의실험하기 위하여 컴퓨터 모델을 만들었다. 이 모의실험에서 개별 유기체의 절반은 클론 복제를 하고, 절반은 짝을 이루어 유성 생식을 하는 개체군으로 구성하였다. (남성 없이 자기 복제를 하는 여성으로만 이루어진 아마존 부족과 남성의 도움이 있어야만 생식이 가능한 여성 부족을 상상해 보자). 누구나 똑같이 가령 포식자의 공격을 받거나 눈보라에 얼어 죽는 것처럼 야생에서 닥치는 무작위적 죽음의 대상이 되었다. 그

316

런 다음 이 모델은 두 부족 각각이 생산한 자손 수를 세어서 생식 성공률을 계산했다.

두 가지 다른 생식 전략의 누적 효과가 논리적 결론에 도달하기까지 그리 오래 걸리지 않았다. 해밀턴이 모델을 실행할 때마다 유성 생식을 하는 부족은 빠르게 멸종했다. 유성 생식 부족에서 발생하는 무작위적 사망은 짝짓기 상대의 불균형적인 손실로 이어졌다. (40세가 넘어서 데이트 상대를 찾으려 해 본 사람은 직관적으로 이해할 수 있을 것이다.) 무작위적 사망에 관계없이 활발한 복제 비율을 유지하는 클론 복제 부족은 그렇지 않았다. 유성 생식 부족의 자손이 유전적으로 다양하며, 따라서 장기적인 환경 변화에 좀 더 적응력이 크다는 것은 중요하지 않았다. 무작위적 사망의 부담은 너무도 즉각적이어서 그런 장점들이 발현될 기회조차 없었다.

317

그러니 유성 생식은 실패한 실험으로 끝나야 마땅했다. 그런데 그렇지가 않았다. 오랜 시간이 지난 후에 결국 우리의 먼 선조들의 생식 전략은 우리를 포함한 동물계 전체에 퍼졌고, 그것은 우리에게 중차대한 관심사가 되었다.

그러한 수수께끼에 대한 깜짝 놀랄만한 설명을 제공한 사람은 해밀턴이었다. 그는 성이 진화한 것은 병원체 때문이라고 말했다.

유성 생식은 심각한 유전적 희생을 요구하지만, 유성 생식을 하는 생명체의 자손은 부모와 유전적으로 구분된다는 보상을 얻게 된다고 그는 지적했다. 극한의 기후나 포식자를 이기고 살아남는 데 있어서는 그것이 큰 이점이 아니었지만, 병원체를 이기고 살아남는 데 있어서는 엄청난 이점이었다. 병원체는 날씨나 포식자와는 달리 우리에 대한 공격을 점차 정교하게 개선하기 때문이다.

당신이 아기일 때 처음 공격하는 병원체를 상상해 보자. 당신이 성장하는 동안 그 병원체는 수십 세대를 거친다. 당신이 성인이 되어(만일 병원체의 공격을 이기고 살아남는다면) 생식할 준비가 될 즈음에는, 그 병원체를 막아내는 당신의 능력보다 당신을 공격하는 병원체의 능력이 훨씬 더 커진다. 당신은 유전적 구성이 동일하게 유지된 반면, 병원체는 진화했기 때문이다.

그런데 클론 복제를 하는 개체들은 병원체가 이미 능수능란하게 공략할 수 있는 목표물과 똑같은 복제물을 병원체에게 제공한다. 이들의 자손이 병원체의 식욕을 이기고 살아남을 가능성은 희박하다. 그런 경우 비록 유전자의 절반을 포기하더라도 유전적으로 자신과 다른 자손을 생산하는 편이 훨씬 더 나을 것이다.

과학자들은 늙은 개체의 몸에 있는 병원체를 젊은 개체에게 옮기는 실험을 통해, 시간이 지남에 따라 병원체의 공격이 얼마나 정교해지는지 보여 주었다. 진화 동물학자 매튜 리들리는 자신의 저서에서 늘 깍지벌레의 공격을 받는 늙은 미송 나무에 관한 연구를 인용했다.(깍지벌레는 미생물이 아니지만, 미생물 병원체처럼 질병을 일으키는 유기체다.) 야생에서는 고목이 어린 나무보다 훨씬 감염이 잘 된다. 사람들이 생각하는 것처럼 고목이 어린 나무보다 약하기 때문이 아니다. 오래된 나무일수록 병원체가 적응할 시간이 많았기 때문이다. 그런데 과학자들이 고목에 있는 깍지벌레를 어린 나무에게 옮겨 놓았더니, 어린 나무는 고목과 똑같은 수준의 질병을 겪었다. 이처럼 병원체가 있을 때는 유성 생식이 클론 복제보다 생

존 확률을 높여 준다는 것을 쉽게 알 수 있다.[5]

해밀턴이 병원체와 성의 진화에 대한 이론을 처음으로 펼친 이래로, 이를 뒷받침하는 많은 근거들이 축적되었다. 생물학자들은 유성 생식과 무성 생식을 병행하는 종들은 병원체의 유무에 따라 둘 사이를 오간다는 것을 발견했다. 병원체가 아예 없거나 진화가 불가능하도록 개조된 병원체만 있는 실험실에서 키운 예쁜꼬마선충Caenorhabditis elegan은 대부분 무성 생식을 했다. 그러나 병원체의 괴롭힘을 당할 경우에는 유성 생식을 했다. 다른 실험에서 과학자들은 선충이 유성 생식을 할 수 없도록 개조했다. 병원체가 있는 상태로 선충을 키웠을 때, 20세대 이내에 멸종했다. 반면, 유성 생식을 할 수 있도록 허용한 경우, 선충들은 병원체와 함께 영구적으로 생존했다. 병원체를 견뎌내려면 유성 생식이 제공하는 특별한 이점이 필요한 것처럼 보인다.[6]

이처럼 성의 진화를 강제함으로써, 병원체는 어쩌면 죽음의 진화까지 강제한 것일 수 있다. 죽음이 '진화' 가능한 선택 사항이라는 관념은 반직관적으로 보일 수 있다. 퇴화와 사망은 불가피한 것이라는 관념이 우리 대부분이 삶에 대해 생각하는 지배적인 방식이다. 우리는 신체가 시간이 지나면 마모되는 일종의 기계라고 생각한다. 개별 부품에 고장이 생기고 손상이 축적되다가, 어떤 임계치가 지나면 마침내 기계 전체가 작동을 멈추는 것이다. 그렇기 때문에 우리는 누구도 '죽음을 모면'할 수 없다고 말한다. 원래는 단순히 시간이 가는 것을 뜻하는 '나이가 든다aging'라는 말을 쇠약함과 동일시하기까지 한다. ('나이가 든다'라고 표현할 때 우리는 정말로 말하려는 것은 생물학자들이 '노화senescence'라고 표현하는, 시간이 흐름에 따라 진행되어 궁극적으로 죽음에 이르게 되는 점차적 기능 쇠약이다.)

그러나 노화와 사망은 삶의 불가피한 측면이 아니다. 우리 주변에는 불멸성의 예들이 존재한다. 미생물들은 영원히 산다. 나무도 시간과 함께 퇴화되지 않는다. 오히려 나이를 먹으면서 더 강해지고 생식력도 좋아진다. 미생물과 많은 식물들의 경우, 불멸성은 예외가 아니라 보통이다. 심지어 나이가 들지 않는 동물들도 있다. 예를 들어 쌍패류 조개와 바닷가재가 그렇다. 그들에게 죽음은 순전히 내부 요인이 아닌 외부 요인에 의해 초래된다.

인체가 기계와 구분되는 점 중 하나는 스스로 복구가 가능하다는 점이다. 운동을 하고 난 뒤 우리는 운동 중에 근육에 가해진 손상을 스스로 복구한다. 또한 뼈가 부러지거나 피부가 찢어지면, 새로운 골조직과 피부가 알아서 자라난다. (심지어 절단된 손가락이 다시 자란 사람들에 대한 보고까지 있다.)[7] 우리의 세포는 외상으로부터 스스로를 복구하는 광범위한 방식을 가지고 있다. 다른 동물들도 이런 자기 복구의 능력이 있다. 벌레들은 절단된 꿈틀거리는 몸을 재건한다. 불가사리는 팔이 다시 자란다. 도마뱀은 꼬리가 다시 자란다. 그런 복구는 우리를 더 약하게 만드는 것이 아니라 강하게 만든다.

과학자들은 노화가 내재적으로 불가피한 과정이 아니라, '자살 유전자' 또는 '죽음 유전자'라고 불리는 특정 유전자에 의해 통제된다는 것을 발견했다. 이 유전자가 하는 일은 우리 몸을 좋은 상태

320

로 유지하는 자기 복구 과정을 점진적으로 끊어버리는 것이다. 그들은 파티가 끝난 뒤 전등을 끄는 집 주인과 같다. 그 과정은 반드시 특정 시간에 일어난다.[8]

이 유전자의 발견은 문어 암컷에게 특정 분비선을 제거할 경우 그렇지 않으면 불가피했을 죽음을 지연시킬 수 있다는 것을 과학자들이 발견한 1970년대로 거슬러 올라간다. 보통의 경우, 문어 암컷은 알을 돌보는 임무를 끝내면 마치 시계처럼 갑자기 먹는 것을 중단하고 죽는다. 그러나 성숙도와 번식을 제어하는 분비선을 외과적으로 제거했더니 문어가 사뭇 다르게 행동하게 되었다. 알을 낳은 뒤 문어는 다시 먹기 시작하여 6개월간 더 생존했다.[9] 마찬가지로 과학자들은 벌레와 파리에게 퇴화와 죽음을 촉발하는 것 외에 달리 알려진 목적이 없는 유전자를 정확히 밝혀냈다. 그런 유전자를 실험적으로 비활성화시키면, 죽음이 지연되었다. 벌레와 파리는 계속 살 수 있다.[10]

지금까지는 그런 단일한 목적을 가진 유전자가 사람에게 발견될 것 같지는 않다. 오히려 인간의 자살 유전자는 이롭기도 하고 해롭기도 한 다양한 역할을 수행할 가능성이 많다. 염증을 제어하는 유전자는 우리가 어렸을 때는 상처와 감염으로부터 우리를 보호해 줄 수 있지만, 나중에는 자살에 돌입하여 건강한 세포를 공격하기 시작한다. 이런 갑작스러운 돌변을 촉발하는 조건은 아직 정확히 밝혀지지 않았지만, 분명한 이유로 그런 유전자는 항노화를 연구하는 과학자들이 실시하는 많은 후속 연구의 초점이 되고 있다.[11]

자살 유전자의 발견은 유성 생식이 제기하는 똑같은 질문을 제기한다. 어째서 그런 유전자가 진화한 것일까? 그런 유전자가 초래하는 프로그램된 죽음은 그 대안과 비교할 때 패배자다. 단순 명쾌한 진화 경쟁에서 자살 유전자의 방해로 결승선에 이르기 전에 쓰러져버린 개체는 분명 패배자다. 그런데도 그런 유전자가 진화했다면, 그런 쇠약을 보상할만한 어떤 즉각적인 보상이 있었을 것이다. 소위 '적응 노화 이론'에 따르면, 그 보상은 종들을 평준화시키는 대유행병에 대한 보호다. 불멸성은 의심의 여지없이 특별한 이점을 갖지만, 또한 상당한 약점도 갖는다. 그중 하나는 불멸하는 종들은 환경에서 가용한 자원이 한계에 이를 때까지 개체 수를 빠르게 증가시키는 경향이 있다. 이것이 그들을 기아와 유행병 같은 재앙에 취약하게 만들어, 한꺼번에 모두가 죽어 버릴 수 있다.

322

우리는 이 같은 재앙이 과거에 빈번하게 발생했다는 것을 안다. 지구에서 진화한 모든 종들의 99.9%가 현재 멸종되었다. 오늘날 남아 있는 우리들은 불안정한 지구에서 살아남은 소수의 생존자다. 그런데 어떻게 그럴 수 있었을까? 미생물처럼 불멸하는 종들은 클론 복제를 하기 때문에 재앙적인 기아와 유행병에 대한 복구 능력이 있었을 것이다. 이는 곧 대유행병도 미생물을 멸종시키지 못했을 것임을 뜻한다. 대유행병이 개체수의 99.9%를 쓸어버린다 해도 소수의 생존자만으로 다시 개체 수를 복구할 수 있을 것이다. 그러나 유성 생식을 하는 불멸하는 종들에게는 그럴 공산이 희박했을 것이다. 한 보존 생물학자 집단은 대부분의 유성 생식 동물 종들이 존속을 위해 필요로 하는 최소 개체군 크기를 약 5천 개로 추산했다.[12] 다른 이들은 종에 따라 그 수치를 5백에서 5만 사이로 추산했다. 그 이상의 개체 수를 휩쓸어버린 대유행병(또는 기근)이 발생하면, 유성 생식을 하는 종들은 영원히 멸종될 것이다.[13]

적응 노화 이론은 자살 유전자가 진화한 것은 이런 맥락에서라고 상정한다. 상황은 아마도 이런 식으로 전개되었을 것이다. 서로 경쟁하는 두 개의 유성 생식 유기체 집단을 상상해 보자. 한 집단은 전원이 불멸하고, 다른 집단에서는 자살 유전자가 나타나서 일부 개체는 서서히 노화되어 죽는다. 첫 번째 집단은 빽빽한 숲과 같고, 두 번째는 주기적으로 선별하여 간벌한 숲과 같다. 대유행병이 도래하면, 첫 번째 집단은 빽빽한 숲이 산불에 취약한 것과 마찬가지로 질병에 취약해질 것이다. 두 번째 집단은 살아남아서 자살 유전자를 퍼뜨릴 가능성이 클 것이다.

분명 자살 유전자가 기근과 대유행병의 위험에서 우리를 전적으로 보호하지는 않는다. 그러나 항노화를 연구하는 생물학자 조슈아 미텔도르프 박사가 말한 것처럼, 우리는 때가 되면 나이를 먹고 '한 번에 조금씩' 죽기 때문에, 그런 재앙으로 멸종이 초래될 위험은 훨씬 낮다. 우리는 대유행병에 대한 제물로서 노화하고 죽는 것이라고 미텔도르프 박사는 주장한다.[14]

성의 진화에 관한 해밀턴의 이론과 노화 적응설 모두 현대 생물학에 혁명을 가져온 소위 '붉은 여왕 가설'의 변형이다. 이 가설의 이름은 루이 캐럴의 『거울 나라의 앨리스 *Through the Looking Glass*』에 등장하는 한 장면에서 나왔다. 앨리스는 붉은 여왕과 힘차게 달리다가 땅에 쓰러졌는데 그들이 조금도 앞으로 나가지 못한 채 제자리에 있음을 발견한다. 앨리스가 물었다. "이렇게 빠르게 오래 뛰면 어딘가 다른 곳에 있어야 하잖아요." 붉은 여왕은 그 이유를 설명했다. "여기서는 제자리를 유지하려면 있는 힘껏 뛰어야 한단다. 다른 곳에 가고 싶다면, 적어도 두 배는 빨리 뛰어야 해!"

이것이 유행병의 과거와 미래에 무엇을 의미할까? 1859년 찰스 다윈이 주장하고 전 세계 고등학교 생물 교과서에서 가르치고 있는 고전적 자연선택설에 따르면, 병원체와 그 희생자들은 시간이 지나면서 서로에게 적응하여 덜 긴장된 관계로 진화한다. 그런데 붉은 여왕 가설은 다르게 말한다. 한 종에서 어떤 적응이 일어날 때마다, 그 경쟁자에게 대항적응counteradaptation이 일어난다는 것이다. 그것이 의미하는 바는 병원체와 희생자가 조화를 이루는 쪽으로 진화하지 않으며, 점점 더 정교하게 서로를 공격하는 쪽으로 진화한다는 것이다. 그들은 마치 금슬 나쁜 부부처럼, "빠르게 오래 뛰지만 다른 곳으로 갈 수 없다."

그리고 이것은 미생물과 면역 체계의 본성에 관한 주장들, 그리고 성과 죽음의 진화에 관한 주장들과 동일한 결론으로 이어진다. 즉, 병원체와 희생자 사이의 관계는 더 조화로운 방향으로 진화하지 않는다는 것이다. 오히려 그것은 양자가 서로의 방어막을 뚫고 들어가기 위해 점점 더 정교한 방식으로 진화하는 지속적인 전투다.

이는 전염병이 반드시 특정한 역사적 조건에 의존하는 것이 아님을 암시한다. 설령 운하와 비행기, 빈민가와 공장식 농장이 없다 해도, 병원체와 그 숙주들은 어차피 끝없는 전염병의 순환에 갇혀 있는 운명이다. 미생물 세계에서 유행병은 역사적 변칙이 아니라 삶의 자연스러운 특징이다.

o—●—o

성과 죽음, 병원체에 관한 이러한 이론들은 우리와 병원체 간의 복잡하게 얽힌 오랜 관계를 보여 주기 위해 세워진 것이 아니라, 근대 생물학의 초석인 자연선택설의 이론적 문제점들을 해결하려는 시도였다. 그러나 우리 유전자의 이상한 패턴들과 유전학자를 비롯한 과학자들이 그런 패턴이 무엇을 의미하는지 이해하기 위해 시도해 온 방식은 그러한 이론적 주장들을 뒷받침한다.

그런 이상한 패턴들 중 하나는 우리의 유전적 다양성과 관련이 있다. 우리는 흔히 우리 개개인이 '유전적으로 독특하다'고 말하지만, 실제로 꼭 그런 것은 아니다. 사실 우리는 모두 동일한 유전자를 가지고 있다. 예를 들어, 우리 개개인은 코를 어떻게 만들 것인지, 귀의 모양을 어떻게 만들 것인지를 몸에게 지시하는 유전자를 가지고 있다. (유전자란 요컨대 특정한 특징에 대한 지시를 담고 있는 특정한 DNA의 조각이다.) 그 조각의 화학성분 배열은 개인마다 다르며, 우리가 가진 것은 동일한 유전자의 각기 다른 변이체들이다. 예를 들어, 어떤 사람의 유전자 변이체는 붙은 귓불을 만들고, 다른 변이체는 늘어진 귓불을 만들 수 있다.

유성 생식과 돌연변이는 주기적으로 새로운 변이체와 조합을 우리의 유전체로 들여온다. 그러나 그것은 일정한 방향이 없는 어지러운 과정이다. 마치 눈을 감고 자전거를 공구로 조작하는 것과

325

같다. 대부분 새로운 변이체들은 전혀 유용하지 않다. 자전거가 퇴화하는 것처럼 유전체는 새로운 변이체에 의해 퇴화된다. 가끔은 그 변이체가 중립적이어서 눈에 띄는 영향이 없다. 그리고 아주 드물게 어떤 변이체가 공교롭게 어떤 사건과 동시에 발생하여 유용해지기도 한다. 시간이 지나면서 유용하지 않은 유전자 변이체는 체계적으로 제거되는 반면, 이로운 변이체는 우세해진다. 그래서 유전학자들은 주어진 시간에 각기 다른 사람들의 유전체를 비교해 보면 어느 정도의 유전적 차이를 발견하게 될 거라고 기대하지만 그 차이가 대단히 클 거라고는 기대하지 않는다.

그럼에도 유전학자들이 유전체의 한 부분을 확대하면 어떤 독특한 특이성을 발견한다. 그것은 유전체에서 특정한 병원체 인식 유전자가 놓여 있는 부분이다. 이 유전자는 어떤 세포가 감염되면 면역 체계에 이를 알리는 인간백혈구항원HLA이라는 단백질을 만들도록 지시한다(병원체의 일부에 결합되어 마치 깃발처럼 그 세포 표면에 병원체의 존재를 표시하는 방법으로). 유전체의 이 부분에서 우리는 엄청난 수의 변이체들을 유지해 왔다. 우리의 HLA 또는 병원체 인식 유전자는 사실 유전체의 다른 어떤 부분보다 100배 정도 다양하다. 지금까지 12,000가지 이상의 변이체가 발견되었다.

이에 대한 두 가지 설명이 가능하다. 12,000가지 변이체 각각이 중립적이며, 따라서 변이가 의미 없다는 것이다. 그런데 변이체의 엄청난 숫자를 고려하면 그렇다고 믿기 어려운 일이다. 또 다른 설명은 어떤 강력한 힘이 변이를 줄이는 정상적인 압력을 거슬러, 오래된 유전 변이체들의 방대한 보고寶庫를 유지하는 편이 유리하도록 만든다는 것이다.

그 힘은 반복적인 전염병을 초래하는 병원체일 수 있다. 동일한 개체군에 반복적인 전염병을 일으키려면, 병원체는 마치 다양한 변장을 이용해 같은 은행을 반복해서 터는 강도처럼 들키지 않기 위해 여러 균주들 사이를 오가야 한다. 그런데 우리가 많은 수의 병원체 감지 유전자를 보유하고 있으면, 최신 변장을 알아보는 소수의 개인은 항상 있을 것이다. 따라서 각각의 병원체 감지 유전자 변이체는 완전하게 사라지지도, 순식간에 우세해지지도 않는다. 우리는 그런 변이체들을 마치 특수 탐지 도구들이 가득 들어 있는 대대손손 전해진 보물 상자처럼 항상 지니고 다닌다.[15]

더욱이 우리는 수천 년 동안 그렇게 해 왔다. 우리는 유전체 속에 많은 오래된 유전자들을 가지고 있다. 주로 우리가 다른 종들과 공유하는, 눈과 뇌, 척추 같은 유용한 특징들에 대한 유전자들이다. 병원체 인식 유전자도 마찬가지다. 현대인의 유전체에 내장된 병원체 인식 유전자들 중 어떤 것은 무려 3천만 년 동안 존재해 왔다. 그런 유전자들은 우리가 여러 차례에 걸쳐 다양한 종들로 분화될 때에도 살아남았다. 이는 병원체들이 영겁의 세월동안 전염병을 일으켰다가 잠잠해졌다가 다시 맹렬히 공격하는 순환적인 과정을 반복했음을 시사한다.[16] 우리의 유전체는 또한 과거의 특정한 대유행병에 대한 단서도 지니고 있다. 이 대유행병은 약 200만 년 전에 원시인류(여기에서 호모사피엔스만이 유일하게 생존했다.)를 공격했다. 그런 사실을 뒷받침하는 근거는 시알산이라는 특정 화합물의 생산을 제어하는 유전자에 있다. 30만 년에 걸쳐서(진화론적 시간으로 따지면 아주 짧은 시간이다.), 이 시알산을 생산하는 모든 개인이 멸종하거나 생식에 실패하여, 그것을 불활성화시키는 유전자 변종을 가진 덕에 그 시알산을 생산하지 않는 개인들만 이 땅에 남게 되었다.

과연 무엇이 그런 극적인 변화를 그토록 빨리 일으킬 수 있었을까? 그 유전자가 사라진 것을 발견한 과학자이자 시알산 전문가인 아지트 바르키 박사는 그것이 대유행병이었다고 생각한다. 시알산은 세포 간 상호작용에서 다양한 역할을 수행하지만, 세포에 침입하려는 병원체에게 이용당하기도 한다. (병원체가 시알산과 결합하면 열쇠로 자물쇠를 열듯 세포 내부로 진입할 수 있게 된다.) 지금은 사라진 특정 시알산을 이용하여 세포에 침입한 병원체가 일으킨 대유행병이 그것을 생산하는 개인들을 모두 몰살시키고 그것을 생산하지 않는 개인만을 남겨둘 수 있었을 것이다. 바르키 박사는 오늘날 침팬지에 말라리아를 일으키는 말라리아 기생충 플라스모디움 라이흐노위가 N-글리코릴뉴라미닉산^{Neu5Gc}이라는 시알산에 결합한다는 점을 지적하면서 대유행병을 일으켰던 원인이 말라리아의 한 종류였을 수 있다고 암시한다.[17]

말라리아와 유사한 그 대유행병은 생존자들에게 지대한 영향을 미쳤다. 그들의 세포는 다른 영장류 및 척추동물과 달리 더 이상 Neu5Gc를 생산하지 않았다. 이는 곧 생존자와 그 대유행병을 겪지 않은 사람 간의 모든 임신 시도가 실패로 끝날 것임을 뜻하기도 했다. 생존자의 면역 체계는 Neu5Gc를 가진 정자나 태아의 Neu5Gc를 이물질로 인식하고 공격할 것이기 때문이다. 유전자

조작 생쥐를 이용한 바르키 박사의 실험이 보여준 것처럼, 생존자들은 그들끼리만 번식할 수 있었다.

새로운 종이 탄생했을 것이다. 실제로 화석 증거에 따르면, 최초의 직립 보행 원시인류인 호모 에렉투스는 정확히 New5Gc가 사라진 즈음에 그 이전에 있었던 유인원 오스트랄로피테쿠스로부터 분화되었다. 만일 바르키가 옳다면, 인류가 겪은 최초의 대유행병이 우리를 인간으로 만드는 데 도움을 준 것이다.[18]

고대 유행병에 대한 이러한 결과들이 인상적인 점은 그것들이 근거한 역설적 관찰들이 서로 무관한 연구 과정에서 이루어졌다는 점이다. 우리에게 사라진 시알산을 발견한 것과 우리가 가진 병원체 인식 유전자의 다양성을 발견한 것은 순전히 우연이었다. 바르키 박사는 1984년에 골수 이상 환자에게 말 혈청을 투여했다가 환자의 면역 체계가 말 혈청의 시알산에 반응하는 것을 보고 사라진 시알산을 발견했다. 그는 수십 년간 그 이유를 추적하던 중에 우연히 고대 대유행병에 대한 이야기를 접하게 되었다. 한편 과학자들은 장기 이식을 시도하는 과정에서 병원체 인식 유전자의 다양성을 발견했다. 외과 의사들은 기증자와 수혜자가 동일한 병원체 인식 HLA 유전자를 갖고 있지 않으면, 수혜자의 면역 체계가 기증자의 장기를 병원체로 인식하고 공격한다는 것을 발견했다. HLA 유전자에 따라 기증자들과 수혜자들을 연결하려고 시도하는 과정에서, 우리들 사이에 엄청난 변이가 있다는 것이 서서히 드러났다. 그러나 이러한 발견들의 우연적 성격에도 불구하고, 두 발견 모두 진화 생물학자들의 이론과 일치하는 결론으로 이어졌고, 이들은 각자의 역설을 풀려고 시도했다. 우리가 적극적으로 찾아보려고만 하면 과거의 대유행병에 대해 더 많은 것을 알게 될 것이다.[19]

○─●─○

고대의 대유행병이 남긴 흔적은 적어도 아직까지는 희미하지만, 그것이 남긴 여파만큼은 그렇지 않다. 우리 면역 체계의 특이성에서부터 우리 선조들의 역사적 궤적에 이르기까지, 과학자들이 이제 막 이해하기 시작한 그러한 여파들을 우리 모두 느낄 수 있다.

고대의 전염병은 면역 반응의 강화로 이어졌다. 그런데 이런 면역 반응은 자연 유산을 포함한 광범위한 질병에 걸리기 쉽게 만든다. 여성의 5%는 면역학적 이유로 반복적인 자연 유산을 경험한다. 산모의 면역 체계가 태아를 외부 침입자로 잘못 인식하여 공격하는 것이다. 우리의 몸은 다른 인간의 어떤 조직과 세포에도 이와 유사하게 반응한다. 그렇기 때문에 이식 수혜자의 면역 체계를 의료적으로 억제하지 않으면 기증자의 장기를 공격할 확률이 거의 100%다(일란성 쌍둥이를 제외하면).[20]

강화된 면역 반응, 특히 바르키 박사가 발견한 우리가 고대의 대유행병에서 살아남기 위해 발전시킨 면역 반응은 우리가 붉은색 육류를 먹으면 암과 당뇨, 심장병에 걸리기 쉽게 만들 수 있다. 포유류의 살점인 붉은색 육류에는 우리가 잃어버린 시알산인 글리콜뉴라민산^{Neu5Gc}이 풍부하게 함유되어 있다. 그것을 섭취하면

330

2백만 년 전 우리 조상이 오스트랄로피테쿠스와 교미했을 때와 똑같은 면역 반응을 촉발할 수 있다. 우리의 신체는 육류의 세포 조직을 외부 병원체로 인식하여 염증으로 퇴치하려 할 것이다. 그런 작은 염증 반응이 시간이 흐르면서 암과 심장병, 당뇨병에 걸릴 위험을 증가시킬 수 있다. 실험실 실험에서 바르키는 우리처럼 Neu-5Gc에 대한 염증 반응을 일으키도록 유전자를 조작한 생쥐가 시알산에 노출되면 암 발병률이 5배나 높아진다는 것을 발견했다.[21]

과거에 우리가 병원체를 이기고 살아남는 데 도움을 주었던 똑같은 유전적 변이체들이 지금은 다른 질병에 걸릴 위험을 높임으로써 우리에게 부담을 지우고 있다. 가장 유명한 것은 적혈구를 변형시키는 겸상 적혈구 유전자다. 이 유전자는 말라리아의 사망률을 대폭 낮춰 주기 때문에 말라리아 전염병을 겪은 사하라 사막 이남 아프리카 사람들 사이에 확산되었다. 2010년에 5백만 명 이상의 유아가 이 유전자를 가지고 태어났다. 그러나 이 유전자는 말라리아를 이기는 데는 도움이 되지만, 그 유전자를 두 배로 가지고 태어난 유아는 현대 의학의 도움이 없다면 치명적일 수 있는 겸상 적혈구 빈혈증을 앓는다.[22]

마찬가지로 아프리카인들이 수면병을 이겨내는 데 도움을 주었던 유전자가 지금은 그들을 신장 질환 위험에 빠뜨리고 있다. 오늘날 아프리카계 미국인에게 신장병 발병률이 높은 것도 어쩌면 이 때문일 수 있다.[23] 또한 말라리아를 이겨내는 데 도움을 주었던 유전적 변이가 콜레라 같은 다른 병원체에 더 취약하게 만들었다.[24] 현대 유럽인들 70%에 존재하는, 나병을 이겨낼 수 있도록 해

준 유전적 돌연변이가 지금은 크론병과 궤양성 대장염 같은 염증성 대장 질환과 관련된 것으로 밝혀졌다. 반면, 유럽인들에게 세균 감염에 대한 보다 강력한 보호막을 제공해 준 다른 유전적 돌연변이들은 동시에 글루텐 소화 능력을 손상시켰다. 그 결과 오늘날 유럽 인구의 최대 2%가 소아지방변증에 시달린다.[25]

A형, B형과 같이 혈액형을 구분해 주는 단백질을 적혈구에 심는 유전자는 임신 중에 산모를 심각한 감염으로부터 보호하기 위해 진화한 것으로 보이는데, 이제는 동맥 및 정맥 혈전색전증에 취약하게 만들고 있다.[26] 우리를 고대의 전염병으로부터 보호했던 병원체 인식 유전자의 특정한 변이체들은 당뇨병에서 다발성경화증, 낭창에 이르기까지 광범위한 자가면역질환과 연관되어 있다.[27] 사람들이 HIV나 말라리아를 이겨내는지 여부, 또는 홍역에 적절한 면역 반응을 작동하는지 여부는 과거의 병원체들을 막아내는 데 도움을 주기 위해 진화한 개인의 고유한 병원체 인식 HLA 유전자들에 달려 있다.

고대의 전염병과 대유행병은 우리에게 긴 그림자를 드리웠다. 고대 전염병에 대한 우리의 유전적 적응과 현대 병원체에 대한 취약성 사이의 연관관계는 유전자 연구의 발전 덕분에 최근에야 비로소 밝혀지고 있지만, 과학자들은 아직 발견되지 않은 그런 연관관계가 훨씬 더 많이 존재할 것이라고 기대한다. 오늘과 내일의 병원체에 대한 우리의 취약성의 상당 부분이 우리의 선조들이 어떻게 과거의 병원체를 이기고 살아남았는지에 의해 결정되는 것일 수 있다.[28]

병원체와 대유행병이 우리의 진화에서 수행한 크나큰 역할을 감안하면, 그것들이 우리의 행동 형성에도 영향을 미쳤을 것은 당연하다. 심리학자와 역사학자, 인류학자들에 따르면, 실제로 그랬다. 진화 심리학자 코리 L. 핀처와 랜디 손힐은 개체군들을 행동적, 지리적으로 별개의 집단으로 구별하는 문화 자체가 전염병으로 얼룩진 과거에 대한 행동 적응에서 나온 것이라는 이론을 펼쳤다.

이 이론은 '면역 행동'이라는 개념에서 출발한다. 면역 행동이란 습지와 늪 같은 특정한 지형적 특징을 기피한다거나 음식에 항균 성분이 함유된 양념을 첨가하는 것처럼, 사람들이 병원체를 피하는 데 도움을 주는 사회적, 개인적 관행이다. 이런 행동들은 사람들을 병원체로부터 보호하기 위해 의식적으로 고안된 것이 아니며, 사람들은 그런 것이 도움이 된다는 사실조차 모를 수 있다. 그러나 일단 면역 행동이 형성되면 계속 유지된다. 면역 행동을 하는 사람들이 감염병에 훨씬 덜 취약하기 때문이다. 그런 행동들은 후대에 전해져 견고하게 자리 잡게 된다.

인간의 기동성이 상대적으로 제한되었던 진화 초기에는 병원체와 그 희생자들이 무척 밀접하게 서로에게 적응했을 것이기 때문에 면역 행동이 매우 국지적이었을 것이다. 이런 흔적들은 오늘날도 감지된다. 인류학자들은 수단에서 리슈만편모충^{Leishmania}이라는 병원체로부터 사람들을 보호하는 면역 행동이 마을마다 다

333

르다는 것을 발견했다. 이러한 가변성은 그들이 노출된 병원체의 가변성과 일치하는 것으로 보인다. 한 장소에서 어떤 병원체 균주에게 효과가 있는 행동이 다른 곳에서 다른 균주에게는 효과가 없을 수 있다. 실제로 그리 멀지 않은 지리적 거리에서 100가지 이상의 유전적으로 구분되는 리슈만편모충 균주가 발견되었다.[29]

면역 행동의 특이성 때문에 외부자와의 상호작용이 특히 위험했을 것이다. 외부자들은 지역 병원체들과 그것들을 피하기 위해 필요한 행동들에 대한 전문 지식에 접근할 수 없었을 테니, 이런 행동들을 손상시키고 방해할 수 있었을 것이다. (또는 비지역적인 병원체를 들여올 수도 있었을 것이다.) 그러므로 외부자와 비교해 내부자의 가치가 커졌을 것이고, 그와 함께 가령 복장과 문신처럼 그런 차이를 강조하는 관행과 외국인혐오증과 자민족중심주의처럼 외부인을 경계하는 태도도 커졌을 것이다. 그 결과 시간이 흐르면서 서로 다른 문화 집단들이 발달하게 되었다.

질병 역사학자 윌리엄 맥닐 박사는 이러한 매우 국지적인 면역 행동들이 인도의 카스트 제도의 발전에 기여했다고 가정한다. 카스트 제도에는 카스트들 간의 접촉을 제한하고 만일 접촉이 일어난 경우 몸을 정화하는 정교한 규칙이 존재한다. 이런 관행들은 부분적으로 각 지역마다 지역 병원체에 맞춰진 특정한 면역 행동을 가지고 있다는 사실과 그로 인해 집단 경계선을 단속하는 시스템의 필요성 때문에 나타난 결과일 수 있다고 맥네일 박사는 추측한다.[30]

병원체가 많은 곳일수록 민족 집단이 많고(전통적인 민족들에서), 역으로 민족 집단이 많은 곳일수록 병원체가 많기도 하다.[31] 주어진 지역에서 민족적 다양성의 수준을 예측할 수 있는 다양한 요소들 가운데, 병원체 다양성은 가장 강력한 요소 중 하나다.[32] 그리고 병원체를 경험한 사람일수록 자신이 속한 인종(또는 민족) 집단에 더 애착을 갖는다는 것이 여러 실험을 통해 밝혀졌다. 이것은 문화적 차이의 근간인 인종 집단에 대한 경도가 실제로는 질병에 대한 두려움과 연관되어 있음을 시사한다. 2006년도에 수행된 한 연구에서, 인류학자들은 감염에 대한 두려움을 이끌어내면(예를 들어, 마시려는 우유가 상했음을 내비침으로써), 감염의 두려움을 고조시키지 않은 사람들에 비해 소속된 집단에 대한 애착이 강해진다는 것을 발견했다.[33]

병원체와 관련한 문화 집단들 간의 차이는 집단 간 대립의 결과에도 영향을 미친다. 민족 집단은 맥네일 박사가 '면역학적 이점 Immunological advantage'이라고 부르는 것을 행사하여 다른 집단을 정복할 수 있었다. 요컨대 자신들은 적응이 되었지만 상대에게는 면역력이 없는 병원체를 전하는 것이다. 2천 년 전 서아프리카에서 치명적인 말라리아 종에 적응된 반투족 농부들이 병원체를 가지고 대륙 깊숙이 침투했을 때 그런 일이 일어났다. 그들은 역사학자들이 '반투족 대이동Bantu expansion'이라고 부르는 과정을 통해, 그 지역에 살고 있었다고 생각되는 수많은 다른 인종들을 무찔렀다. 또한 면역학적 이점은 고대 로마인들이 북유럽에서 침략한 군대를 물리칠 수 있게 해 주었다. 침략자들은 현지인들이 이미 적응한 로마 열병으로 죽어 갔다. 로마인이 가진 면역학적 이점이 상비군 못지않은 보호를 제공했다. 비테르보의 시인 고드프리는 1167년에 이렇게 기록했다. "로마가 검으로 스스로를 지킬 수 없을 때 열병으로 지킬 수 있었다."[34]

가장 유명한 사례는 15세기에 유럽인들이 신대륙에 구대륙 병원체를 들여와 면역력이 없는 본토인들에게 큰 타격을 입힘으로써 시작된 아메리카 대륙의 정복이었다. 스페인 탐험가들이 들여온 천연두로 인해 페루의 잉카족과 멕시코 아즈텍족의 거의 절반가량이 죽었다. 천연두가 신대륙 전체에 퍼져 유럽인이 정착하기도 전에 토착민을 몰살시키다시피 했다.[35] 한편 열대 아프리카 사람들은 지역민들이 적응된 말라리아와 황열병으로 유럽 식민 세력을 쓰러뜨림으로써 그들의 침략 시도를 여러 차례 격퇴했다. (16세기에서 19세기까지 활발하게 이루어진 무도한 대서양 삼각무역은 그로 인한 한 가지 불행한 결과였다. 사하라 사막 이남 아프리카에 식민지를 건설하는 데 실패한 유럽인들은 아프리카에서 사람들을 포획해 대서양 건너 아메리카 대륙에 들여와 사탕수수 농장에서 일할 노예로 팔았다.) 우리들 사이의 면역학적 차이에 의해 판가름된 이러한 대립들은 오늘날 현대 사회에도 여전히 영향을 주고 있다.[36]

○–●–○

서로 모순되어 보이는 미에 대한 관념들, 그중에서도 특히 잠재적인 배우자의 매력에 대한 관념도 역시 면역 행동으로 진화한 것일 수 있다. 연애의 정확한 구조는 여전히 신비에 싸여 있지만, 진화 생물학은 몇 가지 일반 법칙을 제시한다. 그중 하나는 우리가 훌륭한 공동 양육자이자 생존에 적합한 2세를 생산하는 데 도움이 되는 상대에게 끌린다는 것이다. 이것은 단순한 논리다. 공동 양육에 적합하지 않은 상대에게 끌리는 사람들은 자식을 많이 낳지 않는 경향이 있거나 살아남는 자식이 상대적으로 적을 것이기 때문에 시간이 지나면서 수적으로 열세해진다는 것이다.

여기서 모순은 인간의 경우 배우자의 매력이 좋은 공동 양육자가 될 가능성과 크게 연관이 없어 보인다는 점이다. 여러 비교문화 연구들은 여성들이 넓은 턱과 깊게 들어간 눈, 얇은 입술처럼 남성 호르몬인 테스토스테론에 의해 만들어지는 남성의 얼굴 특징에 더 큰 매력을 느낀다는 것을 보여 준다. 일반적으로 테스토스테론이 많은 남성일수록 여성에게 매력적으로 보일 가능성이 크다.[37] 그러나 동시에 테스토스테론이 많은 남성일수록, 좋은 공동 양육자가 될 가능성이 적다. 테스토스테론이 높은 남성은 그렇지 않은 남성에 비해 반사회적 행동을 할 가능성이 큰 반면, 결혼할 가능성은 적다. 결혼을 하더라도 이혼을 하거나 바람을 피우거나 배우자에게 폭력을 행사할 가능성이 더 크다. 그렇다면 높은 테스토스테론 수치는 여성에게 덜 매력적으로 보여야 마땅할 텐데, 사실은 정반대다.[38]

달리 말하면 넓은 턱과 깊숙이 들어간 눈은 공작의 꼬리와 같다. 길고 무겁고 눈에 띄는 공작의 꼬리는 분명 수컷의 생존에 방해가 된다. 그러나 수많은 연구에서 테스토스테론 수치가 높은 남성을 선호하는 여성과 마찬가지로 공작새 암컷도 길고 화려한 꼬리를 가진 수컷을 선호한다는 것을 보여 주었다.

진화학자들에 따르면, 그 이유는 공작새의 길고 화려한 꼬리는 수컷이 암컷에게 자신이 강하고 능력 있는 짝짓기 상대라는 신호를 보내는 것이기 때문이다. 말하자면 광고를 하는 것이다. 그리고 이때 광고하는 것은 병원체에 대한 강력한 방어력이다. 과학자들은 꼬리가 길고 화려한 공작새가 꼬리가 짧은 공작새에 비해 면역 체계가 강해서 병원체에 감염될 가능성이 적다는 것을 발견했다. 그리고 꼬리가 짧고 칙칙한 수컷보다 이들을 선택하는 편이 번식 성공률을 높이는 데도 도움이 된다. 꼬리가 긴 수컷과 교미하는 암컷은 꼬리가 짧은 수컷과 교미하는 암컷에 비해 더 큰 새끼를 낳기 때문에 새끼가 야생에서 생존할 가능성이 높다. 그래서 휘황찬란하고 정교한 꼬리가 공작새의 생존에 방해가 됨에도 불구하고, 암컷은 여전히 그것을 더 매력적으로 느끼는 것이다.

높은 테스토스테론 수치를 보여 주는 인간 남성의 특징들도 비슷한 기능을 수행하는 것일 수 있다. 이들 역시 강력한 면역 체계를 광고하는 것이다. 높은 호르몬 수치와 강한 면역 방어 체계는 서로 연관이 있다. 여성들은 공작새 암컷이 길고 화려한 꼬리를 매력적으로 느끼는 것과 똑같은 이유로 높은 테스토스테론 수치를 암시하는 얼굴 특징을 매력적으로 느끼는 것일 수 있다. 즉, 그런 얼굴 특징들이 병원체와 싸우는 배우자의 능력을 보여 주기 때문이다.

29개 문화 집단을 비교한 한 연구에서, 심리학자들은 잠재적 배우자의 외모를 강조하는 문화 집단에서는 실제로 병원체의 부담이 더 크다는 것을 발견했다. 또 다른 연구에서는 감염에 대한 관심을 더 많이 표현하는 여성이 남성다운 외모를 가진 남성을 선호하는 것을 발견했다. 남성의 미에 대한 관념과 감염의 연관성을 뒷받침하는 실험적인 근거들도 존재한다. 과학자들은 실험적으로 피험자의 감염 공포를 조작하고(예를 들어, 피로 얼룩진 흰색 천의 사진을 보여줌으로써), 그런 다음 남성들의 사진을 보여 주며 외모를 판단하도록 요청했다. 병원체에 대한 두려움이 고조된 여성들은 그렇지 않은 여성에 비해 남성적인 외모의 남성들을 더 선호했다.[39]

고대 전염병을 이겨내기 위한 전략에서 비롯되었을 수 있는 미적 기준과 배우자 선택의 또 다른 흥미로운 측면은 병원체 인식 HLA 유전자와 관련이 있다. 자신과 다른 병원체 인식 유전자를 가진 배우자를 선택할 경우 자식이 광범위한 병원체를 이겨낼 수 있는 확률이 높아진다. 실제로 서로 다른 병원체 인식 유전자를 가진 부부는 서로 유사한 병원체 인식 유전자를 가진 부부에 비해 번식 성공률이 높다. (자연 유산율도 낮고, 자녀들 간의 나이차도 적다. 이는 유산을 많이 겪지 않았음을 시사한다.)

물론 우리가 배우자를 선택할 때 상대방의 병원체 인식 유전자의 구성이 영향을 미치려면, 우리가 비슷한 병원체 인식 유전자를 가진 사람과 그렇지 않은 사람을 구분할 수 있어야만 가능하다. 대부분의 사람들이 인식하고 있지 못하지만, 사실 우리는 그런 구분을 할 수 있는 것으로 판명되었다. 많은 연구들이 사람들도 다른 동물들과 마찬가지로 타인의 병원체 인식 유전자를 냄새로 감지할 수 있음을 보여 주었다. (병원체 인식 유전자가 정확히 어떻게 체향에 영향을 주는지는 분명하지 않다. 아마도 유전자에 의해 암호화된 단백질이 세포에 결합하는 방식이나 인체 내에서 냄새를 만들어내는 세균에 영향을 미치는 방식과 관련이 있을 수 있다.) 그리고 사람들은 이 냄새에 대한 선호도를 갖는다. 한 연구에서 병원체 유전자 유형별로 분류한 피험자들에게 이틀 밤 연속으로 면 티셔츠를 입도록 했다 (동시에 향이 나는 비누나 기타 제품을 사용하거나 향이 강한 음식을 먹는 것을 자제하게 했다). 그런 다음 티셔츠를 아무 표시도 붙이지 않은 통에 넣고 피험자에게 냄새를 맡게 했다. 그런데 피험자 전원이 자신과 다른 유전자 인식 유전자를 가진 사람이 입었던 티셔츠의 냄새를 선호했다.[40]

그렇다고 우리가 전적으로건 부분적으로건 체향에 의존해 배우자를 고른다는 얘기는 물론 아니다. 그러나 전염병에 시달렸던 과거에는 그래야만 했을 수 있다. 오늘날까지 우리는 냄새로 차이를 알아내고 거기에 근거하여 언뜻언뜻 스치는 욕망의 잔재를 느끼곤 한다.

미생물은 우리 몸속에서도 우리에게 강력한 영향을 행사해 왔다. 과학자들은 일반적으로 미생물군집체microbiome라고 알려진 우리 몸에 사는 미생물에 대한 수수께끼를 이제 막 풀기 시작했다. 지금까지 밝혀진 바에 따르면, 그런 미생물들은 종종 보이지 않는 꼭두각시 조종자의 역할도 한다. 포유류의 두뇌 발달과 곤충들의 생식, 생쥐의 면역 같은 결정적인 과정들이 순전히 특정 미생물의 존재 유무에 의해 촉발된다.[41] 인간의 내장에 사는 미생물은 비만과 우울증, 불안증에 빠질 위험에 영향을 준다. 그것은 또한 우리의 행동을 제어하는 역할도 할 수 있다. 실험적으로 생쥐에게 미생물을 제거했더니 생쥐의 행동이 상당히 의미심장한 방식으로 바뀌었다. 불안 반응과 기억력을 요하는 임무 수행 능력이 모두 감소한 것이다. 한 생쥐를 다른 생쥐의 미생물에 노출시켰더니 그 쥐가 다른 쥐를 흉내 내는 식으로 행동했다.[42]

이 모든 것은 우리의 개성이라고 하는 것이 사실은 환상에 지나지 않는다는 것을 말해 준다. 진화 생물학자 니콜 킹이 말한 것처럼, 우리 같은 동물들은 결코 단일 유기체인 적이 없었다. 좋든 싫든, 우리는 '숙주-미생물 생태계'다. 미생물이 외부와 내부에서 우리를 형성한다.[43]

다시 말해 병원체와 대유행병은 순전히 근대적 삶의 산물만은 아니라는 얘기다. 그것은 우리의 생물학적 유산의 일부다. 오늘날 새로운 대유행병의 문턱에서 우리가 처한 곤경은 이례적인 것이 아니다. 그것은 수억 년에 걸친 진화 과정과 같은 것이다.

341

○─●─○

많은 면에서 우리는 오늘날에도 여전히 수백억 년 전과 마찬가지로 대유행병 앞에서 작아진다. 전 세계적으로 우리가 정복한 전염병은 손에 꼽을 정도에 불과하다. 신종 병원체들이 우리에게 대량으로 침투하여 대유행병의 위협을 가하고 있다. 그런 와중에 기존의 병원체들은 여전히 우리에게 고통을 요구하고 있다. 45세 미만 사망자의 거의 절반가량이 감염 질병으로 인한 것이다.[44]

그러나 동시에 우리의 전망이 지금보다 밝았던 적도 없었다.

병원체는 모든 종들이 직면한 세 가지 생존 위협 중 하나일 뿐이라는 사실을 생각해 보자. 다른 두 가지 위협인 포식자와 적대적인 기후는 이제 거의 정복 단계에 이르렀다. 백만 년 전 우리의 조상들이 불을 다스려 어둠과 추위를 물리치기 시작한 이래로, 우리는 중앙난방 시스템과 밀폐 유리를 비롯한 다양한 방법을 동원하여 적대적인 기후를 점차 우리의 필요에 적합하도록 안락하게 변화시켜 왔다.[45] 또한 십만 년 전 우리가 아프리카에서 다양한 대륙으로 뻗어나가서 다른 대형 포유류와 그들을 사냥하는 포식자들을 빠르게 멸종시키면서, 우리와 포식자와의 싸움은 결론이 났다. 우리는 아메리카 사자와 마스토돈, 매머드, 검치호처럼 우리를 먹이로 삼았던 동물들과 네안데르탈인 같은 다른 초기 인류를 제거했다. 유일하게 남은 우리의 포식자는 다른 인간들뿐이다.[46]

나는 지금 우리가 환경과 다른 종들을 정복해 온 방식에 부정적인 영향이 없었다고 주장하려는 것이 아니다. 단지 우리가 지능과 도구 제작 능력을 동원했을 때, 우리의 능력이 어느 정도인지 보여 주려는 것뿐이다. 이 두 가지 생존 위협은 수천 년 동안 우리에게 명백했기 때문에(우리의 가장 오래된 조상들도 폭풍우의 파괴력과 포식자가 제기하는 위험을 인식할 수 있었다), 우리는 우리가 가진 힘을 이용하여 그런 위협들을 극복할 수 있었다.

반면, 우리 역사의 대부분 동안 우리는 병원체가 우리의 삶에서 어떤 역할을 하는지 인식하지 못했다. 불과 2백 년 전에야 우리는 비로소 미생물을 검출하는 기술을 개발했다. 우리는 오늘날 비밀스러운 미생물 세계의 규모가 어느 정도인지 이제 막 파악하기 시작했다. 항생제와 20세기 중반의 다른 특효약들의 개발로, 우리는 오랜 숙적을 정복한 것처럼 보였을 것이다. 그러나 보다 큰 역사적 맥락에서 보면, 우리는 겨우 산기슭의 작은 언덕에 올라가서는 드디어 정상을 정복했다고 착각하는 사람과 같다. 병원체가 제기하는 도전에 우리의 지능과 도구 제작 기술을 적용하는 과제는 이제 막 시작되었을 뿐이다.

10
—
새로운 전염병을 추적하며

"어휴, 무지하게 겁주시네요." 질의응답 시간이 시작되었을 때 맨 앞줄에 앉아 있던 턱수염을 기른 남자가 내게 말했다.

2015년 봄, 미니애폴리스 외곽에 있는 작은 기술학교의 학생들과 교직원 앞에서 내가 1시간에 걸친 발표를 마친 직후였다. 그런 반응을 경험한 것이 그때가 처음은 아니었다. 그때까지 나는 1년여 동안 의사와 학생, 학자들에게 과학과 정치, 전염병의 역사에 관한 주제로 발표를 해 왔는데, 나중에 청중들이 줄지어 강당이나 회의실을 빠져나가면서 불안한 웃음과 함께 당장 손을 씻으러 가야겠다고 서로에게 속삭이는 소리를 듣곤 했다.

"사스에 대한 과잉 반응을 기억하시나요?" 턱수염 남자가 물었다. "조류독감은요? 에볼라 때는 또 어땠습니까? 우리는 매번 놀라지만, 전염병이 잦아들면 다시 전염을 철저히 무시하곤 하지요. 그런데 그게 무슨 의미가 있습니까? 우리가 그렇게 야단법석을 떨면 다음번 전염병을 통제할 수 있습니까?"

그의 관점에서 보면, 나는 지난 한 시간 동안 무대 조명 아래서 청중들에게 공포감을 조성한 것이었다. 그래서 그의 말에 대한 나의 반응이 다소 모순적으로 보였을 것이다. 나는 그의 말에 동의했다. 사실 두려움에 떠는 것은 헛된 일이다. 그러나 두려움 자체가 가공할 병원체가 제기하는 도전에 대한 잘못된 반응인 것은 아니다. 다만 그 두려움이 어디서 비롯되느냐가 문제다.

○━○

최근 역사에서 병원체에 대한 공포감을 가장 극적으로 보여준 예는 2014년 서아프리카에서 에볼라가 유행했을 때 일어났다. 몬로비아와 프리타운에 사는 가난한 빈민촌 사람들 수십 명이 사망했다는 소식에, 켄터키 교외에서부터 에어컨이 시원하게 나오는 오스트레일리아 캔버라에 이르기까지, 온갖 사람들이 에볼라가 자신들도 덮칠 것이라는 공포에 사로잡혔다.

한 여론조사에 따르면 미국인 세 명 중 두 명은 미국 내에 에볼라 유행이 번질 것을 두려워했다.[1] 그들은 공포에 사로잡힌 나머지, 아프리카 대륙에 위치한 지역에 다녀온 모든 사람들과의 접촉을 피했다. 감염 국가와 아무리 멀리 떨어진 지역을 다녀왔어도 마찬가지였다. 코네티컷에서 미시시피에 이르기까지, 많은 학교가 케냐와 남아프리카공화국, 잠비아, 르완다, 나이지리아처럼 전염병 발생지에서 수천 킬로미터씩 떨어진 나라에 다녀온 교사와 학생들에게 문을 닫아걸고 3주 동안 자가 격리에 들어가게 했다(여기서 3주는 잠복한 에볼라 바이러스가 증상을 나타내는 데 걸리는 시간이다.)[2] 메인 주에 있는 어느 학교 이사회는 한 교사가 댈러스에서 열린 컨퍼런스에 참석한 뒤 3주간 자가 격리에 들어가도록 강요했는데, 회의가 열린 장소에서 16킬로미터 떨어진 곳에 라이베리아에서 에볼라에 감염된 사람을 치료한 병원이 있다는 것이 이유였다.

여행자나 외국인으로 보이는 사람들, 즉 에볼라에 감염되었을 가능성이 있는 사람들에게 특이한 질병의 흔적이 조금이라도 보이면 복잡한 통제와 기피 대책을 취했다. 한 항공기 승무원은 댈러스와 시카고 사이를 운항하는 도중에 구토를 하는 승객을 보고 행여 에볼라에 걸렸을까봐 지레 겁을 먹고 화장실에 가둬버렸다.[3] 국방부에서 셔틀 버스에서 내린 뒤 구토를 한 여성 앞에 갑자기 위험물 처리 전담반이 나타나서 그녀를 격리시키고, 해병대 행사에 참석하기 위해 같은 버스를 탔던 사관들을 검역했다. 사정이 이렇다보니 2014년 11월에 이르러 질병통제예방센터는 다가올 축제를 앞두고 추수감사절에 칠면조를 먹어도 에볼라에 걸리지 않는다는 특별 메시지로 소비자들을 안심시킬 필요성을 느꼈다.[4] 미국 정치인들은 공포를 부추겼고, 한 정치인은 멕시코의 '불법 이민자들'이 국경 너머로 미국에 에볼라를(돼지독감과 뎅기열, 결핵과 함께) 들여오고 있다고 질병통제예방센터에 경고했다.[5]

349

과잉 반응은 미국에만 국한된 것이 아니었다. 2014년 11월, 모로코 정부는 2015년 아프리카 네이션스컵 축구 경기를 개최하려던 계획을 취소했다. 감염국가들 중에 경기에 참석할 자격을 얻은 국가는 없었고 방문할 팬들도 거의 없을 것으로 예상되는 상황이었는데도 그런 결정을 내린 것이다. 미국과 유럽의 여행사들은 모든 아프리카 대륙 관광 상품의 판매를 중단했다.[6] 멕시코와 벨리즈는 어떤 유람선이 댈러스에서 에볼라 환자의 실험실 표본을 취급한 승객을 태웠다는 이유로 자국의 항구에 정박하는 것을 거부했다. 그 승객이 바이러스에 노출되지 않았고 아무런 증상이 없었으며 이미 선상에서 검역을 마쳤다는 사실도 그들의 결심을 흔들지 못했다.[7] 프라하에서는 가나에 다녀온 학생이 기차역 승강장에서 떨고 있다가 열다섯 명의 경찰과 전신에 위험물 처리 복장을 착용한 응급상황 관리자에 의해 카트에 실려 가기도 했다. 알고 보니 그 학생은 그냥 감기에 걸린 것뿐이었다. 마드리드의 한 공항에서는 한 나이지리아 남자가 바닥에 쓰러져 거의 한 시간 동안 몸을 떨고 있었는데도, 공포에 얼어붙은 탑승객들은 그저 한쪽에 비켜서서 지켜보기만 했다. 알고 보니 그 남자는 코카인 과잉 투여 상태였다.[8]

과민 반응이 워낙 만연해 있어서 서아프리카에서 전염병을 통제하려는 국제적 노력에 지장을 주었다. 기니와 라이베리아, 시에라리온 정부는 국제적 도움을 청했지만, 항공사들은 감염된 국가들로의 운항을 취소하여 국제 구호원들의 발을 묶었다. 호주와 캐나다에서는 서아프리카 여행이 즉시 금지되는 한편, 어떤 곳에서는 감염 국가에 방문한 사람들에 대한 엄격한 검역 규정이 마련되었다.[9] 병원과 정부기관, 일반 시민들이 가상의 전염병으로부터 스스로를 보호하기 위해 화생방 보호복을 사재기하는 바람에 정작 서아프리카에서 실제로 전염병과 싸우기 위해 떠나는 국제 구호원들을 위한 물량이 부족했다.[10]

턱수염 남자가 병원체에 대한 우리의 겁먹은 반응의 유용성에 대해 질문했을 때, 그는 물론 이런 비이성적으로 보이는 대중들의 반응을 염두에 둔 것이었다. 그런 야단법석이 무슨 의미가 있었겠는가? 따지고 보면, 에볼라가 산업화된 세계에 실제로 제기한 위험은 아주 낮다는 데 공중보건 전문가들은 의견을 같이 한다. 에볼라 같은 병원체가 전염될 기회는 극소수에 불과하다. 에볼라 바이러스는 사람들이 감염이 한창 진행 중인 회생자의 체액을 삼켰을 때만 전염될 수 있는데, 그런 일은 병에 걸린 사람이 현대식 병원에서 치료를 받고 시신 처리를 전문가가 전담하는 곳에서는 정상적으로 일어나기 힘들다. 그런데 왜 메인 주의 학부모와 댈러스의 승무원들은 그토록 두려워했던 것일까?

대부분의 논평가들은 그것을 무지와 피해망상 탓으로 여겼다. 이런 현상을 냉소적으로 표현한 용어 '에볼라노이아'가 소셜 미디어상에서 인기를 끌었다. 폴리티팩트PolitiFact는 에볼라에 대한 미국인들의 과장된 두려움을 '올해의 거짓말'로 선정했다. 『이코노미스트』는 그것을 '무지 전염병'이라고 불렀다. 어떤 논평가는 에볼라로 죽은 미국인보다 리얼리티 TV쇼로 유명한 방송인 킴 카다시안과 결혼한 미국인이 더 많다고 지적했다.[11]

그러나 에볼라노이아를 무지의 표현으로 치부하는 것은 그것이 가진 더 큰 의미를 놓치는 것이다. 에볼라가 산업화된 세계에 촉발한 공포는 의미 없는 무지의 소치가 아니라 병원체에 대한 지배적인 태도와 다음번 대유행병이 어떻게 받아들여질 것인지에 대한 중요한 뭔가를 보여 주었다. 공포는 예상치 못한 것에 대한 반응이다. 어찌된 일인지 에볼라는 병원체에 대한, 그리고 우리 삶에서 병원체의 역할에 대한 오늘날의 예상에 어긋나는 구석이 있었다.

에볼라 때문에 공포에 빠졌던 사회들이 다른 신종 병원체에는 어떻게 반응했는지 생각해 보자. 라임병을 예로 들어 보자. 라임병은 1975년에 처음 발생한 이래로 전국적으로 꾸준히 진행되어 매년 30만 명의 미국인이 이 병을 진단받고 있다. 적절한 항생제를 즉시 투여하면 이 병을 초기에 잡을 수 있지만, 감염을 진단하는 어려움 때문에 많은 경우 제때에 치료받지 못한다. (세균에 감염된 다섯 명 중 한 명은 특유의 소 눈처럼 생긴 발진이 나타나지 않는 데다 혈액 검사도 모호하고 분별력이 없다.) 그렇게 되면 감염이 관절과 신경계, 심장으로 퍼져 희생자들은 오랫동안 다양한 증상을 겪게 된다. 아이들은 특히 취약해서, 5세에서 19세 사이의 소년들은 성인보다 세 배나 많이 라임병에 걸린다. 그리고 그들의 삶은 그 병원체에 의해 심하게 지장을 받는다. 라임병을 앓는 어린이는 거의 1년 동안 증상에 시달리고 평균 100일 동안 학교를 결석한다고 질병통제예방센터에서 실시한 연구는 밝혔다. 2011년에 실시된 연구에서는 라임병을 앓는 아이들 중 40% 이상이 자살 충동을 느끼고 11%는 '자살 소동'을 벌였다고 밝혔다.[12]

그러나 정작 라임병의 진원지에서 이 전염병이 사람들에게 불러일으킨 반응은 고작 집단 하품 수준이었다. 뉴욕 주는 전국의 라임병 발병 사례 중 거의 3분의 1을 차지하고 있으며, 녹음이 우거진 뉴욕주립대학 캠퍼스가 위치한 뉴팔츠의 얼스터 카운티는 전국에서 여덟 번째로 라임병 감염이 많은 곳이다. 2013년 봄에, 나는 그곳에서 언론학 수업을 맡아서 강의했다. 내 수업을 듣는 학생의 거의 전원이 라임병에 의해 어떤 식으로든 영향을 받은 경험이 있었다. 한 학생의 어머니는 몇 년 전에 감염되었는데 그 후로 '예전과 똑같이' 돌아가지 못하고, 좀처럼 사라지지 않는 이상한 증상에 시달리고 있다고 그 학생은 말했다. 또 다른 학생은 크리스마스 모임 때 젊은 사촌들이 라임 바이러스로 인해 갑자기 마비 증세를 보이며 이리저리 비틀거렸던 일을 회상했다. 또 다른 학생은 본인이 라임병 생존자였다. 그런데도 그들 중에 자신이 라임병에 감염될까봐 두렵다는 표현을 하거나 진드기에 물리지 않기 위해 간단한 예방조치라도 하겠노라고 선언하는 학생은 한 명도 없었다. (CDC는 해충 퇴치제를 사용하고 살충 처리된 의류를 착용하는 등의 조치를 취할 것을 권장하고 있다.) 현지 아웃도어 용품 매장에서도 진드기 퇴치용 아웃도어 의류에 대한 수요는 전혀 없었다. 학생과 관광객이 자주 찾는 캠퍼스 뒤쪽의 38킬로미터에 걸친 인기 산책로에서는 감염된 진드기에 대한 흔적이 없었지만, 관목 숲 속으로 1~2미터라도 들어간다면 진드기 떼가 공격할 것이 뻔했다. 그리고 내가 가르친 학생들은 거의 전원이 전문 언론인이 될 계획이었는데도, 라임병을 뉴스거리로 보는 학생은 별로 없었다.[13]

2009년 플로리다에서 발생한 뎅기열에 대해서도 이와 비슷한 무심한 반응이었다. 모기가 감염시키는 뎅기열은 엄청난 근육통과 관절통을 동반하기 때문에 아시아와 라틴 아메리카에서는 '뼈가 부러지는 열병breakbone fever'이라고도 불린다. 대부분의 발병자는 무사히 회복되고, 감염자들 중에 증세가 없는 경우도 많다. 그러나 반복적인 감염은 치명적일 수 있다. 그럴 경우 희생자가 뎅기

출혈열이라는 생명을 위협하는 합병증을 포함하여 심각한 형태의 질병을 겪을 위험성이 증가하게 된다.[14]

그럼에도 키웨스트 사람들은 뎅기열이 출현했다는 소식에 코웃음을 쳤다. 겨우 이삼백 명의 표본을 근거로 2만 5천 명의 건강한 인구 사이에 뎅기열이 유행한다고 결론 내리는 것은 이치에 맞지 않는다고 그들은 말했다. (그러나 이것은 통계적으로 유효하다고 널리 인정되는 표준적인 기준이다.) "그건 정확하지 않아요. 그런 게 과학적 방식이라면, 제게는 정말 이상하게 보이네요."라고 한 지역 주민은 말했다.[15] 새로운 바이러스로 인해 수십 명이 갑자기 발병하면 그것이 곧 '유행'—그런 사건에 대한 표준적인 용어— 이라는 관념은 '기우'라고 다른 주민은 말했다. "여기에 뎅기열이 유행한다거나 유행할 위험에 처해 있다는 건 당치않은 생각입니다." 한 여행사 직원도 한 마디 거들었다.[16] 1832년 파리의 콜레라 무도회를 연상시키는 장면도 연출되었다. 2010년 여름 보이지 않는 바이러스가 주변에서 소용돌이치는 가운데, 자칭 '뎅기 나이트 피버'라는 집단이 대형 모기 날개를 달고 키웨스트의 거리를 누비고 다녔다. 분명 뎅기열에 코웃음을 치는 키웨스트 사람들 중에 일부는 어떤 식으로든 관광업에 의지해 살아가는 사람들이었다. 그러나 관광객들 자신도 전염병 위험을 '의식하지 못하는 것처럼 보였다'고 『뉴욕타임스』는 보도했다. 팔을 모기에 물린 한 남자가 말했다. "그런 얘기는 전혀 듣지 못했어요. 우린 멋진 시간을 보내고 있습니다."[17] 또 다른 관광객은 자신은 간호과 학생이고 40년간 플로리다에 살았는데도 뎅기열에 대해 들어본 적이 없다고 말했다. "평소에 모기 퇴치제는 뿌리고 다니지 않아요. 그럴 생각도 하지 않죠."
(하지만 그녀는 뎅기열로 응급실을 찾았다. "그때는 제 인생에서 최악의
10일이었어요."라고 그녀는 말했다.)[18]

물론 모든 병원체는 제각각이고, 병원체에 대한 반응은 그것의
구체적인 특성과 그것이 처음 등장한 역사적 맥락에 의해 결정된
다. 북미와 유럽 사람들은 대부분 에볼라가 머나먼 이국적인 장소
(콩고민주공화국의 에볼라 강 근처에 위치한 한 마을)에서 기원했다는
것을 어렴풋이나마 알고 있었다. 순전히 발생지가 덜 익숙하기 때
문에, 그것만으로 에볼라는 숲이 우거진 코네티컷 교외의 이름을
딴 라임병 같은 질병과 비교할 때 서양인에게 본질적으로 더 위험
해 보였을 것이다. 게다가 에볼라는 독성이 매우 강했다. 에볼라
에 감염된 희생자 중에 평균 절반이 사망한다. 반면, 라임병은 치
사율이 거의 없고, 뎅기 출혈열은 치사율이 감염자의 10% 정도다.

그러나 이런 구체적 차이들 중에 어떤 것도 에볼라는 사람들을
공포에 떨게 한 반면, 다른 전염병은 그러지 않았는지를 설명해 주
지 않는다. 예를 들어, 웨스트나일 바이러스와 뎅기열의 이국적인
기원 역시 모두에게 알려져 있지만, 두 바이러스는 에볼라처럼 공
포를 자아내지 않았다. 그리고 만일 독성이 공포 반응의 주요 결정
인자라면, 가장 무서운 질병은 모든 감염자를 며칠 이내에 죽게 만
드는 광견병이 되어야 마땅하다. 그런데 문화적으로 말하면, 광견
병은 악몽이라기보다 농담거리에 가깝다. 예를 들어, 비평가들의
찬사를 받은 시트콤 〈오피스〉의 한 에피소드에서, 전체 등장인물
중 가장 엉뚱한 캐릭터인 마이클이 광견병의 위험성을 알리기 위

355

해 '달리기 대회'를 조직하는 내용이 등장한다. 다른 등장인물들은 무심하게 택시를 잡아타거나 맥주를 마시거나 쇼핑을 하며 건성으로 대회에 참가한다. 여기서 웃기는 것은 달리기 대회 조직자는 광견병이 무서운 질병이라고 생각하지만 이성적인 등장인물들은 그렇게 생각하지 않는다는 것이다.

아이러니하게도 에볼라가 촉발한 과도해 보이는 공포는 크게 지탄받았지만, 어쩌면 그보다 더 위험한 반응은 새로운 병원체에 대한 무심함일 것이다. 그 일례는 가장 오래되고 가장 적응력이 큰 병원체인 말라리아 원충에 대한 반응이다. 우리는 유인원에서 진화한 순간부터 쭉 말라리아를 겪었으며, 오늘날까지도 말라리아는 매년 수십만 명의 목숨을 앗아가고 있다. 그런데 사실 말라리아는 충분히 예방하고 치료할 수 있는 질병이며 수백 년 동안 그래왔다. 그런데 우리가 아직도 말라리아에 걸리는 이유는 말라리아가 창궐하는 사회에 사는 많은 사람들이 말라리아로부터 스스로를 보호하기 위한 예방조치를 거의 취하지 않기 때문이라는 사실을 의료 인류학자들은 거듭 발견해 왔다. 그들은 잠을 잘 때 모기장을 치지 않고, 아파도 병원을 찾아 진단과 치료를 받지 않는다. 왜 그럴까? 말라리아를 살아가면서 겪는 일상적인 문제로 여기기 때문이다. 말라리아가 지금까지 살아남은 이유는 그것이 더 이상 두려움을 불러일으키지 않기 때문이다.

대부분의 발생지에서 말라리아는 고질적인 풍토병이다. 풍토병은 전염병보다 훨씬 더 나쁘다. 풍토병은 앞서 언급한 이유로 제거하기가 더 힘들고, 일회성 발병이 아니라 매년 주기적으로 발병

356

하기 때문에 부담도 크다. 아이티에서 콜레라는 이미 전염병에서 풍토병 단계로 넘어갔다. 풍토병으로 발전한 콜레라는 당분간 아이티 사회의 자원을 지속적으로 고갈시키고 그 지역에 영구적인 위협이 될 것이다. 그런 사례는 플로리다와 도미니크 공화국, 쿠바, 푸에르토리코, 멕시코, 바하마에서도 이미 등장했다.[19]

뎅기열은 플로리다에서 풍토병이 될 것으로 예상되며, 텍사스에서도 나타났다. 또한 북쪽으로도 확대되어 수백 만 명에게 영향을 미칠 것으로 보인다. 라임병은 미국 전역에 꾸준히 확산되어 연간 수억 달러의 자원을 소모하고 있다. 그러나 일단 병원체들이 더 이상 두려움을 불러일으키지 않게 되면, 그야말로 황금 티켓을 거머쥐게 된 셈이다. 대중들이 방어벽을 구축하는 데 별로 관심이 없기 때문에, 더 이상 방어벽을 타고 넘을 필요가 없을 것이다. 새로 등장한 병원체에 대한 플로리다와 뉴욕 사람들의 안일한 반응은 떠돌이 전염병이 토박이 풍토병으로 바뀌게 되는 문화적, 생물학적 과정의 첫 단계다.

그런데 왜 어떤 병원체들은 공포를 유발하는 대신 하품을 유발하는 것일까? 그것은 병원체에 대한 대중적 관념에 위배되느냐, 부합하느냐와 관련되어 있을 수 있다. 이 관념은 우리가 질병에 대해 이야기하는 방식에서 명백하게 드러난다. 의학에서 지배적인 은유는 전쟁이다. 우리는 질병을 '공격'하고, 질병과 '전투를 치르고', 의약품으로 '무장'한다. 『이코노미스트』가 표현한 것처럼, "전염병과 전쟁은 무척 흡사하다." 그러나 우리가 치르는 전쟁은 신출귀몰하거나 무시무시한 적을 상대로 한 것이 아니다. 오히려 우리는 정복하기 쉬운 입장이다. 말라리아 같은 복잡하고 적응력 있는 병원체도 쉽게 물리칠 수 있을 것처럼 보인다. 단돈 몇 달러만 있으면 그럴 수 있다. (한 자선 단체가 말한 것처럼, "단돈 10달러면, …… 한 생명을 구할 수 있다.") 2014년 에볼라 유행 이후 마이크로소프트 공동 창립자인 빌 게이츠는 병원체와의 전쟁에서 승리는 우리의 것이라고 주장했다. 우리가 해야 할 것은 그저 조금 더 열심히 노력하는 것뿐이다.[20]

이 익숙한 표현에서 우리는 스스로를 병원체와의 전쟁에서 승자로 상상한다. 어쩌면 그래서 우리는 에볼라처럼 우리의 무기에 취약해 보이지 않는 병원체들을, 그것이 실제로 우리를 위협하지 않는다 하더라도, 가장 두려워하는 것인지도 모른다. 에볼라는 우리의 전쟁 도구가 미치지 않는 곳에서 나타났다. 에볼라노이아가 닥친 몇 개월 동안, 에볼라를 예방할 백신도, 그것을 치료할 치료법도 없었다. 24시간 간호와 인공호흡기 같은 가장 정교한 서양식 고통 완화 치료도 큰 도움이 되지 않는 것처럼 보였다. 에볼라의 길들일 수 없는 속성이 공포의 근간이었기 때문에, 쉽고 간단하게 에볼라를 피할 수 있다는 사실은 중요하지 않았다. 그것이 존재한다는 사실 자체가 불안을 야기했다. 에볼라는 말하자면 빨간색 스페이드6이었다. 그것은 얼굴에 페인트칠을 하고 어두운 지하실에 있는 어릿광대처럼, 예상할 수 없고, 이해할 수 없고, 그래서 무서운 존재였다.

이것은 또한 라임병과 뎅기열, 광견병이 더 위협적이고 더 타격이 큰데도 우리가 덜 두려워하는 이유를 설명한다. 이 세 가지 질병은, 적어도 이론적으로는, 우리가 가진 화학 약품들로 정복할 수 있다. 내 학생들이 말한 것처럼, 라임병이 발생하는 나라에서 진드기에 물리는 것은 큰 사건이 아니었다. 그냥 항생제 독시사이클린만 투여하면 그만이었다. 라임병과 뎅기열을 옮기는 곤충들은 우리가 쉽게 구할 수 있는 치명적인 살충제에 취약하다. 그리고 광견병 백신은 효과가 100%다. 우리가 실제로 이 병원체들을 통제할 수 있는지는 중요하지 않아 보인다. 병원체와 싸우기 위해 이용할 수 있는 무기가 존재한다는 사실이 마치 우리가 병원균*을 정복한 것 같은 안일한 환상을 심어 준다.

특정한 미생물을 적으로 간주하는 태도는 병원체가 우리에게 제기하는 위험을 예단하게 만들 뿐 아니라, 병원체가 가진 질병 유발 능력의 유동성과 우리 자신이 미생물 확산에 기여하고 있는 부분을 보기 힘들게 만든다. 병원체는 근본적으로 우리와 상반되는 이해관계를 가지고 있으며 별개의 존재가 된다. 병원체는 그저 우리의 숙적일 뿐이다. 그러나 콜레라처럼 대유행병을 일으키는 병원체의 독성도 사실은 철저히 상황에 의해 결정된다. 몸속에 있을 때 그것은 병원체다. 그러나 따스한 강 하구에 떠다닐 때 그것은 조화로운 생태계의 생산적인 구성원이다. 그리고 그것이 무해한 미생물에서 유해한 병원체로 변하게 되는 것은 상당 부분 우리 인간들의 활동과 관계가 있다. 우리 스스로가 병원체를 적으로 바꾸게 한 것이다.

---

* 질병을 일으키는 모든 유기체

우리가 병원균 문제에 접근할 때 종종 취하는 단순한 적-승자 이분법은 이러한 복잡성을 포착할 수 없다. 그 결과 쓸데없는 발작적 공포에서부터 치명적인 무심함에 이르기까지 병원체에 대한 다양한 반응이 나타나는 것이다.

우리에게 필요한 것은 병원체가 제기하는 가공할 위협과 그것을 만들어내는 데 있어서 우리의 결정한 역할에 대한 지속적인 관심이다. 다시 말해 우리는 단순한 적-승자 이분법을 뛰어넘어 미생물에 대한, 그리고 미생물 세계에서 우리의 역할에 대한 새로운 사고방식을 함양할 필요가 있다.

그것은 이미 시작되었다. '나쁜 세균'뿐 아니라 인간의 건강에 이로운 '좋은 세균'이 있다는 생각이 대중들의 의식 속에 스며들었다. 적군인 병원체에 대한 냉혹한 승리를 뛰어넘는 건강의 본질에 대한 새로운 생각들 역시 강화되고 있다. 피터 다스작의 에코헬스 얼라이언스EcoHealth Alliance 같은 조직들이 이끄는 원헬스One Health 운동은 인간의 건강은 야생과 가축, 생태계의 건강과 연결되어 있다고 주장한다. 2007년에 미국의학협회와 미국수의학협회는 그러한 개념을 인정하는 결의안을 통과시켰고, 미국의학연구소과 질병통제예방센터, WHO가 조인했다. 부디 질병에 관한 이런 새로운 생각들이 병원체와 그것이 제기하는 위험에 대한 보다 정직한 판단으로 이어지기를 기대해 본다. 궁극적으로 대유행병을 예방하려면 대유행병을 악화시키는 인간의 활동을 재구성할 필요가 있다. 미생물 세계의 반응적 역동성과 그에 대한 우리 자신의 연관성을 인식하는 것이 결정적인 첫 단계가 될 것이다.

360

물론 미생물 세계에서 우리의 역할을 재상정하는 것, 다시 말해 자연에서 우리의 위치를 재상정하는 것은 대유행병이라는 골칫거리에 대한 신속한 해결책은 아니다. 그것은 수십 년에 걸친 프로젝트에 가깝다. 그동안 대유행병에 대처하기 위한 보다 즉각적인 대책도 필요할 것이다.

◦━●━◦

우리가 대유행병을 완전히 예방할 수 없다면, 차선책은 그것을 최대한 빨리 감지하는 것이다.

그러기 위해서는 몇 가지 측면에서 부족함이 있는 현재의 질병 감시 시스템을 강화하고 확대해야 한다. 우선 현재의 질병 감시 시스템은 더디고 수동적이다. 병원체가 질병을 야기하여 존재를 분명하게 드러낼 때야 비로소 시스템이 발동된다. 미국의 질병통제예방센터는 매독에서 황열병에 이르기까지 계속해서 수정되는 80여 종의 감염 질병 목록을 유지하고 있다. 가령 어떤 의사가 이 '신고 대상' 질병에 걸린 환자를 만나면, 주州 차원의 공중보건 당국에 보고하고, 당국은 그 정보를 국가적 공중보건 당국에 전달하게 되어 있다.[21] WHO의 2007년 '국제보건규정'에 따르면, 만일 전염병이 국경을 넘을 가능성이 있으면 국가 당국은 이를 24시간 이내에 WHO에 보고해야 한다.[22]

이러한 시스템이 제대로 작동한다 해도, 충분히 빠르지가 못하다. 경보가 발령될 때 즈음이면, 병원체는 이미 인체에 적응하고 발병 사례가 기하급수적으로 증가하기 시작한다. 병원체를 통제하려면 긴급하고 대규모적인 노력이 필요하다.

2014년 서아프리카에서 통제 노력이 시작되었을 무렵, 기니의 외딴 숲속 마을에서는 이미 수개월 전부터(어쩌면 그보다 더 오랫동안) 에볼라가 전염된 상황이었다. 각각의 희생자는 접촉자를 감염시키고, 이 접촉자들은 또 다른 접촉자를 감염시키고, 이 과정이 몇 차례 거듭되면서 새로운 감염의 물결은 기하급수적으로 증가했다. 전염을 막는 방법은 단순했을 것이다. 모든 접촉자를 추적하여 3주간의 에볼라 잠복기 동안 격리시키는 것이다. 그러나 에볼라는 동시에 너무 많은 전염 경로를 촉발했기 때문에 모든 잠재적 접촉자를 확인하고 격리하는 것이 불가능했다.[23] 9월 중순에 미국이 라이베리아에 에볼라 치료 시설을 짓기 위해 군대를 보낼 계획을 발표했을 때는 전염병이 이미 절정에 이르렀다. 결국 그들이 지은 치료 시설에서 치료한 환자는 총 28명이었다. 열한 곳의 시설 중 아홉 곳에서는 단 한 명의 환자도 치료하지 못했다.[24]

규모는 상당하지만 부분적인 효과밖에 거둘 수 없었던 다른 병원체에 대한 통제 대책들도 마찬가지로 때늦은 대응의 결과였다. 1990년대 후반에 H5N1이 처음 등장했을 때 제대로 뿌리 뽑지 못한 탓에, 그것은 주기적으로 전 세계의 가금류를 괴롭히고 있다. 홍콩에서 당국은 전염병 통제를 위해 밤마다 시장에서 팔리지 않은 닭들을 모조리 살처분하고 있다.[25] 한편 사스 바이러스는 중국 남부의 대규모 야생동물 거래 시장으로 퍼져서 인간 환자가 발생한 후에야 비로소 발견되었기 때문에, 통제를 위해 강력한 검역과 여행 제약이 필요했고, 그로 인해 아시아의 관광업은 250억 달러의 손실을 보았다.[26] 또한 뎅기열과 웨스트나일 바이러스를 비롯하여 매개체를 통해 전염되는 그 밖의 질병들도 마찬가지였다. 그런 병원체들이 미국 전역에 발판을 마련하기 전에 미리 통제하지 못했기 때문에, 많은 미국 도시에서 비용도 많이 들고 논란의 여지도 많은 살충제 살포 캠페인이 관례가 되었다.[27] 예를 들어, 콜레라처럼 재수화 같은 가장 저렴하고 손쉬운 해결책으로 통제할 수 있는 전염병도, 시간이 너무 오래 지체되면 통제가 훨씬 어려워진다. 아이티에서 콜레라 확산 속도가 워낙 빨라서 국경없는의사회는 정맥투여용 수액의 전 세계 공급량을 전부 투입해야 했다.[28] 전염병의 확산 방식과 통제 노력의 불일치는(아무리 잘 조율된 노력의 경우에도) 불가피한 일이다. 전염병은 기하급수적으로 증가하는 반면, 우리의 대응 능력은 기껏해야 선형적으로 진행되기 때문이다.

기존 감시 시스템이 더디고 수동적이라는 것만이 문제는 아니다. 그것은 또한 허점투성이다. 이 시스템은 신고 대상 질병에 감염된 사람이 병원을 찾아왔을 때만 작동된다. 그런데 이것이 믿을 만한 수단이 되려면 의사가 새로운 질병을 적절히 식별하고 신고하도록 훈련되어 있어야 하고, 전 세계에서 의사들의 서비스를 즉시 이용할 수 있어야 한다. 그러나 현실은 그렇지가 못하다. 많은 사람들이 병원비가 부담스러워서, 또는 너무 번거로워서 아파도 병원을 찾지 않는 경우가 빈번하다. 그리고 병원을 찾는다 해도, 의사들은 굳이 이상한 증상을 정밀하게 진단하거나 신고하지 않는 경우가 많다. 나는 이것을 직접 목격했다. 몇 년 전 여름에 1주일가량 심한 구토와 설사 증상을 겪어서 의사를 찾은 적이 있다. 리타 콜웰은 내가 일종의 비브리균에 감염되었다고 추측했다. 그러나 내 담당 의사는 이상하지만 그들이 쉽게 치료할 수 없는 증상을 겪는 환자를 만났을 때 다른 의사들이 보였음직한 반응을 보였다. 비브리오 감염은 '신고 대상'임에도 불구하고. 의사는 실험실 분석을 의뢰하거나 당국에 보고하지 않았다. 그는 어깨를 으쓱하며 "아마 그냥 무슨 세균 같네요."하고 말하고는 나를 돌려보냈다. 새로운 병원체의 초기 감염자가 이와 비슷한 상황에 처했다면, 아무에게도 발견되지 않고 질병 감시 시스템을 유유히 통과했을 것이다.

누구도 주의 깊게 지켜보지 않는 구멍들이 존재한다. 이 글을 쓰고 있는 지금도 트럭을 가득 채운 식품과 곤충 군단이 대부분 엄격한 조사 없이 국경을 넘고 있다. 1980년대 중반에 미국에 처음 당도한 흰줄숲모기처럼 질병을 옮기는 매개체의 확산을 추적하는 사람도 거의 없다. 곤충학자들은 확산되기 전에 통제할 것을 제안했지만 사람들의 충분한 관심을 끄는 데 실패했다. 오늘날 이 모기는 뎅기열과 2013년에 아메리카 대륙에 등장한 치쿤구니아 바이러스 병을 포함한 그 밖의 질병들을 옮기고 있다.[29]

많은 나라에서 가장 기초적인 감시조차 거의 이루어지지 않고 있다. 2013년 현재, WHO에 가입한 193개국 가운데 WHO가 의무화하는 요구사항을 이행할 감시 능력을 갖추고 있는 국가는 80개국에 불과하다. NDM-1 같은 항생제 내성 병원체는 보통 우연히 발견되고 있다. 인도에서는 이 세균을 추적하기 위한 국가적 감시

망이 존재하지 않는다. 또한 대부분의 조류 독감 감염 국가에서 가축들의 바이러스 증상에 대한 감시가 이루어지지 않고 있다. 그 문제에 대해서는 인간의 경우도 마찬가지다.[30]

○─●─○

현재의 감시 시스템을 고치는 것은 쉬운 일이 아니다. 그러기 위해서는 모든 곳에서 사람들에게 손쉽고 저렴한 의료 서비스가 제공되어야 할 것이다. 새로운 병원체를 알아보고 신고하도록 훈련된 보건인력을 갖춘 병원들의 네트워크가 있다면 성공할 수 있을 것이다. 이와 동시에 감시 시스템을 상당히 확대할 필요가 있다. 순전히 병원을 찾는 환자들에게만 의존할 것이 아니라, 우리가 초기 대유행병의 징후를 능동적으로 찾을 수 있다.

물론 병원체일 가능성이 있는 모든 미생물을 감시하는 것은 불가능하다. 또한 어떤 미생물이 다음번 대유행병을 초래할지 알 도리가 없기 때문에 몇몇 미생물에만 집중하는 것도 불가능하다. 그러나 대유행병을 초래하는 새로운 병원체가 등장할 가능성은 전 세계적으로 균일하지 않다. 그런 일이 일어날 가능성이 가장 높은 '빈발 지대'는 있다. 최근에 야생 서식지가 빠르게 훼손되고 있거나, 빈민가가 확산되고 있거나, 공장식 동물 농장이 증가하고 있거나, 비행기 연결이 확대되고 있는 곳들이 바로 빈발 지대다. 이런 빈발 지대, 그리고 그런 곳들과 상호작용하는 '감시병sentinel' 모집단을 능동적으로 감시함으로써, 우리는 새로운 대유행병을 초래할 병원체를 품고 있을 가능성이 가장 큰 장소에 집중할 수 있다.

이런 식의 능동적인 감시는 이미 진행되고 있다. 예를 들어, 홍콩 대학교 소속 과학자들은 매월 홍콩 전역의 도매 시장과 야생 보호 지역, 애완동물 가게, 도살장 등에서 돼지와 조류 수백 마리의 분변 표본을 채취하고 있다. 리카싱 보건과학연구소의 눈이 멀도록 하얀 실험실에서, 과학자들은 표본들을 세세히 살펴보며 대유행병 가능성을 가진 병원체의 초기 징후를 찾는다.[31] 2010년 설립된 USAID 산하의 신종 대유행병 위협 프로그램은 동중아프리카의 콩고 유역과 동남아시아의 메콩 강 부근, 남아메리카의 아마존 강, 남아시아의 갠지스 평원 같은 전염병 빈발 지역에서의 능동적인 감시 프로그램들을 조정하고 있다.[32] 국제여행의학회의 지오센티넬GeoSentinel 프로그램은 200여 곳의 여행 질병 및 열대 질병 클리닉에서 새로운 질병에 대한 탄광 속 카나리아의 역할을 하는 여행자들에 관한 정보를 수집한다.[33]

몇몇 조직들은 일반 모집단에서 새로운 병원체의 징후에 대한 능동적인 감시도 실시하고 있다. 미국의 몇몇 주에서는 현지 응급실을 방문한 환자들의 '주된 호소 증상'에 대한 데이터와 아울러 임박한 전염병 발생의 지표가 될 수 있는 약국에서의 체온계와 항생제 판매 데이터를 지속적으로 구석구석 탐색하고 있다. 헬스맵HealthMap과 아셀 바이오Ascel Bio는 똑같은 목적을 위해 소셜 미디어와 기타 온라인 정보를 분석하고 있다.[34]

이런 새로운 능동적인 감시 프로젝트들은 전통적인 수동적 감시 시스템보다 빠르게 질병 발생을 확인할 수 있음을 이미 입증하고 있다. 헬스맵은 2014년 세계보건기구가 뉴스를 발표하기 9일

전에 서아프리카에서의 에볼라 발생을 감지했다. 아셀 바이오의 제임스 윌슨은 공식 보고서가 나타나기 몇 주 전에 아이티에서 콜레라 발생을 감지했다. 또한 빈발 지역에 대한 능동적인 감시는 새로운 전염성 병원체가 인간을 감염시키기도 전에 그것을 찾아낼 수 있다. 2012년에 스탠포드 대학의 바이러스학자 네이선 울프Nathan Wolfe는 콩고 공화국에서 에볼라와 유사한 출혈열을 일으킬 수 있는 바콩고Bas-Congo라는 새로운 바이러스를 발견했다. 야생동물 사냥꾼과 야생동물 매매 시장 상인들이 수집한 혈액 샘플을 감시한 울프에 의한 초기 노력 덕분에 다른 새로운 미생물도 발견되었다. 그중에는 원숭이 포말상 바이러스simian foamy virus라는 바이러스와 원숭이 T-림프구 바이러스simian T-lymphotropic virus도 포함되었는데, 두 바이러스 모두 인간에게 전염되기 시작한 종들이었다.[35]

심지어 기상학자가 폭풍을 예측하는 것처럼 기상자료를 이용해 전염병 위험을 미리 예측할 수도 있다. 일기예보와 엽록소 흔적에 대한 위성 데이터는 말라리아와 진드기매개질병, 콜레라를 예측하는 데 도움을 준다. 또한 유전자 서열 분석 비용이 급감한 덕분에, 생물학자 에릭 샤트 박사가 하는 것처럼 컴퓨터와 화장실 손잡이, 하수구 등 우리 주변에 있는 미생물의 유전체를 저렴한 비용으로 빠르게 식별하여 미생물 지도를 만들 수 있다. 이런 지도들은 과학자들이 질병 발생에 선행되는 미생물의 흔적을 찾는 데 도움을 줄 수 있다.[36]

이런 개별적인 프로젝트들과 전통적인 방법에 근거하여 보강된 감시가 결합하면 일종의 전 세계적 면역 시스템이 등장할 것이다. 그것은 대유행병을 일으킬 수 있는 병원체가 비행기에 올라타서 이동하는 군중들 틈바구니에서 휩쓸려 들어오기 전에 그것을 감지하여, 다음번 HIV, 다음번 콜레라, 다음번 에볼라를 늦기 전에 정확히 집어낼 수 있을 것이다.[37] 일부 열렬한 지지자들은 그런 시스템이 마련된다면 사회가 대유행병의 발생 가능성을 높이는 모든 행동들을 계속하면서도 그로 인한 결과를 겪지 않을 수 있다고 말한다. 신종 질병 전문가인 피터 다스작 박사는 이렇게 말한다. "저는 꿩도 먹고 알도 먹을 수 있다고 믿습니다. 고기를 먹는 것도, 시금치를 먹는 것도 포기할 필요가 없죠." 이 말은 곧 비행기를 타거나 세계 각지에서 온 식품을 먹거나 병원체의 확산을 가속화하는 새로운 현대적 행동들을 중단할 필요가 없다는 것이다. "그렇게 할 수 있습니다. 그러나 위험이 존재한다는 것도 인식해야 합니다. 그리고 (세계적 질병 감시 시스템의 비용을 분담함으로써) 그 위험에 대한 보험을 들어 놓아야 합니다."[38] 항공기 이용 시 1% 세금을 붙이면 그 비용을 감당할 수 있을 것이다.[39] 허리케인과 지진이 발생하면 재난 보험이 비용을 지불하는 것처럼, 전 세계적 대유행병 보험 기금은 이런 조기 경보에 대응하기 위해 필요한 자금을 충당할 수 있을 것이다. 세계은행과 아프리카연합은 2015년 봄에 그런 기금을 조정하는 문제를 논의하기 시작했다.[40]

참으로 매력적인 기술주의적 접근법이다. 조기 발견은 보다 효율적인 통제와 완화를 가능케 할 것이다. 우리는 어떤 전염병은 예방하고 어떤 전염병은 효과적으로 대응할 준비를 할 수 있을 것이다. 그러나 그런 전 세계적 감시 시스템을 구축할 수 있다 하더라도, 그것이 제 기능을 하려면 사람들이 실제로 그 정보를 이용하여 뭔가를 해야 한다. 그리고 능동적인 감시 시스템을 구축하는 것은 어려운 과제지만, 사람들이 행동하도록 만드는 것은 훨씬 더 광범위한 전 세계적 프로젝트를 필요로 할 것이다.

∘━∘

아이티 남서부 해안에 위치한 외딴 어촌 마을 벨르 엉쓰Belle-Anse는 세계의 빈민들이 사는 수많은 여느 마을과 마찬가지로 표면적으로는 세계 경제에 연결되어 있지만 지독하게 고립되어 있다. 이 마을은 포르토프랑스에서 약 80킬로미터 거리에 있다. 나는 2013년 여름에 그곳을 방문했다. 여정은 9년 된 닛산 미니밴에서 시작되었다. 그 차는 원래 9인승이었지만 그날은 거의 스무 명을 태우고 달렸다. 그중에는 칭얼대는 어린 아이를 데리고 있는 부부와 놀랍도록 얌전한 닭을 무릎 위에 앉힌 남자도 있었다. 이 미니밴은 좁고 경사지고 구불구불한 길을 따라 몇 개의 산을 넘어 해안가 작은 언덕의 먼지 날리는 땅에 우리를 내려 주었다. 그러나 그것은 여정의 시작에 불과했다. 여기서 한 시간가량 오토바이를 타고 해안으로 질주한 뒤, 거기에서 벨르 엉쓰까지 이어진 도로가 폐쇄되는 바람에 낡은 밧줄로 선미에 선외 모터를 연결한 4~5미터 길이의 쾌속정을 갈아타고 또 한 시간가량 넘실대는 파도를 타고 씽씽 달려야 했다.

수도에서 벨르 엉쓰까지 가는 데 여덟 시간이 걸렸다. 2010년에 콜레라는 거의 전국에 퍼졌지만, 2011년까지 벨르 엉쓰에는 이르지 못했었다. 그러나 콜레라의 도착은 예측 가능했을 뿐 아니라, 실제로 예측되었다. 장차 전 세계적인 새로운 능동적 감시 시스템에 동력을 제공할 많은 디지털 기술을 동원한 결과였다. 콜레라 발병 몇 달 전에 발생한 지진 때문에, 많은 NGO들이 이미 이 섬에 들어와 있었다. 그리고 콜레라가 터졌을 때, 그들은 가용한 모든 기술을 총동원하여 전염병 확산을 추적했다. 전염병학자 제임스 윌슨과 그의 팀은 트위터 메시지를 게재하여 그들의 휴대전화 번호를 전국에 있는 현지인들에게 배포했다. 그는 이렇게 회상했다. "우리는 콜레라가 본격적으로 움직이기 시작하는 순간을 보려 했습니다."[41] 한 국제구호원은 온갖 종류의 자원자들이 '길 잃은 개 한 마리까지' 전국 방방곡곡을 지도에 표시했다고 말했다. 한 스웨덴 NGO는 지역 이동통신사와 공조하여 콜레라가 다음에 어느 곳에 나타날지 예측하기 위해 사람들의 휴대전화 속 SIM 카드를 추적하여 그들의 이동을 지도에 표시했다. 전 세계적으로 확대될 수 있는 능동적 감시 시스템의 초기 시도로서, 그것은 훌륭한 효과를 발휘했다. 2011년, 트위터 차트 기록자와 SIM 카드 추적자들이 지켜보는 가운데, 콜레라는 벨르 엉쓰에 도착했다.[42]

하지만 그러한 초기 감지는 질병의 진행에 어떤 차이도 만들어내지 못했다. 벨르 엉쓰에서 콜레라 발생을 줄일 수 있었을 조기 통제 노력은 이루어지지 않았다. 오히려 콜레라 사망자 비율이 다른 지역보다 4배나 높았다. 내가 방문했을 때는 유일하게 시내에 콜레라 치료센터를 세웠던 NGO는 이미 떠난 뒤였고, 시내 위쪽의 산골 마을에 사는 콜레라 환자들이 시내까지 5킬로미터에 이르는 내리막길 여기저기에서 시신으로 발견되었다. 지역 당국은 시체 운반용 부대를 보내는 것 외에 거의 할 수 있는 일이 없었다.[43]

아이러니하게도, 이렇게 된 것은 마을이 외딴 곳에 있어서나 대외 원조가 부족해서가 아니었다. 사실 애초에 벨르 엉쓰 사람들을 콜레라에 취약하게 만든 것은 국제 원조 프로젝트와 초기 단계의 교통망이었다. 1980년대에 벨기에 정부가 건설한 상수도 시스템의 결함 때문에, 벨르 엉쓰 사람들은 깨끗한 담수에 접근하기가 아주 어려웠다. 그 상수도 시스템은 높고 긴 산등성이를 가로질러 파이프를 설치하여 산 위에서 시내로 담수를 운반하도록 되어 있었다. 그런데 그것을 설치할 때 벨기에 사람들은 아이티의 지형과 기후, 그리고 현지인들이 시스템을 유지 관리할 수 있는 능력을 고려하지 않은 것 같다. 침식되는 산비탈과 열대 폭풍우로 인해, 계속해서 파이프가 산등성이에서 해변으로 조금씩 미끄러져 내려왔다. 오늘날 그것은 청록색 파도의 겨우 몇 인치 위까지 내려와서 허리케인에 매우 취약한 상태인 데다 구멍까지 뽕뽕 뚫려 있다. 지역민들은 파이프를 수리할 적절한 도구가 없고 그런 도구를 구할 만한 충분한 자원도 없기 때문에, 그냥 임시방편으로 구멍을 붕대로 감싼 뒤 고무줄로 고정시켜 놓았다. 그럼에도 파이프가 샌다. 그 결과 마을에 도달하는 담수가 극소량에 불과하기 때문에, 사람들은 오물과 병원체를 피하기 어려운 손쉬운 방법에 의존해 물을 구해야 하는 상황이다.[44]

잘못 계획된 원조가 벨르 엉쓰를 병원체에 노출시킨 것과 마찬가지로, 온전한 기능을 하지 못하고 접근하기 어려운 교통 시스템

371

아이티 벨르 엉쓰에서 유일하게 상시적으로 물이 나오는 유일한 수도꼭지. 돼지 한 마리가 배설물 속에서 뒹굴고 있다.(Sonia Shah)

도 비슷한 역할을 했다. 한편으로 벨르 엉쓰는 주변의 상업 세계와 질병에 연결되어 있었다. 따지고 보면 벨르 엉쓰에 콜레라가 닥친 것은 그곳이 아이티의 나머지 지역들과 연결되어 있었기 때문이다. 그런데 다른 한편으로 벨르 엉쓰의 교통 시스템은 콜레라를 들여올 정도는 되었지만, 그 질병을 막아 내기 위해 필요한 적절한 원조와 자원을 들여오거나 떠나려는 사람들을 안전하게 떠나보낼 정도는 아니었다. 우리가 벨르 엉쓰에 도착하기 3일 전에, 일부 주민들이 탈출을 너무도 간절히 원한 나머지 우리가 탄 것과 비슷한 작은 모터보트 한 대를 훔쳐서 달아났다. 그러나 우리와 달리 그들에게는 구명조끼가 없었다.

　바다를 건너던 중 과적 상태의 보트가 전복되는 바람에 네 명이 익사했다. 벨르 엉쓰에서 보트를 타고 돌아오는 길에, 우리는 탈출에 실패한 퉁퉁 부어오른 시신 하나가 바닷물에서 까닥거리고 있는 것을 보았다. 분홍색 레깅스를 입은 세 살짜리 여자 아이였다. 우리 보트에는 시신을 실을 수 있는 공간이 없었다. 보트 조종사가 전화를 걸어 그 아이가 수장된 위치를 신고하는 동안, 우리는 조용히 모터 꺼진 보트에서 아이의 시신과 함께 물결에 흔들리고 있었다.

벨르 엉쓰에서처럼 사람들이 콜레라를 막아내는 데 장애가 되는 관리의 부족과 빈곤의 문제를 해결하기 위해, 많은 단순하고 빠른 해결책들이 시도되었다. 사실 국제 원조의 역사는 그런 시도들로 점철되어 있다. 그러나 쉬운 해답은 없다. 어쩌면 그 첫걸음은 그저 지속적이고 다각적인 노력이 필요하다는 사실을 인정하는 것인지도 모른다.

○●○

다른 장거리 여행에서 돌아올 때와 마찬가지로, 나는 병원체가 사회를 바꿔놓을 수 있는 힘을 실감하며 아이티에서 집으로 돌아왔다. 그것을 느끼는 사람은 많지 않지만, 병원체의 파괴력은 우리 모두에게 다가오고 있다. 그러나 다음번 대유행병의 분위기는 점점 무르익고 있는데도, 그것을 일으킬 병원체의 정체는 여전히 모호하다. 그것은 에볼라처럼 정글 병원체일 수도 있다. 아니면 콜레라처럼 해양 생물일 수도 있다. 또는 전혀 다른 무언가일 수도 있다. 아무튼 우리는 그것의 이름도 모른다는 사실을 인정할 수밖에 없다.

어느 여름날 저녁, 도시의 무더위를 피해 체사피크 만으로 향하던 중에 나는 문득 궁금한 생각이 들었다. 탁한 소금물은 목욕물만큼이나 따뜻하고 해양 생물이 풍부했다. 줄무늬농어와 게르치 무리들, 잎사귀를 살랑살랑 흔들고 있는 해초들과 거기에 엉켜 있는 게들, 물 위를 떠다니는 플랑크톤 군단. 또한 물속에는 콜레라를 포함한 비브리오균도 있을 것이었다. 그 물이 우리가 탄 유리섬유 보트의 측면을 찰싹찰싹 때렸다.

물은 여전히 따뜻했지만 공기는 그보다 더 더웠고, 보트의 측면에서 미끄러져 물의 품속에 안기는 기분이 무척 좋았다. 만은 깊지 않지만, 바닥을 덮고 있는 부드러운 토사에 이를 때까지 한동안 시간이 걸렸다. 머리 위에서는 내가 뛰어들면서 위치가 옮겨진, 콜레라가 가득한 물이 소용돌이치며 까맣게 반짝였다.

말㷀은 생명체와 같아서 새로 태어나고 많은 사람들의 입과 귀 사이를 오가며 뜻과 의미를 풍성하게 살찌우고 변모하며, 마침내 생명을 다해 사전辭典에 그 흔적과 자취만 남기고 사라지기도 한다. 귀에 선 말도 여러 번 듣고 자주 내뱉다 보면 익숙해지기 마련이지만, 백묵으로 흑판을 긁을 때 나는 그 소리처럼 아무리 들어도 끔찍하고 소름끼치는 말도 있다.

살처분. 구제역이나 조류 인플루엔자가 발생했다는 기사에 예외 없이 짝 말처럼 등장하는 이 단어는 왜 그리 끔찍할까? 보도 영상에서 희미하게 모자이크 처리되었지만 그 모자이크 이면의 혐오스러운 장면이 선명하게 연상되어서 그런 것만은 아니다. 이 끔찍함은 감염되지 않은 생명체를 예방이라는 이유로 대량 학살하는 행위가 법의 이름으로 이루어지는 '처분'이라는 데 있다. 그리고 경제적인 것이든 정치적인 것이든 그 이유를 합리적으로 설명할 수만 있다면 그러한 일들이 언제고 벌어질 수 있다는 데서 공포를 느낀다.

사전에도 나오지 않는 이 말은 도살처분屠殺處分을 줄인 말로 사전적 의미로는 '동물을 잡아 죽이도록 지시하거나 결정함'이라는 뜻이다. 2000년대 들어 빈번하게 발생한 구제역과 조류 인플루엔자가 아니었더라면 일반인은 그러한 '도살처분'이라는 것이 있는지도 몰랐을 것이다. 하지만 이 말이 어제 오늘 갑자기 생긴 것은 아니다. 이미 1961년 제정된 가축전염병예방법에 '살처분 명령' 조항으로 명문화된 개념이며, 더 멀리는 1930년 일제에 의해 제정된 '조선가축전염병예방령'에 처음 등장했다. 일제에 의한 가축의 수출(이라고 쓰고 수탈이라고 읽는다.)을 위한 검역의 강화 과정에서 도입된 것이다. 이것은 살처분 개념이 근대화와 맥을 같이하고 있음을 보여 준다.

근대 이후 인간은 만물의 영장이라는 관冠을 스스로 제 머리 위에 얹고 이성과 과학을 무기로 삼아 세계와 자연을 지배해 왔다. 근대적 이성은 자아와 타자 사이에 넘을 수 없는 경계를 설정하고 타자를 인식-이용-통제의 대상으로 삼았다. 이성의 근대화 과정에서 이러한 폭력이 비단 동물에게만 자행되었던 것이 아니라는 것을 역사는 보여 주고 있다. 흑인 노예를 말할 줄 아는 짐승쯤으로 여겼던 근대인들에게 있어서 자아와 타자의 경계를 어디에 두느냐에 따라 이러한 야만적 폭력의 대상은 얼마든지 달라질 수 있다.

이 글을 쓰고 있는 2017년 3월 말 현재, 2016~2017년 겨울에 발생한 조류 인플루엔자로 인해 살처분된 가금류가 3,700만 마리에 달한다고 한다. 수백만 년 후 한반도에서 발견된 엄청난 양의 조

376

류 화석들로 인해 이곳이 지구상에서 조류의 가장 밀집된 서식지로 알려질지도 모르겠다. 한 문헌에 따르면(천명선, 「농촌 문제로서의 가축전염병-일제시대 신문에 나타난 구제역」, 『농업사연구』, 제11권 1호, 한국농업사학회, 2012. 06.), 1926~1934년에 발생한 구제역 유행으로 3,451마리의 소가 감염되어 145마리가 폐사하였고 3,303마리가 회복되었다. 살처분은 단 3마리에 그쳤다. 물론 80여 년 전과 오늘날의 사육 환경과 인간의 생활양식이 다르겠지만 가축 전염병 발생과 동시에 이루어지는 대규모의 살처분이 과연 유일한 해결책인지 재검토해야 하지 않을까 생각된다. 아울러 애초에 전염병이 걷잡을 수 없이 번지게 하여 대규모 살처분을 불러온 반자연적인 대량 사육 환경 역시 돌아봐야 할 때다. 과유불급의 이치를 무시한 지나친 자연 착취가 부메랑이 되어 돌아오는 것을 막으려면, 우리에게는 브레이크가 필요하다. "세계는 인간 없이 시작되었고, 또 인간 없이 끝날 것이다."라는 레비스트로스의 말에 귀 기울여야 할 것이다.

소니아 샤$^{Sonia Shah}$는 미국 뉴욕의 인도 출신 이민자 가정에서 태어나 부모님이 의사로 개업한 미국 북동부와 노동자 계급 친척들이 살고 있는 인도를 오가며 불평등에 대한 관심을 키워 왔다. 그녀가 출간한 책들의 목록만 보아도 그녀의 관심사를 엿볼 수 있다. 1997년 출간된 『악녀들: 아시아계 미국인 페미니스트들이 불을 뿜다』에 편집자로 참여해 붙인 서문 「악녀 죽이기」에서 그녀는 '아시아계' '여성'이라는 이중으로 소외된 소수자에 주목한다. 2004년의 『원유: 석유 이야기』와 2006년의 『인체사냥: 세계에서 가장 가난한 환자들을 상대로 벌이는 거대 제약회사의 인체실험』
은 거대 제약회사의 이윤을 위해 희생당하는 제3세계 시민들을 다
룬다. 2010년 출간된『열병: 말라리아는 어떻게 인류를 5000년 동
안 지배해 왔나』에서는 인도와 동남아시아, 아프리카, 중남미 지
역에 만연한 감염병이 가난한 주민들의 풍토병이 되어가는 현실
을 보고한다. 소니아 샤는 대량 생산 대량 소비, 교통의 발달, 인간
주거지의 확대 등으로 인해 대유행병의 위험이 고조되고 있다고
말한다.

　그녀에게는 무엇보다 기자記者라는 이름이 어울려 보인다. 그녀
가 펴낸 책에는 어김없이 주석들이 빽빽하게 채워져 있다. 그녀는
꼼꼼하게 문헌을 찾고 기사를 뒤지고 전문가와 당사자를 인터뷰
한다. 그녀의 저작들은 발로 뛴 노력의 결과이며, 탐사 보도란 무
엇인지 전형을 보여주는 듯하다. 누군가의 알 권리와 누군가의 살
권리를 위해, 누군가의 눈이 되고 누군가의 귀가 되고 누군가의 발
이 되어 치열하게 달리고 꼼꼼하게 관찰하는 그녀 같은 이들이 새
삼 더 고맙게 느껴진다.

미주

들어가며

1 Rita Colwell, "Global Climate and Infectious Disease: The Cholera Paradigm," *Science* 274, no. 5295 (1996): 2025-31.

2 M. Burnet, *Natural History of Infectious Disease* (Cambridge: Cambridge University Press, 1962), cited in Gerald B. Pier, "On the Greatly Exaggerated Reports of the Death of Infectious Diseases," *Clin Infectious Diseases* 47, no. 8 (2008): 1113-14.

3 Madeline Drexler, *Secret Agents: The Menace of Emerging Infections* (Washington, DC: Joseph Henry Press, 2002), 6.

4 Kristin Harper and George Armelagos, "The Changing Disease-Scape in the Third Epidemiological Transition," *International Journal of Environmental Research and Public Health* 7, no. 2 (2010): 675-97.

5 Peter Washer, *Emerging Infectious Diseases and Society* (New York: Palgrave Macmillan, 2010), 47.

6 Kate E. Jones et al., "Global Trends in Emerging Infectious Diseases," *Nature* 451, no. 7181 (2008): 990-93.

7 Stephen Morse, plenary address, International Society for Disease Surveillance, Atlanta, GA, Dec. 7-8, 2011.

8 Burnet, *Natural History of Infectious Disease.*

9 Jones, "Global Trends in Emerging Infectious Diseases."

10 Paul W. Ewald and Gregory M. Cochran, "*Chlamydia pneumoniae* and Cardiovascular Disease: An Evolutionary Perspective on Infectious Causation and Antibiotic Treatment," *The Journal of Infectious Diseases* 181, supp. 3 (2000): S394-S401.

11 Brad Spellberg, "Antimicrobial Resistance: Policy Recommendations to Save Lives," International Conference on Emerging Infectious Diseases, Atlanta, GA, March 13, 2012.

12 Drexler, *Secret Agents*, 7.

13 Wändi Bruine de Bruin et al., "Expert Judgments of Pandemic Influenza

Risks," *Global Public Health* 1, no. 2 (2006): 179-94.

14 Fatimah S. Dawood et al., "Estimated Global Mortality Associated with the First 12 Months of 2009 Pandemic Influenza A H1N1 Virus Circulation: A Modelling Study," *The Lancet Infectious Diseases* 12, no. 9 (2012): 687. 95.

15 Ronald Barrett et al., "Emerging and Re-emerging Infectious Diseases: The Third Epidemiologic Transition," *Annual Review of Anthropology* 27 (1998): 247.71.

16 World Health Organization, "Ebola Response Roadmap-Situation Report," May 6, 2015; "UN Says Nearly $1.26 Billion Needed to Fight Ebola Outbreak," *The Straits Times*, Sept. 16, 2014; Daniel Schwartz, "Worst-ever Ebola Outbreak Getting Even Worse: By the Numbers," CBCnews, CBC/ Radio-Canada, Sept. 16, 2014; Denise Grady, "U.S. Scientists See Long Fight Against Ebola," *The New York Times*, Sept. 12, 2014.

17 CDC, "U.S. Multi-State Measles Outbreak 2014.2015," Feb. 12, 2015; CDC, "Notes from the Field: Measles Outbreak-Indiana, June-July 2011," *MMWR*, Sept. 2, 2011.

18 Maryn McKenna, *Superbug: The Fatal Menace of MRSA* (New York: Free Press, 2010), 34; Andrew Pollack, "Looking for a Superbug Killer," *The New York Times*, Nov. 6, 2010.

19 N. Cimolai, "MRSA and the Environment: Implications for Comprehensive Control Measures," *European Journal of Clinical Microbiology* & *Infectious Diseases* 27, no. 7 (2008): 481.93.

20 리타 콜웰Rita Colwell과의 인터뷰, 2011년 9월 23일.

21 Dawood, "Estimated Global Mortality"; Cecile Viboud et al., "Preliminary Estimates of Mortality and Years of Life Lost Associated with the 2009 A/ H1N1 Pandemic in the US and Comparison with Past Influenza Seasons," *PLoS Currents* 2 (March 2010).

1장_종간 전파

1 Rachel M. Wasser and Priscilla Bei Jiao, "Understanding the Motivations: The First Step Toward Influencing China's Unsustainable Wildlife Consumption," TRAFFIC East Asia, Jan. 2010.

2 Y. Guan, et al., "Isolation and Characterization of Viruses Related to the SARS Coronavirus from Animals in Southern China," *Science* 302, no. 5643

(2003): 276-78.

3   Tomoki Yoshikawa et al., "Severe Acute Respiratory Syndrome (SARS) Coronavirus-Induced Lung Epithelial Cytokines Exacerbate SARS Pathogenesis by Modulating Intrinsic Functions of Monocyte-Derived Macrophages and Dendritic Cells," *Journal of Virology* 83, no. 7 (April 2009): 3039-48.

4   Guillaume Constantin de Magny et al., "Role of Zooplankton Diversity in *Vibrio cholerae* Population Dynamics and in the Incidence of Cholera in the Bangladesh Sundarbans," *Applied and Environmental Microbiology* 77, no. 17 (Sept. 2011).

5   Arthur G. Humes, "How Many Copepods?" *Hydrobiologia* 292/293, no. 1-7 (1994).

6   C. Yu et al., "Chitin Utilization by Marine Bacteria. A Physiological Function for Bacterial Adhesion to Immobilized Carbohydrates," *The Journal of Biological Chemistry* 266 (1991): 24260-67; Carla Pruzzo, Luigi Vezzulli, and Rita R. Colwell, "Global Impact of Vibrio cholerae Interactions with Chitin," *Environmental Microbiology* 10, no. 6 (2008): 1400-10.

7   Brij Gopal and Malavika Chauhan, "Biodiversity and Its Conservation in the Sundarban Mangrove Ecosystem," *Aquatic Sciences* 68, no. 3 (Sept. 4, 2006): 338-54; Ranjan Chakrabarti, "Local People and the Global Tiger: An Environmental History of the Sundarbans," *Global Environment* 3 (2009): 72-95; J. F. Richards and E. P. Flint, "Long-Term Transformations in the Sundarbans Wetlands Forests of Bengal," *Agriculture and Human Values* 7, no. 2 (1990): 17-33; R. M. Eaton, "Human Settlement and Colonization in the Sundarbans, 1200-1750," *Agriculture and Human Values* 7, no. 2 (1990): 6-16.

8   Paul Greenough, "Hunter's Drowned Land: Wonderland Science in the Victorian Sundarbans," in John Seidensticker et al., eds., *The Commons in South Asia: Societal Pressures and Environmental Integrity in the Sundarbans of Bangladesh* (Washington, DC: Smithsonian Institution, International Center, workshop, Nov. 20-21, 1987).

9   Eaton, "Human Settlement and Colonization in the Sundarbans"; Richards and Flint, "Long-Term Transformations in the Sundarbans Wetlands Forests of Bengal."

10 Rita R. Colwell, "Oceans and Human Health: A Symbiotic Relationship Between People and the Sea," American Society of Limnology and Oceanography and the Oceanographic Society, Ocean Research Confer-

381

ence, Honolulu, Feb. 16, 2004.

11 이 섬유세포를 독소 공조절 모상 구조물toxin coregulated pilus: TCP이라고도 한다. Juliana Li et al., "*Vibrio cholerae* Toxin-Coregulated Pilus Structure Analyzed by Hydrogen/Deuterium Exchange Mass Spectrometry," Structure 16, no. 1 (2008): 137-48.

12 Kerry Brandis, "Fluid Physiology," Anaesthesia Education, www.anaesthsiaMCQ.com; Paul W. Ewald, *Evolution of Infectious Disease* (New York: Oxford University Press, 1994), 25 (『전염성 질병의 진화』, 이성호 역, 아카넷).

13 Zindoga Mukandavire, David L. Smith, and J. Glenn Morris, Jr., "Cholera in Haiti: Reproductive Numbers and Vaccination Coverage Estimates," *Scientific Reports* 3 (2013).

14 Ewald, *Evolution of Infectious Disease*, 25.

15 Dhiman Barua and William B. Greenough, eds., *Cholera* (New York: Plenum Publishing, 1992).

16 Jones, "Global Trends in Emerging Infectious Diseases."

17 N. D. Wolfe, C. P. Dunavan, and J. Diamond, "Origins of Major Human Infectious Diseases, *Nature* 447, no. 7142 (2007): 279-83; Jared Diamond, *Guns, Germs, and Steel: The Fates of Human Societies* (New York: Norton, 1997), 207 (『총, 균, 쇠—무기. 병균. 금속은 인류의 운명을 어떻게 바꿨는가』, 김진준 역, 문학사상사).

18 피터 다스작Peter Daszak과의 인터뷰, 2011년 10월 28일.

19 Lee Berger et al., "Chytridiomycosis Causes Amphibian Mortality Associated with Population Declines in the Rain Forests of Australia and Central America," *Proceedings of the National Academy of Sciences* 95, no. 15 (1998): 9031-36.

20 Mark Wool house and Eleanor Gaunt, "Ecological Origins of Novel Human Pathogens," *Critical Reviews in Microbiology* 33, no. 4 (2007): 231-42.

21 Keith Graham, "Atlanta and the World," *The Atlanta Journal-Constitution*, Nov. 12, 1998.

22 "Restoring the Battered and Broken Environment of Liberia: One of the Keys to a New and Sustainable Future," United Nations Environment Programme, Feb. 13, 2004.

23 "Sub-regional Overview," *Africa Environment Outlook* 2, United Nations Environment Programme, 2006; "Deforestation in Guinea's Parrot's Beak Area: Image of the Day," NASA, http://earthobservatory.nasa.gov/IOTD/view.php?id=6450.

24 P. M. Gorresen and M. R. Willig, "Landscape Responses of Bats to Habi-

tat Fragmentation in Atlantic Forest of Paraguay," *Journal of Mammalogy* 85 (2004): 688-97.

25 Charles H. Calisher et al., "Bats: Important Reservoir Hosts of Emerging Viruses," Clinical Microbiology Reviews 19, no. 3 (2006): 531-45; Andrew P. Dobson, "What Links Bats to Emerging Infectious Diseases?" *Science* 310, no. 5748 (2005): 628-29; Dennis Normile et al., "Researchers Tie Deadly SARS Virus to Bats," *Science* 309, no. 5744 (2005): 2154-55.

26 Dobson, "What Links Bats to Emerging Infectious Diseases?"; Sonia Shah, "The Spread of New Diseases: The Climate Connection," *Yale Environment* 360 (Oct. 15, 2009).

27 Randal J. Schoepp et al., "Undiagnosed Acute Viral Febrile Illnesses, Sierra Leone," *Emerging Infectious Diseases*, July 2014.

28 Pierre Becquart et al., "High Prevalence of Both Humoral and Cellular Immunity to Zaire Ebolavirus Among Rural Populations in Gabon," *PLoS ONE* 5, no. 2 (2010): e9126.

29 Sudarsan Raghavan, "'We Are Suffering': Impoverished Guinea Offers Refugees No Ease," *San Jose Mercury News*, Feb. 25, 2001.

30 Daniel G. Bausch, "Outbreak of Ebola Virus Disease in Guinea: Where Ecology Meets Economy," *PLoS Neglected Tropical Diseases*, July 31, 2014; Sylvain Baize et al., "Emergence of Zaire Ebola Virus Disease in Guinea-Preliminary Report," *The New England Journal of Medicine*, April 16, 2014.

31 "Ebola in West Africa," *The Lancet Infectious Diseases* 14, no. 9 (Sept. 2014).

32 C. L. Althaus, "Estimating the Reproduction Number of Ebola Virus (EBOV) During the 2014 Outbreak in West Africa," *PLoS Currents Outbreaks*, Sept. 2, 2014.

33 "UN Announces Mission to Combat Ebola, Declares Outbreak 'Threat to Peace and Security,'" UN News Centre, Sept. 18, 2014.

34 Denise Grady, "Ebola Cases Could Reach 1.4 Million Within Four Months, CDC Estimates," *The New York Times*, Sept. 23, 2014.

35 Sadie J. Ryan and Peter D. Walsh, "Consequences of Non-Intervention for Infectious Disease in African Great Apes," *PLoS ONE* 6, no. 12 (2011): e29030.

36 앤 리모인Anne Rimoin과의 인터뷰, 2011년 9월 27일.

37 A. W. Rimoin et al., "Major Increase in Human Monkeypox Incidence 30 Years After Smallpox Vaccination Campaigns Cease in the Democratic Republic of Congo," *Proceedings of the National Academy of Sciences of the United States of America* 107, no. 37 (2010): 16262-67.

38 D. S. Wilkie and J. F. Carpenter, "Bushmeat Hunting in the Congo Basin: An Assessment of Impacts and Options for Mitigation," *Biodiversity and Conservation* 8, no. 7 (1999): 927-55.

39 Sonia Shah, "Could Monkeypox Take Over Where Smallpox Left Off?" *Scientific American*, March 2013.

40 J. O. Lloyd-Smith, "Quantifying the Risk of Human Monkeypox Emergence in the Aftermath of Smallpox Eradication," Epidemics: Third International Conference on Infectious Disease Dynamics, Boston, Nov. 30, 2011.

41 Dennis Normile, "Up Close and Personal with SARS," *Science* 300, no. 5621 (2003): 886-87.

42 "The Dog That's Just Dyeing to Be a Tiger: How Chinese Owners Turn Their Pets into Exotic Wildlife in New Craze," Daily Mail Online, June 9, 2010; John Knight, ed., *Wildlife in Asia: Cultural Perspectives* (New York: Routledge, 2004); S. A. Mainka and J. A. Mills, "Wildlife and Traditional Chinese Medicine: Supply and Demand for Wildlife Species," *Journal of Zoo and Wildlife Medicine* 26, no. 2 (1995): 193-200.

43 Knight, *Wildlife in Asia*.

44 Lauren Swanson, "1.19850+ Billion Mouths to Feed: Food Linguistics and Cross-Cultural, Cross-'National' Food Consumption Habits in China," *British Food Journal* 98, no. 6 (1996): 33-44.

45 Anthony Kuhn, "A Chinese Imperial Feast a Year in the Eating," NPR, Jan. 9, 2010.

46 Eoin Gleeson, "How China Fell in Love with Louis Vuitton," *MoneyWeek*, June 14, 2007.

47 조너던 앱슈타인Jonathan Epstein과의 인터뷰, 2009년 9월 7일; L. M. Looi et al., "Lessons from the Nipah Virus Outbreak in Malaysia," *The Malaysian Journal of Pathology* 29, no. 2 (2007): 63-67.

48 A. Townsend Peterson et al., "Predictable Ecology and Geography of West Nile Virus Transmission in the Central United States," *Journal of Vector Ecology* 33, no. 2 (2008): 342-52; A. Townsend Peterson et al., "West Nile Virus: A Reemerging Global Pathogen," *Emerging Infectious Diseases* 7, no. 4 (2001): 611-14.

49 이들 대부분이 '잠복기silent' 감염자였고, 증상이 나타나지 않았다. Drexler, *Secret Agents*, 72.

50 A. Marm Kilpatrick, "Globalization, Land Use, and the Invasion of West Nile Virus," Science, Oct. 21, 2011; Valerie J. McKenzie and Nicolas E.

Goulet, "Bird Community Composition Linked to Human West Nile Vi-
rus Cases Along the Colorado Front Range," *EcoHealth*, Dec. 2, 2010.

51 Richard Ostfeld, "Ecological Drivers of Tickborne Diseases in North
America," International Conference on Emerging Infectious Diseases,
Atlanta, GA, March 13, 2012.

52 "CDC Provides Estimate of Americans Diagnosed with Lyme Disease
Each Year," Centers for Disease Control and Prevention, Aug. 19, 2013;
Julie T. Joseph et al., "Babesiosis in Lower Hudson Valley, New York,
USA," *Emerging Infectious Diseases* 17 (May 26, 2011); Laurie Tarkan, "Once
Rare, Infection by Tick Bites Spreads," *The New York Times*, June 20, 2011.

53 Felicia Keesing et al., "Impacts of Biodiversity on the Emergence and
Transmission of Infectious Diseases," *Nature* 468 (Dec. 2, 2010): 647-52.

54 Beth Mole, "MRSA: Farming Up Trouble," *Nature*, July 24, 2013.

55 Drexler, *Secret Agents*, 136.

2장_이동

1   "Control of Communicable Diseases, Restrictions on African Rodents,
Prairie Dogs and Certain Other Animals," Food and Drug Administration,
Federal Register, Sept. 8, 2008.

2   M. G. Reynolds et al., "A Silent Enzootic of an Orthpoxvirus in Ghana,
West Africa: Evidence for Multi-Species Involvement in the Absence of
Widespread Human Disease," *The American Journal of Tropical Medicine and
Hygiene* 82, no. 4 (April 2010): 746-54.

3   마크 슬리프카Mark Slifka와의 인터뷰, 2011년 11월 30일.

4   Lisa Warnecke et al., "Inoculation of Bats with European *Pseudogymnoascus
destructans* Supports the Novel Pathogen Hypothesis for the Origin of
White-nose Syndrome," *Proceedings of the National Academy of Sciences* 109, no.
18 (2012): 6999-7003; "White-Nose Syndrome (WNS)," USGS National
Wildlife Health Center, www.nwhc.usgs.gov/disease_information/
white-nose_syndrome/.

5   Emily Badger, "We've Been Looking at the Spread of Global Pandemics
All Wrong," *The Atlantic*, CityLab, Feb. 25, 2013.

6   "Threading the Climate Needle: The Agulhas Current System," National
Science Foundation, April 27, 2011.

7   C. Razouls et al., "Diversity and Geographic Distribution of Marine

Planktonic Copepods," http://copepodes.obs-banyuls.fr/en.

8 François Delaporte, *Disease and Civilization: The Cholera in Paris*, 1832 (Cambridge, MA: MIT Press, 1986), 40.

9 Walter Benjamin, "Paris-Capital of the Nineteenth Century," *Perspecta*, 12 (1969).

10 N. P. Willis, *Prose Works* (Philadelphia: Carey and Hart, 1849).

11 Roy Porter, *The Greatest Benefit to Mankind: A Medical History of Humanity* (New York: Norton, 1997), 308-10.

12 콜레라 균주는 다른 곳에서도 발생했을 수 있다. 콜레라와 상당히 유사해 보이는 질병의 발병에 대한 역사적 기록들이 남아 있다. 고대 그리스 로마의 역사적 기록들과 마찬가지로 기원전 5~4세기의 고대 산스크리트어 문헌들도 콜레라와 유사한 질병을 기술하고 있다. 포르투갈의 탐험가이자 항해가인 바스쿠 다 가마가 1498년 인도의 말라바르 해안에 상륙했을 때 이미 2만 명 가까운 주민들이 한 질병으로 사망했는데, "급작스럽게 뱃속에 탈을 일으켜 일부는 8시간 안에 사망했다." 토마스 시드넘은 1669년 영국에서 발생한 유사 콜레라 질병을 기술했고 러드야드 키플링은 24시간 내에 아프리카 방문자들을 죽음에 이르게 한 재앙을 기술했는데, 그 역시 콜레라였을 가능성이 크다. 그러나 최초의 전 세계적 유행병이 시작된 곳은 바로 순다르반스였고, 과학자들은 그곳에서 발생한 콜레라균에 뭔가 특별한 전염성이 있었다고 믿는다. Joan L. Aron and Jonathan A. Patz, eds., *Ecosystem Change and Public Health: A Global Perspective* (Baltimore: Johns Hopkins University Press, 2001), 328; Colwell, "Global Climate and Infectious Disease" 참조.

13 Myron Echenberg, *Africa in the Time of Cholera: A History of Pandemics from 1817 to the Present* (New York: Cambridge University Press, 2011), 7.

14 Richard J. Evans, *Death in Hamburg: Society and Politics in the Cholera Years* (New York: Penguin, 2005), 229.

15 Washer, *Emerging Infectious Diseases*, 153.

16 Evans, *Death in Hamburg*, 229.

17 Marc Alexander, "'The Rigid Embrace of the Narrow House': Premature Burial & the Signs of Death," *The Hastings Center Report* 10, no. 3 (June 1980): 25-31.

18 Delaporte, *Disease and Civilization*, 43.

19 Ibid., 27-48; N. P. Willis, "Letter XVIII: Cholera-Universal terror⋯⋯" and "Letter XVI: the cholera-a masque ball-the gay world-mobs-visit to the hotel dieu," *Pencillings by the Way* (New York: Morris & Willis, 1844).

20 Delaporte, *Disease and Civilization*, 40, 43.

21 Edward P. Richards, Katharine C. Rathbun, and Jay Gold, "The Smallpox

Vaccination Campaign of 2003: Why Did It Fail and What Are the Lessons for Bioterrorism Preparedness?" *Louisiana Law Review* 64 (2004).

22 Willis, *Prose Works.*

23 Bank of the Manhattan Company, "Ships and Shipping of Old New York: A Brief Account of the Interesting Phases of the Commerce of New York from the Foundation of the City to the Beginning of the Civil War" (New York, 1915), 39.

24 1등석 승객들조차 불편을 감내해야 했다. 침실은 춥고 어두웠으며 환기가 잘 되지 않았고, 잠든 승객들이 거친 파도에 흔들리는 것을 막기 위해 그냥 가운데가 뻥 뚫린 널빤지에 얇은 천을 둘러 만든 간소한 침대가 제공되었다. Stephen Fox, *The Ocean Railway: Isambard Kingdom Brunel, Samuel Cunard and the Revolutionary World of the Great Atlantic Steamships* (New York: Harper, 2003), 7-14; "On the Water," *Maritime Nation, 1800-1850: Enterprise on the Water*, Smithsonian National Museum of American History, http://americanhistory.si.edu/onthewater/exhibition/2_3.html.

25 Echenberg, *Africa in the Time of Cholera*, 61.

26 J. S. Chambers, *The Conquest of Cholera: America's Greatest Scourge* (New York: Macmillan, 1938), 298.

27 J. T. Carlton, "The Scale and Ecological Consequences of Biological Invasions in the World's Oceans," in Odd Terje Sandlund et al., eds., *Invasive Species and Biodiversity Management* (Boston: Kluwer Academic, 1999); Mike McCarthy, "The Iron Hull: A Brief History of Iron Shipbuilding," *Iron Ships & Steam Shipwrecks: Papers from the First Australian Seminar on the Management of Iron Vessels & Steam Shipwrecks* (Fremantle: Western Australian Maritime Museum, 1985).

28 Rita R. Colwell et al., "Global Spread of Microorganisms by Ships," *Nature* 408, no. 6808 (2000): 49.

29 Chambers, *The Conquest of Cholera*, 201; Carol Sheriff, *The Artificial River: The Erie Canal and the Paradox of Progress, 1817-1862* (New York: Hill & Wang, 1996), 15-17.

30 Steven Solomon, Water: *The Epic Struggle for Wealth, Power, and Civilization* (New York: Harper, 2010), 289 (『물의 세계사: 부와 권력을 위한 인류 문명의 투쟁』, 주경철, 안민석 역, 민음사).

31 Ashleigh R. Tuite, Christina H. Chan, and David N. Fisman, "Cholera, Canals, and Contagion: Rediscovering Dr Beck's Report," *Journal of Public Health Policy* 32, no. 3 (Aug. 2011); Maximilian, Prince of Wied, "Early Western Travels, vol. 22: Part I of Maximilian, Prince of Weid's Travels in the

Interior of North America, 1832-1834" (Cleveland: A. H. Clark Co., 1906), 393.

32 Bank of the Manhattan Company, "Ships and Shipping of Old New York," 43; Solomon, *Water*, 289.

33 오늘날 이리 운하에는 35개의 갑문만이 있다. www.eriecanal.org/locks. html. Ronald E. Shaw, *Canals for a Nation: The Canal Era in the United States, 1790-1860* (Lexington: University of Kentucky Press, 1990), 44, 47; Sheriff, The Artificial River, 67, 72, 79.

34 Chambers, *The Conquest of Cholera, 63, 91*; Shaw, *Canals for a Nation*, 47; John W. Percy, "Erie Canal: From Lockport to Buffalo," *Buffalo Architecture and History* (Buffalo: Western New York Heritage Institute of Canisius College, 1993).

35 Percy, "Erie Canal."

36 Solomon, *Water*, 228.

37 Chester G. Moore, "Globalization and the Law of Unintended Consequences: Rapid Spread of Disease Vectors via Commerce and Travel," Colorado State University, Fort Collins, ISAC meeting, June 2011; EPA, "Growth of International Trade and Transportation," www.epa.gov/oia/trade/transport.html; David Ozonoff and Lewis Pepper, "Ticket to Ride: Spreading Germs a Mile High," *The Lancet* 365, no. 9463 (2005): 917.

38 "Country Comparison: Airports," CIA, *The World Factbook*, 2013.

39 "Top 10 Biggest Ports in the World in 2011," *Marine Insight*, Aug. 11, 2011.

40 "Multi-modal Mainland Connections," 2013, www.hongkongairport.com.

41 Chris Taylor, "The Chinese Plague," *The Age*, May 4, 2003; Mike Davis, *The Monster at Our Door: The Global Threat of Avian Flu* (New York: Henry Holt, 2005), 70 (『조류독감: 전염병의 사회적 생산』, 정병선 역, 돌베개).

42 Nathan Wolfe, *The Viral Storm: The Dawn of a New Pandemic Age* (New York: Times Books, 2011), 160 (『바이러스 폭풍의 시대: 치명적 신종, 변종 바이러스가 지배할 인류의 미래와 생존 전략』, 강주헌 역, 김영사).

43 Christopher R. Braden et al., "Progress in Global Surveillance and Response Capacity 10 Years After Severe Acute Respiratory Syndrome," *Emerging Infectious Diseases* 19, no. 6 (2013): 864.

44 "What You Should Know About SARS," *The Vancouver Province*, March 23, 2003; Wolfe, *The Viral Storm*, 160; Forum on Microbial Threats, *Learning from SARS: Preparing for the Next Disease Outbreak* (Washington, DC: National Academies Press, 2004); Davis, *The Monster at Our Door*, 72-73.

45 Grady, "Ebola Cases Could Reach 1.4 Million"; David Kroll, "Nigeria Free of Ebola as Final Surveillance Contacts Are Released," *Forbes*, Sept. 23, 2014.

46 "India's Wealth Triples in a Decade to $3.5 Trillion," *The Economic Times* (India), Oct. 9, 2010.

47 "Medical Tourism in the Superbug Age," *The Times of India*, April 17, 2011.

48 "Medanta the Medicity," www.medanta.org/about_gallery.aspx.

49 Amit Sengupta and Samiran Nundy, "The Private Health Sector in India," *BMJ* 331, no. 7526 (Nov. 19, 2005): 1157-58; George K. Varghese et al., "Bacterial Organisms and Antimicrobial Resistance Patterns," *The Journal of the Association of Physicians of India* 58 supp. (December 2010): 23-24; Dawn Sievert et al., "Antimicrobial-Resistant Pathogens Associated with Health-care-Associated Infections: Summary of Data Reported to the National Healthcare Safety Network at the Centers for Disease Control and Prevention, 2009-2010," *Infection Control and Hospital Epidemiology* 34, no. 1 (Jan. 2013): 1-14.

50 Maryn McKenna, "The Enemy Within," Scientific American, April 2011, 46-53; Chand Wattal et al., "Surveillance of Multidrug Resistant Organisms in Tertiary Care Hospital in Delhi, India," *The Journal of the Association of Physicians of India* 58 supp. (Dec. 2010): 32-36; Timothy R. Walsh and Mark A. Toleman, "The New Medical Challenge: Why NDM-1? Why Indian?" *Expert Review of Anti-Infective Therapy* 9, no. 2 (Feb. 2011): 137-41.

51 CDC, "Detection of Enterobacteriaceae Isolates Carrying Metallo-Beta-Lactamase-United States, 2010," June 25, 2010, www.cdc.gov/mmwr/preview/mmwrhtml/mm5924a5.htm; Deverick J. Anderson, "Surgical Site Infections," *Infectious Disease Clinics of North America* 25, no. 1 (2011): 135-53; M. Berrazeg et al., "New Delhi Metallo-beta-lactamase Around the World: An eReview Using Google Maps," *Eurosurveillance* 19, no. 20 (2014).

52 챈드 워털Chand Wattal과의 인터뷰, 2012년 1월 9일.

3장_오물

1 Richard G. Feachem et al., *Sanitation and Disease: Health Aspects of Excreta and Wastewater Management*, World Bank Studies in Water Supply and Sanitation 3 (New York: John Wiley, 1983); Uno Winblad, "Towards an Ecological Approach to Sanitation," Swedish International Development Cooperation Agency, 1997.

2   Rose George, *The Big Necessity: The Unmentionable World of Human Waste and Why It Matters* (New York: Metropolitan Books, 2008), 2.

3   Joan H. Geismar, "Where Is Night Soil? Thoughts on an Urban Privy," *Historical Archaeology* 27, no. 2 (1993): 57-70; Laura Noren, *Toilet: Public Restrooms and the Politics of Sharing* (New York: NYU Press, 2010); Ewald, *Evolution of Infectious Disease*, 80.

4   Katherine Ashenburg, *The Dirt on Clean: An Unsanitized History* (New York: North Point Press, 2007), 43; Solomon, Water, 251-53.

5   George, *The Big Necessity*, 2.

6   Ashenburg, *The Dirt on Clean*; Solomon, Water.

7   Ashenburg, *The Dirt on Clean*, 94.

8   Solomon, *Water*, 253.

9   Ashenburg, *The Dirt on Clean*, 95, 100, 107.

10 Martin V. Melosi, *The Sanitary City: Environmental Services in Urban America from Colonial Times to Present*, abridged ed. (Pittsburgh: University of Pittsburgh Press, 2008), 12.

11 Benedetta Allegranzi et al., "Religion and Culture: Potential Undercurrents Influencing Hand Hygiene Promotion in Health Care," *American Journal of Infection Control* 37, no. 1 (2009): 28-34; Ashenburg, *The Dirt on Clean*, 59, 75.

12 Echenberg, *Africa in the Time of Cholera*, 8.

13 George, *The Big Necessity*, 8.

14 John Duffy, *A History of Public Health in New York City 1625-1866* (New York: Russell Sage Foundation, 1968), 18; Gerard T. Koeppel, *Water for Gotham: A History* (Prince ton: Prince ton University Press, 2000), 12, 21.

15 Melosi, *The Sanitary City*, 115.

16 Tyler Anbinder, *Five Points: The 19th-Century New York City Neighborhood That Invented Tap Dance, Stole Elections, and Became the World's Most Notorious Slum* (New York: Plume, 2001), 74, 86.

17 Eric W. Sanderson, *Manahatta: A Natural History of New York City* (New York: Harry N. Abrams, 2009), 215; Duffy, *A History of Public Health*, 185, 363.

18 Duffy, *A History of Public Health*, 364.

19 Asa Greene, *A Glance at New York: Embracing the City Government, Theatres, Hotels, Churches, Mobs, Monopolies, Learned Professions, Newspapers, Rogues, Dandies, Fires and Firemen, Water and Other Liquids, &c., &c.* (New York: A. Greene, 1837).

20 Argonne National Laboratory, "Cleaning Water Through Soil," Nov. 6, 2004, www.newton.dep.anl.gov/askasci/gen01/gen01688.htm.

21 Koeppel, *Water for Gotham*, 9; *Sanderson, Manahatta*, 87.

22 Greene, *A Glance at New York*.

23 Koeppel, *Water for Gotham*, 16, 52, 117.

24 로버트 머치Robert D. Mutch와의 인터뷰, 2012년 11월 27일; Duffy, *A History of Public Health*, 211; Nelson Manfred Blake, *Water for the Cities: A History of the Urban Water Supply Problem in the United States* (Syracuse, NY: Syracuse University Press, 1956), 124; "Old Water Tank Building Gives Way to Trade," *The New York Times*, July 12, 1914.

25 Blake, *Water for the Cities*, 126.

26 Koeppel, *Water for Gotham*, 64.

27 원문의 자료는 갤런 당 그레인으로 표기되어 있으며, 이를 리터 당 밀리그램으로 환산하였다. Koeppel, *Water for Gotham*, 121, 141.

28 J. S. Guthrie et al., "Alcohol and Its Influence on the Survival of *Vibrio cholerae*," *British Journal of Biomedical Science* 64, no. 2 (2007): 91-92.

29 Peter C. Baldwin, *In the Watches of the Night: Life in the Nocturnal City, 1820-1830* (Chicago: University of Chicago Press, 2012); Geismar, "Where Is Night Soil?"; Charles E. Rosenberg, *The Cholera Years: The United States in 1832, 1849, and 1866* (Chicago: University of Chicago Press, 1987), 112.

30 Documents of the Board of Aldermen of the City of New-York, vol. 9, document 18.

31 Sanderson, *Manahatta*, 10, 64, 153; Duffy, *A History of Public Health*, 25, 91, 379, 407; Feachem, *Sanitation and Disease; Anbinder, Five Points*, 87.

32 Duffy, *A History of Public Health*, 197.

33 Sanderson, *Manahatta*, 81.

34 Dudley Atkins, ed., *Reports of Hospital Physicians and Other Documents in Relation to the Epidemic Cholera of 1832* (New York: G. & C. & H. Carvill, 1832); James R. Manley, "Letters addressed to the Board of Health, and to Richard Riker, recorder of the city of New-York: on the subject of his agency in constituting a special medical council," Board of Health publication (New York: Peter van Pelt, 1832).

35 Steven Johnson, *The Ghost Map: The Story of London's Most Terrifying Epidemic-and How It Changed Science, Cities and the Modern World* (New York: Riverhead Books, 2006), 37 (『감염지도: 대규모 전염병의 도전과 현대 도시문명의 미래』, 김명남 역, 김영사).

36 Greene, *A Glance at New York*.

37 물과 15%의 진으로 이루어진 음료에서 콜레라균이 사라지려면 26시간을 기다려야 한다. J. S. Guthrie et al., "Alcohol and Its Influence on the Survival

391

of *Vibrio cholerae*," *British Journal of Biomedical Science* 64, no. 2 (2007): 91-92.

38   Mark Kurlansky, *The Big Oyster: History on the Half Shell* (New York: Random House, 2007); Duffy, A History of Public Health, 226.

39   Blake, *Water for the Cities*, 60.

40   "Extract of a letter from New-York, dated July 19, 1832," *The Liberator*, July 28, 1832; Atkins, Reports of Hospital Physicians.

41   Atkins, *Reports of Hospital Physicians*.

42   *The Cholera Bulletin, Conducted by an Association of Physicians*, vol. 1, nos. 1-24, 1832 (New York: Arno Press, 1972), 6.

43   Philip Hone, *The Diary of Philip Hone, 1828-1851* (New York: Dodd, Mead, 1910); John N. Ingham, *Biographical Dictionary of American Business Leaders*, vol. 1 (Santa Barbara, CA: Greenwood Publishing, 1983); *Atkins, Reports of Hospital Physicians*.

44   Atkins, *Reports of Hospital Physicians*.

45   Letter from Cornelia Laura Adams Tomlinson to Maria Annis Dayton and Cornelia Laura Tomlinson Weed, June 22, 1832, in "Genealogical Story (Dayton and Tomlinson)," told by Laura Dayton Fessenden (Cooperstown, NY: Crist, Scott & Parshall, 1902).

46   *Autobiography of N. T. Hubbard: With Personal Reminiscences of New York City from 1798 to 1875* (New York: J. F. Trow & Son, 1875).

47   *Rosenberg, The Cholera Years*, 32.

48   Hone, *The Diary of Philip Hone*.

49   Chris Swann, *A Survey of Residential Nutrient Behaviors in the Chesapeake Bay* (Ellicott City, MD: Chesapeake Research Consortium, Center for Watershed Protection, 1999).

50   Traci Watson, "Dog Waste Poses Threat to Water," *USA Today*, June 6, 2002.

51   Robert M. Bowers et al., "Sources of Bacteria in Outdoor Air Across Cities in the Midwestern United States," *Applied and Environmental Microbiology* 77, no. 18 (2011): 6350-56.

52   Dana M. Woodhall, Mark L. Eberhard, and Monica E. Parise, "Neglected Parasitic Infections in the United States: Toxocariasis," *The American Journal of Tropical Medicine and Hygiene* 90, no. 5 (2014): 810-13.

53   P. S. Craig et al., "An Epidemiological and Ecological Study of Human Alveolar Echinococcosis Transmission in South Gansu, China," *Acta Tropica* 77, no. 2 (2000): 167-77.

54   Jillian P. Fry et al., "Investigating the Role of State and Local Health De-

partments in Addressing Public Health Concerns Related to Industrial Food Animal Production Sites," *PLoS ONE* 8, no. 1 (2013): e54720.

55 JoAnn Burkholder et al., "Impacts of Waste from Concentrated Animal Feeding Operations on Water Quality," *Environmental Health Perspectives* 115, no. 2 (2007): 308.

56 Robbin Marks, "Cesspools of Shame: How Factory Farm Lagoons and Sprayfields Threaten Environmental and Public Health," Natural Resources Defense Council and the Clean Water Network, July 2001; Burkholder, "Impacts of Waste from Concentrated Animal Feeding Operations"; Wendee Nicole, "CAFOs and Environmental Justice: The Case of North Carolina," *Environmental Health Perspectives* 121, no. 6 (2013): a182-89.

57 Lee Bergquist and Kevin Crowe, "Manure Spills in 2013 the Highest in Seven Years Statewide," *Milwaukee Wisconsin Journal Sentinel,* Dec. 5, 2013; Peter T. Kilborn, "Hurricane Reveals Flaws in Farm Law," *The New York Times,* Oct. 17, 1999.

58 Xiuping Jiang, Jennie Morgan, and Michael P. Doyle, "Fate of *Escherichia coli* O157:H7 in Manure-Amended Soil," *Applied and Environmental Microbiology* 68, no. 5 (2002): 2605-609; Margo Chase-Topping et al., "Super-Shedding and the Link Between Human Infection and Livestock Carriage of *Escherichia coli* O157," *Nature Reviews Microbiology* 6, no. 12 (2008): 904-12; CDC, "*Escherichia coli* O157:H7, General Information-NCZVED," Jan. 6, 2011; J. A. Cotruvo et al., "Waterborne Zoonoses: Identification, Causes, and Control," WHO, 2004, 140.

59 NDM-1이 세균 종으로 이동하는 능력은 체온보다 낮은 상온에서 최고조에 이른다. 이는 NDM-1이 콜레라균과 심각한 이질의 주범인 보이드 설사균higella boydii 의 환경 균주 모두에서 이미 발견된 이유를 설명할 수 있을 것이다. T. R. Walsh et al., "Dissemination of NDM-1 Positive Bacteria in the New Delhi Environment and Its Implications for Human Health: An Environmental Point Prevalence Study," *The Lancet Infectious Diseases* 11, no. 5 (2011): 355-62.

60 Drexler, *Secret Agents,* 146; McKenna, Superbug, 60-63; S. Tsubakishita et al., "Origin and Molecular Evolution of the Determinant of Methicillin Resistance in Staphylococci," *Antimicrobial Agents and Chemotherapy* 54, no. 10 (2010): 4352-59.

61 Maryn McKenna, "E. Coli: Some Answers, Many Questions Still," Wired.com, June 22, 2011; Yonatan H. Grad et al., "Comparative Genomics of Recent Shiga Toxin-Producing *Escherichia coli* O104:H4: Short-Term

Evolution of an Emerging Pathogen," *mBio* 4, no. 1 (2013): e00452-12.

62 Ross Anderson, "Sprouts and Bacteria: It's the Growing Conditions," *Food Safety News*, June 6, 2011.

63 G. Gault et al., "Outbreak of Haemolytic Uraemic Syndrome and Bloody Diarrhoea Due to *Escherichia coli* O104:H4, South-West France, June 2011," *Eurosurveillance* 16, no. 26 (2011).

64 McKenna, "E. Coli: Some Answers; 'A Totally New Disease Pattern': Doctors Shaken by Outbreak's Neurological Devastation," Spiegel Online, June 9, 2011; Gault, "Outbreak of Haemolytic Uraemic Syndrome."

65 Ralf P. Vonberg et al., "Duration of Fecal Shedding of Shiga Toxin-Producing *Escherichia coli* O104:H4 in Patients Infected During the 2011 Outbreak in Germany: A Multicenter Study," *Clinical Infectious Diseases* 56 (2013).

66 Haiti Grassroots Watch, "Behind the Cholera Epidemic-Excreta," December 21, 2010.

67 George, *The Big Necessity*, 89, 99.

68 Solomon, Water, 265.

69 브라이언 콘캐넌Brian Concannon과의 인터뷰, 2013년 7월 23일.

70 Haiti Grassroots Watch, "Behind the Cholera Epidemic."

71 Associated Press interview, "UN Envoy Farmer Says Haiti Cholera Outbreak Is Now World's Worst," Oct. 18, 2011.

72 Walsh, "Dissemination of NDM-1 Positive Bacteria."

73 2011년 1월 홍콩에서 한 남성이 NDM-1 대장균주에 감염된 것으로 밝혀졌다. 전문가들은 병원 입원 이력이 없는 그가 분변에 오염된 물이나 토양으로부터 오염되었을 것이라고 의심한다. 2011년 5월 NDM-1이 캐나다의 한 환자에게서 검출되었다. 이 86세의 남성은 최근 10년간 서부 온타리오를 떠난 적이 없었다. 오염된 지역 환경을 통해 세균에 노출되었을 수도 있다. McKenna, "The Enemy Within"; J. V. Kus et al., "New Delhi Metallo-ss-lactamase-1: Local Acquisition in Ontario, Canada, and Challenges in Detection," *Canadian Medical Association Journal* 183, no. 11 (Aug. 9, 2011): 1257-61.

4장_밀집

1 눈에 띄는 증상이 없을지라도 보균자는 매일 5억 개의 콜레라균을 배설하여 자기도 모르는 사이에 콜레라를 전파하는 데 기여할 수 있다(개인이 1일 500그램의 분변을 생산한다고 했을 때 분변 1그램 당 100만 개의 콜레라균으로 계산). Feachem, Sanitation and Disease. C. T. Codeço, "Endemic and Epidemic Dynam-

ics of Cholera: The Role of the Aquatic Reservoir," *BMC Infectious Diseases* 1, no. 1 (2001); Atkins, *Reports of Hospital Physicians.*

2   콜레라 면역은 오래 지속되는 것으로 이해되고 있지만 그 메커니즘은 명확하게 해명되지 않았다. Eric J. Nelson et al., "Cholera Transmission: The Host, Pathogen and Bacteriophage Dynamic," *Nature Reviews Microbiology* 7, no. 10 (2009): 693-702.

3   Rosenberg, *The Cholera Years*, 35.

4   James D. Oliver, "The Viable but Nonculturable State in Bacteria," *The Journal of Microbiology* 43, no. 1 (2005): 93-100.

5   Anbinder, Five Points, 14-27; Ashenburg, *The Dirt on Clean*, 178; Richard Plunz, *A History of Housing in New York City* (New York: Columbia University Press, 1990).

6   Simon Szreter, "Economic Growth, Disruption, Deprivation, Disease, and Death: On the Importance of the Politics of Public Health for Development," *Population and Development Review* 23 (1997): 693-728.

7   John Reader, *Potato: A History of the Propitious Esculent* (New Haven: Yale University Press, 2009).

8   Ian Steadman, "Mystery Irish Potato Famine Pathogen Identifi ed 170 Years Later," Wired UK, May 21, 2013.

9   Reader, *Potato*; Everett M. Rogers, *Diffusion of Innovations*, 5th ed. (New York: Free Press, 2003), 452; W. C. Paddock, "Our Last Chance to Win the War on Hunger," *Advances in Plant Pathology* 8 (1992), 197-222.

10   Duffy, *A History of Public Health*, 273.

11   Cormac Ó. Gráda and Kevin H. O'Rourke, "Migration as Disaster Relief: Lessons from the Great Irish Famine," *European Review of Economic History* 1, no. 1 (1997): 3-25.

12   Jacob A. Riis, *How the Other Half Lives: Studies Among the Tenements of New York*, ed. David Leviatin (New York: St. Martin's Press, 1996 [1890]), 67; Anbinder, Five Points, 74.

13   Anbinder, *Five Points*, 81.

14   Plunz, *A History of Housing in New York City.*

15   Anbinder, *Five Points*, 74-77.

16   Riis, *How the Other Half Lives*, 65.

17   Anbinder, *Five Points*, 14-27, 69, 71, 74-79, 175, 306; Rosenberg, *The Cholera Years*, 34.

18   Davis, *The Monster at Our Door*, 154.

19   Koeppel, *Water for Gotham*, 287.

20 Rosenberg, *The Cholera Years*, 104, 106, 113-14, 121, 145; Anbinder, Five Points, 119.

21 Michael R. Haines, "The Urban Mortality Transition in the United States, 1800-1940," National Bureau of Economic Research Historical Paper no. 134, July 2001; Michael Haines, "Health, Height, Nutrition and Mortality: Evidence on the 'Antebellum Puzzle' from Union Army Recruits for New York State and the United States," in John Komlos and Jörg Baten, eds., *The Biological Standard of Living in Comparative Perspective* (Stuttgart: Franz Steiner Verlag, 1998); Robert Woods, "Urban-Rural Mortality Differentials: An Unresolved Debate," *Population and Development Review* 29, no. 1 (2003): 29-46.

22 Woods, "Urban-Rural Mortality Differentials."

23 Duffy, *A History of Public Health*, 291.

24 Adam Gopnik, "When Buildings Go Up, the City's Distant Past Has a Way of Resurfacing," *The New Yorker*, Feb. 4, 2002; Michael O. Allen, "5 Points Had Good Points," *Daily News*, Feb. 22, 1998.

25 G. T. Kingsley, "Housing, Health, and the Neighborhood Context," *American Journal of Preventive Medicine* 4, supp. 3 (April 2003): 6-7.

26 Davis, The Monster at Our Door, 154.

27 Nature Conservancy, "Global Impact of Urbanization Threatening World's Biodiversity and Natural Resources," ScienceDaily, June 2008.

28 Davis, *The Monster at Our Door*, 152.

29 Danielle Nierenberg, "Factory Farming in the Developing World," *World Watch* magazine 16, no. 3 (May/June 2003).

30 Xavier Pourrut et al., "The Natural History of Ebola Virus in Africa," *Microbes and Infection* 7, no. 7 (2005): 1005-14.

31 E. M., Leroy, J. P. Gonzalez, and S. Baize, "Ebola and Marburg Haemorrhagic Fever Viruses: Major Scientific Advances, but a Relatively Minor Public Health Threat for Africa," *Clinical Microbiology and Infection* 17, no. 7 (2011): 964-76.

32 Todd C. Frankel, "It Was Already the Worst Ebola Outbreak in History. Now It's Moving into Africa's Cities," *The Washington Post*, Aug. 30, 2014; "Ebola Virus Reaches Guinea's Capital Conakry," Al Jazeera, March 28, 2014; "Seven Die in Monrovia Ebola Outbreak," BBC News, June 17, 2014; "Sierra Leone Capital Now in Grip of Ebola," Al Jazeera, Aug. 6, 2014.

33 시에라리온의 수도에서는 전파율이 증가하지 않은 것으로 나타났지만, 그 이유는 명확하게 밝혀지지 않았다. S. Towers, O. Patterson-Lomba, and Chavez

PANDEMIC

C. Castillo, "Temporal Variations in the Effective Reproduction Number of the 2014 West Africa Ebola Outbreak," *PLoS Currents Outbreaks*, Sept. 18, 2014.

34 제임스 로이드-스미스James Lloyd-Smith와의 인터뷰, 2011년 11월 30일.

35 Frankel, "It Was Already the Worst Ebola Outbreak."

36 Barry S. Hewlett and Bonnie L. Hewlett, *Ebola, Culture and Politics: The Anthropology of an Emerging Disease* (Belmont, CA: Thomson Wadsworth, 2008), 55.

37 Paul W. Ewald, *Plague Time: How Stealth Infections Cause Cancers*, Heart Disease, and Other Deadly Ailments (New York: Simon and Schuster, 2000), 25 (『전염병 시대—보이지 않는 전염이 어떻게 암과 심장질환 같은 치명적인 질병을 유발하는가?』, 이충 역, 소소).

38 "Pathogen Safety Data Sheet: Infectious Substances: Mycobacterium Tuberculosis Complex," Public Health Agency of Canada, Oct. 6, 2014; Michael Z. David and Robert S. Daum, "Community-Associated Methicillin-Resistant *Staphylococcus aureus*: Epidemiology and Clinical Consequences of an Emerging Epidemic," Clinical Microbiology Reviews 23, no. 3 (2010): 616-87.

39 Lise Wilkinson and A. P. Waterson, "The Development of the Virus Concept as Reflected in Corpora of Studies on Individual Pathogens: 2. The Agent of Fowl Plague-A Model Virus?" *Medical History* 19 (1975): 52-72; Sander Herfst et al., "Airborne Transmission of Influenza A/H5N1 Virus Between Ferrets," Science 336, no. 6088 (2012): 1534-41; Dennis J. Alexander, "An Overview of the Epidemiology of Avian Influenza," *Vaccine* 25, no. 30 (2007): 5637-44.

40 Yohei Watanabe, Madiha S. Ibrahim, and Kazuyoshi Ikuta, "Evolution and Control of H5N1," *EMBO Reports* 14, no. 2 (2013): 117-22.

41 Les Sims and Clare Narrod, *Understanding Avian Influenza: A Review of the Emergence, Spread, Control, Prevention and Effects of Asian-Lineage H5N1 Highly Pathogenic Viruses* (Rome: FAO, 2007).

42 James Truscott et al., "Control of a Highly Pathogenic H5N1 Avian Influenza Outbreak in the GB Poultry Flock," *Proceedings of the Royal Society B* 274 (2007): 2287-95.

43 M. S. Beato and I. Capua, "Transboundary Spread of Highly Pathogenic Avian Influenza Through Poultry Commodities and Wild Birds: A Review," *Revue Scientifique et Technique* (*International Office of Epizootics*) 30, no. 1 (April 2011): 51-61.

44 Shefali Sharma et al., eds., *Fair or Fowl? Industrialization of Poultry Production in*

China, Global Meat Complex (Minneapolis: Institute for Agriculture and Trade Policy, February 2014).

45 S. P. Cobb, "The Spread of Pathogens Through Trade in Poultry Meat: Overview and Recent Developments," *Revue Scientifique et Technique* (*International Office of Epizootics*) 30, no. 1 (April 2011): 149-64.

46 Truscott, "Control of a Highly Pathogenic H5N1 Avian Influenza Outbreak."

47 Alexander, "An Overview of the Epidemiology of Avian Influenza."

48 Cobb, "The Spread of Pathogens Through Trade in Poultry Meat."

49 Beato and Capua, "Transboundary Spread of Highly Pathogenic Avian Influenza"; 말릭 페이리스^{Malik Peiris}와의 인터뷰, 2012년 1월 17일.

50 Debby Van Riel et al., "H5N1 Virus Attachment to Lower Respiratory Tract," *Science* 312, no. 5772 (2006): 399.

51 말릭 페이리스와의 인터뷰.

52 Beato and Capua, "Transboundary Spread of Highly Pathogenic Avian Influenza"; 말릭 페이리스와의 인터뷰.

53 A. Marm Kilpatrick et al., "Predicting the Global Spread of H5N1 Avian Influenza," *Proceedings of the National Academy of Sciences* 103, no. 51 (2006): 19368-73.

54 과학자들은 접근이 용이한 사람의 상부기도 세포에 H5N1이 잘 결합할 수 없기 때문이라고 추측한다(H5N1은 폐를 비롯한 하부기도 세포에는 결합하여 질병을 일으킬 수 있다). Watanabe, Ibrahim, and Ikuta, "Evolution and Control of H5N1"; World Health Organization, "Cumulative Number of Confirmed Human Cases for Avian Influenza A(H5N1) Reported to WHO, 2003-2014," July 27, 2014.

55 Sims and Narrod, *Understanding Avian Influenza*.

56 Watanabe, Ibrahim, and Ikuta, "Evolution and Control of H5N1."

57 Kevin Drew, "China Says Man Dies from Bird Flu," *The New York Times*, Dec. 31, 2011.

58 Davis, *The Monster at Our Door*, 181.

59 Donald G. McNeil, "A Flu Epidemic That Threatens Birds, Not Humans," *The New York Times*, May 4, 2015.

60 Wenjun Ma, Robert E. Kahn, and Juergen A. Richt, "The Pig as a Mixing Vessel for Influenza Viruses: Human and Veterinary Implications," *Journal of Molecular and Genetic Medicine* 3, no. 1 (2009): 158.

61 Davis, *The Monster at Our Door*, 17.

62 Mindi Schneider, "Feeding China's Pigs: Implications for the Environment, China's Smallholder Farmers and Food Security," Institute for Agriculture and Trade Policy, May 2011.

63 S. McOrist, K. Khampee, and A. Guo, "Modern Pig Farming in the People's Republic of China: Growth and Veterinary Challenges," *Revue Scientifique et Technique* (International Office of Epizootics) 30, no. 3 (2011): 961-68.

64 Qiyun Zhu et al., "A Naturally Occurring Deletion in Its NS Gene Contributes to the Attenuation of an H5N1 Swine Influenza Virus in Chickens," *Journal of Virology* 82, no. 1 (2008): 220-28.

65 Michael Osterholm, "This Year, It Seems, It's 'Risk On' with Swine Flu," *StarTribune* (Minneapolis), Aug. 26, 2012.

66 Department of Health and Human Services, "H3N2v," flu.gov/about_the_flu/h3n2v.

67 Maura Lerner and Curt Brown, "Will New Flu Strain Close the Swine Barn at Minnesota State Fair?" *StarTribune*, Aug. 21, 2012.

68 Di Liu et al., "Origin and Diversity of Novel Avian Influenza A H7N9 Viruses Causing Human Infection: Phylogenetic, Structural, and Coalescent Analyses," *The Lancet* 381, no. 9881 (2013): 1926-32; Rongbao Gao et al., "Human Infection with a Novel Avian-Origin Influenza A (H7N9) Virus," *The New England Journal of Medicine* 368, no. 20 (2013): 1888-97; Yu Chen et al., "Human Infections with the Emerging Avian Influenza A H7N9 Virus from Wet Market Poultry: Clinical Analysis and Characterisation of Viral Genome," *The Lancet* 381, no. 9881 (2013): 1916-25; Hongjie Yu et al., "Effect of Closure of Live Poultry Markets on Poultry-to-Person Transmission of Avian Influenza A H7N9 Virus: An Ecological Study," *The Lancet* 383, no. 9916 (2014): 541-48; Tokiko Watanabe et al., "Pandemic Potential of Avian Influenza A (H7N9) Viruses," *Trends in Microbiology* 22, no. 11 (2014): 623-31.

5장_부패

1 Hewlett and Hewlett, *Ebola, Culture, and Politics*, 44-45.

2 Ernst Fehr, Urs Fischbacher, and Simon Gächter, "Strong Reciprocity, Human Cooperation, and the Enforcement of Social Norms," *Human Nature* 13, no. 1 (2002): 1-25; Eric Michael Johnson, "Punishing Cheaters Promotes the Evolution of Cooperation," *The Primate Diaries* (*Scientific American blog*), Aug. 16, 2012.

3   Koeppel, *Water for Gotham*, 80; Beatrice G. Reubens, "Burr, Hamilton and the Manhattan Company: Part I: Gaining the Charter," *Political Science Quarterly* 72, no. 4 (1957): 578-607; Solomon, *Water*, 254-55; Fairmount Water Works Interpretive Center, fairmountwaterworks.org.

4   Blake, *Water for the Cities*, 48, 143.

5   David O. Stewart, "The Perils of Nonpartisanship: The Case of Aaron Burr," *The Huffington Post*, Sept. 14, 2011.

6   Koeppel, *Water for Gotham*, 36.

7   Reubens, "Burr, Hamilton and the Manhattan Company: Part I."

8   Koeppel, *Water for Gotham*, 82-83.

9   Blake, *Water for the Cities*, 73.

10 Koeppel, *Water for Gotham*, 87.

11 Beatrice G. Reubens, "Burr, Hamilton and the Manhattan Company: Part II: Launching a Bank," *Political Science Quarterly* 73, no. 1 (1958): 100-125.

12 Blake, *Water for the Cities*, 60.

13 Reubens, "Burr, Hamilton and the Manhattan Company: Part II."

14 Koeppel, *Water for Gotham*, 87.

15 Blake, *Water for the Cities*, 106.

16 Reubens, "Burr, Hamilton and the Manhattan Company: Part II."

17 Subhabrata Bobby Banerjee, "Corporate Social Responsibility: The Good, the Bad and the Ugly," *Critical Sociology* 34, no. 1 (2008): 51-79.

18 Blake, *Water for the Cities*, 102.

19 '역사적 통화 변환'에 따르면 1800년도에 9천 달러는 오늘날 167,445달러의 구매력에 해당한다. http://futureboy.us/fsp/dollar.fsp?quantity=9000&currency=dollars&fromYear=1800; Koeppel, Water for Gotham, 100.

20 Reubens, "Burr, Hamilton and the Manhattan Company: Part I."

21 Koeppel, *Water for Gotham*, 99.

22 Reubens, "Burr, Hamilton and the Manhattan Company: Part I."

23 "The History of JPMorgan Chase & Co.," www.jpmorganchase.com/corporate/About-JPMC/jpmorgan-history.

24 Blake, *Water for the Cities*, 68.

25 Melosi, *The Sanitary City*, 16.

26 Blake, *Water for the Cities*, 77.

27 Howard Markel, *When Germs Travel: Six Major Epidemics That Have Invaded America Since 1900 and the Fears They Have Unleashed* (New York: Pantheon, 2004), 51.

28 Frank M. Snowden, *Naples in the Time of Cholera*, 1884-1911 (New York: Cam-

bridge University Press, 1995), 80.

29 Ibid., 80-81.

30 Delaporte, *Disease and Civilization*, 194.

31 Duffy, *A History of Public Health*, 119.

32 Ibid., 134.

33 Chambers, *The Conquest of Cholera*, 105.

34 Erwin H. Ackerknecht, "Anticontagionism Between 1821 and 1867," *International Journal of Epidemiology* 38, no. 1 (2009): 7-21.

35 Delaporte, *Disease and Civilization*, 140.

36 Ackerknecht, "Anticontagionism Between 1821 and 1867."

37 Manley, "Letters addressed to the Board of Health."

38 혼란스럽게도 이 두 관점은 질병의 원인을 한편에서는 '감염'으로, 다른 한편에서는 '전염'으로 정의했다. '오염시키다'는 뜻의 라틴어 inficere에서 유래한 감염infection은 새로 개발된 냄새가 심한 화학 염료가 직물을 오염시키는 방식과 같이 인체를 병으로 오염시키는 악취 나는 공기를 통해 이동하는 질병이었다. 이 보다 오래된 '전염contagion'이라는 개념은 씨앗이 식물에서 식물로 이어지듯이 사람에게서 사람에게로 전파되는 질병을 가리켰다. 이 용어는 '오물과의 접촉'을 의미하는 라틴어에서 파생된 것이다. Delaporte, *Disease and Civilization*, 182; Snowden, *Naples in the Time of Cholera*, 68.

39 Rosenberg, *The Cholera Years*, 41.

40 Duffy, *A History of Public Health*, 161, 330-31.

41 Rosenberg, The Cholera Years, 104; Echenberg, Africa in the Time of Cholera, 76; Duffy, A History of Public Health, 166.

42 Tuite, Chan, and Fisman, "Cholera, Canals, and Contagion."

43 Ibid.

44 Transactions of the Medical Society of the State of New York, vol. 1 (Albany, 1833).

45 Rosenberg, The Cholera Years, 98; Delaporte, *Disease and Civilization*, 111.

46 Percy, "Erie Canal."

47 Chambers, *The Conquest of Cholera*, 39.

48 Rosenberg, *The Cholera Years*, 20, 26.

49 *The Cholera Bulletin*, vol. 1, nos. 2 and 3, 1832.

50 Rosenberg, *The Cholera Years*, 25.

51 Snowden, *Naples in the Time of Cholera*, 197-98, 301-309, 316-57.

52 Davis, *The Monster at Our Door*, 69-70.

53 Richard Wenzel, "International Perspectives on Infection Control in Healthcare Institutions," International Conference on Emerging Infec-

tious Diseases, Atlanta, GA, March 12, 2012.

54 Davis, *The Monster at Our Door*, 69-75.

55 Juan O. Tamayo, "Cuba Stays Silent About Deadly Cholera Outbreak," *The Miami Herald*, Dec. 8, 2012.

56 George, *The Big Necessity*, 213.

57 Jennifer Yang, "How Medical Sleuths Stopped a Deadly New SARS-like Virus in Its Tracks," *Toronto Star*, Oct. 21, 2012.

58 Tom Clark, "Drug Resistant Superbug Threatens UK Hospitals," Channel 4 News, Oct. 28, 2010.

59 티모시 월시Timothy Walsh와의 인터뷰, 2011년 12월 21일.

60 www.globalpolicy.org/component/content/article/221/47211.html.

61 Patricia Cohen, "Oxfam Study Finds Richest 1% Is Likely to Control Half of Global Wealth by 2016," *The New York Times*, Jan. 19, 2015.

62 Alexander Fleming, "Penicillin," Nobel lecture, Dec. 11, 1945, www.nobelprize.org/nobel_prizes/medicine/laureates/1945/fleming-lecture.pdf.

63 Spellberg, "Antimicrobial Resistance."

64 Center for Veterinary Medicine, "Summary Report on Antimicrobials Sold or Distributed for Use in Food-Producing Animals," FDA, Sept. 2014.

65 Walsh and Toleman, "The New Medical Challenge."

66 Clark, "Drug Resistant Superbug Threatens UK Hospitals"; Global Antibiotic Resistance Partnership (GARP)- India Working Group, "Rationalizing Antibiotic Use to Limit Antibiotic Resistance in India," *The Indian Journal of Medical Research* (Sept. 2011): 281-94.

67 D. M. Livermore, "Has the Era of Untreatable Infections Arrived?" *The Journal of Antimicrobial Chemotherapy* 64, supp. 1 (2009): i29-i36; T. R. Walsh, "Emerging Carbapenemases: A Global Perspective," *International Journal of Antimicrobial Agents* 36 supp. 3 (2010): s8-s14.

68 Washer, *Emerging Infectious Diseases*; David and Daum, "Community- Associated Methicillin-Resistant *Staphylococcus aureus*"; McKenna, *Superbug*, 160.

69 Drexler, *Secret Agents*, 152-54.

70 Sara Reardon, "FDA Institutes Voluntary Rules on Farm Antibiotics," *Nature News*, Dec. 11, 2013.

71 McKenna, *Superbug*, 166.

72 Sara Reardon, "White House Takes Aim at Antibiotic Resistance," *Nature News*, Sept. 18, 2014.

73　Livermore, "Has the Era of Untreatable Infections Arrived?"

74　Michelle Bahrain et al., "Five Cases of Bacterial Endocarditis After Furunculosis and the Ongoing Saga of Community-Acquired Methicillin-Resistant *Staphylococcus aureus* Infections," *Scandinavian Journal of Infectious Diseases* 38, no. 8 (2006): 702-707.

75　G. R. Nimmo, "USA300 Abroad: Global Spread of a Virulent Strain of Community-Associated Methicillin-Resistant *Staphylococcus aureus*," *Clinical Microbiology and Infection* 18, no. 8 (2012): 725-34.

76　David and Daum, "Community-Associated Methicillin-Resistant *Staphylococcus aureus*."

77　Bahrain, "Five Cases of Bacterial Endocarditis."

78　Livermore, "Has the Era of Untreatable Infections Arrived?"

79　Pollack, "Looking for a Superbug Killer."

80　McKenna, "The Enemy Within."

81　Peter Utting et al., "UN-Business Partnerships: Whose Agenda Counts?" *Transnational Associations*, Dec. 8, 2000, 18.

82　J. Patrick Vaughan et al., "WHO and the Effects of Extrabudgetary Funds: Is the Organization Donor Driven?" *Health Policy and Planning* 11, no. 3 (1996); World Health Organization, "Programme Budget 2014-2015," www.who.int, May 24, 2013.

83　Sheri Fink, "WHO Leader Describes the Agency's Ebola Operations," *The New York Times*, Sept. 4, 2014.

84　Stuckler et al., "WHO's Budgetary Allocations and Burden of Disease: A Comparative Analysis," *The Lancet* 372 (2008): 9649.

85　Buse et al., "Public-Private Health Partnerships: A Strategy for WHO," *Bulletin of the World Health Organization* 79, no. 8 (2001): 748-54.

86　Maria Cheng and Raphael Satter, "Emails Show the World Health Organization Intentionally Delayed Calling Ebola a Public Health Emergency," Associated Press, March 20, 2015; Sarah Boseley, "World Health Organization Admits Botching Response to Ebola Outbreak," *The Guardian*, Oct. 17, 2014.

87　Andrew Bowman, "The Flip Side to Bill Gates' Charity Billions," *New Internationalist*, April 2012.

88　Sonia Shah, "Guerrilla War on Malaria," *Le Monde Diplomatique*, April 2011.

89　일부 전문가들은 게이츠 재단이 가공 식품 회사와 제약 회사에 투자한 것을 두고 문제를 제기했다. David Stuckler, Sanjay Basu, and Martin McKee, "Global Health Philanthropy and Institutional Relationships: How

Should Conflicts of Interest be Addressed?" *PLoS Medicine* 8, no. 4 (2011): e1001020.

6장_비난

1   Dan Coughlin, "WikiLeaks Haiti: US Cables Paint Portrait of Brutal, Ineffectual and Polluting UN Force," *The Nation*, Oct. 6, 2011.

2   Kathie Klarreich, "Will the United Nations' Legacy in Haiti Be All About Scandal?" *The Christian Science Monitor*, June 13, 2012.

3   "Fearful Crowds Wreck Clinic as Panic over Cholera Grows," *The Times* (London), Oct. 29, 2010.

4   "Oxfam Workers Flee Riot-Torn Cholera City as Disease Spreads Across Border," *The Times* (London), Nov. 17, 2010.

5   Samuel Cohn, "Pandemics: Waves of Disease, Waves of Hate from the Plague of Athens to AIDS," *Historical Research* 85, no. 230 (2012): 535-55.

6   Susan Sontag, *Illness as Metaphor and AIDS and Its Metaphors* (New York: Macmillan, 2001), 40-41 (『은유로서의 질병』, 이재원 역, 이후).

7   Cohn, "Pandemics."

8   United Nations Senior Advisory Group, "Report of the Senior Advisory Group on Rates of Reimbursement to Troop-Contributing Countries and Other Related Issues," Oct. 11, 2012.

9   Zachary K. Rothschild et al., "A Dual-Motive Model of Scapegoating: Displacing Blame to Reduce Guilt or Increase Control," *Journal of Personality and Social Psychology* 102, no. 6 (2012): 1148.

10   Daniel Sullivan et al., "An Existential Function of Enemyship: Evidence That People Attribute Influence to Personal and Political Enemies to Compensate for Threats to Control," *Journal of Personality and Social Psychology* 98, no. 3 (2010): 434-49.

11   Rothschild, "A Dual-Motive Model of Scapegoating."

12   Neel L. Burton, *Hide and Seek: The Psychology of Self-Deception* (Oxford: Acheron Press, 2012).

13   Attila Pók, "Atonement and Sacrifice: Scapegoats in Modern Eastern and Central Europe," *East European Quarterly* 32, no. 4 (1998): 531.

14   Snowden, *Naples in the Time of Cholera*, 151.

15   Rosenberg, *The Cholera Years*, 33.

16   William J. Callahan, *Church, Politics, and Society in Spain*, 1750-1874 (Cam-

bridge, MA: Harvard University Press, 1984).

17 Rosenberg, *The Cholera Years*, 135.

18 Chambers, *The Conquest of Cholera*, 41.

19 Percy, "Erie Canal."

20 Rosenberg, *The Cholera Years*, 62-63.

21 William Watson, "The Sisters of Charity, the 1832 Cholera Epidemic in Philadelphia, and Duffy's Cut," U.S. *Catholic Historian* 27, no. 4 (Fall 2009): 1-16; Dan Barry, "With Shovels and Science, a Grim Story Is Told," *The New York Times*, March 24, 2013.

22 Barry, "With Shovels and Science."

23 W. Omar, "The Mecca Pilgrimage," *Postgraduate Medical Journal* 28, no. 319 (1952): 269.

24 M. C. Low, "Empire and the Hajj: Pilgrims, Plagues, and Pan-Islam Under British Surveillance, 1865-1908," *International Journal of Middle East Studies* 40, no. 2 (2008): 1-22.

25 F. E. Peters, *The Hajj: The Muslim Pilgrimage to Mecca and the Holy Places* (Prince ton: Prince ton University Press, 1994).

26 Valeska Huber, "The Unification of the Globe by Disease? The International Sanitary Conferences on Cholera, 1851-1894," *The Historical Journal* 49, no. 02 (2006): 453.

27 Low, "Empire and the Hajj."

28 Echenberg, *Africa in the Time of Cholera*, 37.

29 Harriet Moore, "Contagion from Abroad: U.S. Press Framing of Immigrants and Epidemics, 1891 to 1893" (master's thesis, Georgia State University, Department of Communications, 2008), 1-113.

30 Howard Markel, *Quarantine! East European Jewish Immigrants and the New York City Epidemics of 1892* (Baltimore: Johns Hopkins University Press, 1997), 111-19.

31 Cohn, "Pandemics"; Rosenberg, *The Cholera Years*, 67.

32 "Death and Disbelievers," *The Economist*, Aug. 2, 2014; "Ebola: Guineans Riot in Nzerekore over Disinfectant," BBC News Africa, Aug. 29, 2014; Abby Phillip, "Eight Dead in Attack on Ebola Team in Guinea," *The Washington Post*, Sept. 28, 2014; Terrence McCoy, "Why the Brutal Murder of Several Ebola Workers May Hint at More Violence to Come," *The Washington Post*, Sept. 19, 2014.

33 Laurie Garrett, *The Coming Plague: Newly Emerging Diseases in a World out of Balance* (New York: Macmillan, 1994), 352.

34 Sonia Shah, *The Body Hunters: Testing New Drugs on the World's Poorest Patients*

(New York: New Press, 2012), 104 (『인체 사냥―세계에서 가장 가난한 환자들을 상대로 벌이는 거대 제약회사의 인체 시험』, 정해영 역, 마티).

35 Pride Chigwedere et al., "Estimating the Lost Benefits of Antiretroviral Drug Use in South Africa," *JAIDS Journal of Acquired Immune Deficiency Syndromes* 49, no. 4 (2008): 410-15.

36 Gregory M. Herek and Eric K. Glunt, "An Epidemic of Stigma: Public Reactions to AIDS," *American Psychologist* 43, no. 11 (1988): 886.

37 Gregory M. Herek, "AIDS and Stigma," *American Behavioral Scientist* 42, no. 7 (1999): 1106-16; Mirko D. Grmek, History of AIDS: *Emergence and Origin of a Modern Pandemic* (Prince ton: Prince ton University Press, 1990); Paul Farmer, "Social Inequalities and *Emerging Infectious Diseases*," *Emerging Infectious Diseases* 2, no. 4 (1996): 259.

38 Edwidge Danticat, "Don't Let New AIDS Study Scapegoat Haitians," *The Progressive*, Nov. 7, 2007.

39 Washer, *Emerging Infectious Diseases*, 131-32.

40 Richard Preston, "West Nile Mystery," *The New Yorker*, Oct. 18, 1999.

41 Ibid.

42 "Chinese Refugees Face SARS Discrimination," CBC News, April 5, 2003; "China Syndrome," *The Economist*, April 10, 2003.

43 "Chinese Refugees Face SARS Discrimination"; "China Syndrome."

44 Chinese Canadian National Council-National Office, "Yellow Peril Revisited: Impact of SARS on the Chinese and Southeast Asian Communities," June 2004.

45 Robert Samuels Morello, "At Rock Creek Park, Harvesting Deer and Hard Feelings," *The Washington Post*, March 30, 2013.

46 "Are Deer the Culprit in Lyme Disease?" *The New York Times*, July 29, 2009.

47 Pam Belluck, "Tick-Borne Illnesses Have Nantucket Considering Some Deer-Based Solutions," *The New York Times*, Sept. 6, 2009.

48 Leslie Lake, "Former Norwalk Man Hunts Deer in New Reality Television Show," *The Hour*, April 21, 2013.

49 Ernesto Londo, "Egypt's Garbage Crisis Bedevils Morsi," *The Washington Post*, Aug. 27, 2012; "Swine Flu Pig Cull Destroys Way of Life for City's Coptic Rubbish Collectors," The Times (London), June 6, 2009; "For Egypt's Christians, Pig Cull Has Lasting Effects," *The Christian Science Monitor*, Sept. 3, 2009; "New Film Reveals the Story of Egyptian Trash Collectors," *Waste & Recycling News*, Jan. 23, 2012; "Copts Between the Rock of Islamism and a Hard Place," *The Times* (London), Nov. 14, 2009; Michael Slackman,

"Belatedly, Egypt Spots Flaws in Wiping Out Pigs," *The New York Times*, Sept. 19, 2009; "President Under Pressure to Solve Cairo's Trash Problems," *The New Zealand Herald*, Sept. 3, 2012.

50 Elisha P. Renne, *The Politics of Polio in Northern Nigeria* (Bloomington: Indiana University Press, 2010), 11, 40.

51 Declan Walsh, "Taliban Block Vaccinations in Pakistan," *The New York Times*, June 18, 2012.

52 Y. Paul and A. Dawson, "Some Ethical Issues Arising From Polio Eradication Programmes in India," *Bioethics* 19, no. 4 (2005): 393-406; Robert Fortner, "Polio in Retreat: New Cases Nearly Eliminated Where Virus Once Flourished," *Scientific American*, Oct. 28, 2010.

53 Declan Walsh, "Polio Crisis Deepens in Pakistan, With New Cases and Killings," *The New York Times*, Nov. 26, 2014.

54 Paul Greenough, "Intimidation, Coercion and Resistance in the Final Stages of the South Asian Smallpox Eradication Campaign, 1973-1975," *Social Science & Medicine* 41, no. 5 (1995): 633-45.

55 Michael Willrich, *Pox: An American History* (New York: Penguin Press, 2011), 118.

56 "How the CIA's Fake Vaccination Campaign Endangers Us All," *Scientific American*, May 3, 2013.

57 "Congo Republic Declares Polio Emergency," *The New York Times*, Nov. 9, 2010, 1-3.

58 WHO Global Alert and Response, "China: WHO Confirmation," Sept. 1, 2011, www.who.int/csr/don/2011_09_01/en/index.html; "WHO: Pakistan Polio Strain in Syria," Radio Free Europe, Nov. 12, 2013.

59 Donald G. McNeil, "Polio's Return After Near Eradication Prompts a Global Health Warning," *The New York Times*, May 5, 2014.

60 Saad B. Omer et al., "Vaccine Refusal, Mandatory Immunization, and the Risks of Vaccine-Preventable Diseases," *The New England Journal of Medicine* 360 (May 7, 2009): 1981-85; "Chinese CDC Admits Vaccine Reactions Cause Paralysis in Chinese Children," The Refusers, Oct. 10, 2013; Greg Poland, "Improving Adult Immunization and the Way of Sophia: A 12-Step Program," International Conference on Emerging Infectious Diseases, March 12, 2012, Atlanta, GA.

61 Warren Jones and Ami Klin, "Attention to Eyes Is Present but in Decline in 2-6 Month-Old Infants Later Diagnosed with Autism," *Nature*, Nov. 6, 2013.

62 Paul A. Offit, "Why Are Pharmaceutical Companies Gradually Abandoning Vaccines?" *Health Affairs*, May 2005.

63 "A Pox on My Child: Cool," *The Washington Post*, Sept. 20, 2005.

64 Omer, "Vaccine Refusal, Mandatory Immunization, and the Risks of Vaccine-Preventable Diseases."

65 Poland, "Improving Adult Immunization and the Way of Sophia."

66 Daniel Salmon et al., "Factors Associated with Refusal of Childhood Vaccines Among Parents of School-Aged Children," *JAMA Pediatrics* 159, no. 5 (May 2005): 470-76.

67 Mike Stobbe, "More Kids Skip School Shots in 8 States," Associated Press, Nov. 28, 2011.

68 CDC, "Notes from the Field: Measles Outbreak-Indiana, June-July 2011"; CDC, "U.S. Multi-State Measles Outbreak 2014-2015"; David Siders et al., "Jerry Brown Signs California Vaccine Bill," *The Sacramento Bee*, June 30, 2015.

69 Pro-MED mail, "Measles Update," Sept. 19, 2011.

70 Philippa Roxby, "Measles Outbreak Warning as Cases Rise in Europe and UK," BBC News, May 13, 2011.

71 Pro-MED mail, "Measles Update."

72 "WHO: Europe Must Act on Measles Outbreak," Dec. 2, 2011, www.telegraph.co.uk.

73 Susana Ferreira, "Cholera Fallout: Can Haitians Sue the U.N. for the epidemic?" *Time*, Dec. 13, 2011.

74 마리오 조제프Mario Joseph와의 인터뷰, 2013년 8월 14일.

75 R. S. Hendriksen et al., "Population Genetics of Vibrio cholerae from Nepal in 2010: Evidence on the Origin of the Haitian Outbreak," *mBio* 2, no. 4 (2011): e00157-11.

7장_치료법

1 Robert A. Phillips, "The Patho-Physiology of Cholera," Bulletin of the World *Health Organization* 28, no. 3 (1963): 297.

2 Delaporte, *Disease and Civilization*, 88, 90.

3 Chambers, *The Conquest of Cholera*, 168.

4 David Wootton, *Bad Medicine: Doctors Doing Harm Since Hippocrates* (New York: Oxford University Press, 2006) (『의학의 진실−의사들은 얼마나 많은 해악을 끼쳤는

가?』, 윤미경 역, 마티).

5   Travis Proulx, Michael Inzlicht, and Eddie Harmon-Jones, "Understanding All Inconsistency Compensation as a Palliative Response to Violated Expectations," *Trends in Cognitive Sciences* 16, no. 5 (2012): 285-91.

6   Thomas S. Kuhn, *The Structure of Scientific Revolutions*, 4th ed. (Chicago: University of Chicago Press, 2012) (『과학혁명의 구조』, 김명자, 홍성욱 역, 까치글방).

7   Wootton, *Bad Medicine*.

8   Ibid.

9   B. A. Foëx, "How the Cholera Epidemic of 1831 Resulted in a New Technique for Fluid Resuscitation," *Emergency Medicine Journal* 20, no. 4 (2003): 316-18.

10   Walter J. Daly and Herbert L. DuPont, "The Controversial and Short-Lived Early Use of Rehydration Therapy for Cholera," *Clinical Infectious Diseases* 47, no. 10 (2008): 1315-19.

11   James Johnson, ed., The Medico-Chirurgical Review, vol. 21, 1832.

12   Daly and DuPont, "The Controversial and Short-Lived Early Use of Rehydration Therapy for Cholera."

13   Anthony R. Mawson, "The Hands of John Snow: Clue to His Untimely Death?" *Journal of Epidemiology & Community Health* 63, no. 6 (2009): 497-99.

14   David E. Lilienfeld, "John Snow: The First Hired Gun?" *American Journal of Epidemiology* 152, no. 1 (2000): 4-9; Johnson, The Ghost Map, 67.

15   Mawson, "The Hands of John Snow."

16   S.W.B. Newsom, "Pioneers in Infection Control: John Snow, Henry Whitehead, the Broad Street Pump, and the Beginnings of Geographical Epidemiology," *The Journal of Hospital Infection* 64, no. 3 (2006): 210-16.

17   Nigel Paneth et al., "A Rivalry of Foulness: Official and Unofficial Investigations of the London Cholera Epidemic of 1854," *American Journal of Public Health* 88, no. 10 (1998): 1545-53.

18   Lilienfeld, "John Snow."

19   Ibid.

20   Mawson, "The Hands of John Snow."

21   Lilienfeld, "John Snow."

22   Richard L. Guerrant, Benedito A. Carneiro-Filho, and Rebecca A. Dillingham, "Cholera, Diarrhea, and Oral Rehydration Therapy: Triumph and Indictment," *Clinical Infectious Diseases* 37, no. 3 (2003): 398-405.

23   Rosenberg, *The Cholera Years*, 184.

24   Porter, *The Greatest Benefit*, 266.

25 John S. Haller, "Samson of the Materia Medica: Medical Theory and the Use and Abuse of Calomel: In Nineteenth Century America," *Pharmacy in History* 13, no. 2 (1971): 67-76.

26 Wootton, *Bad Medicine*.

27 Thomas W. Clarkson, "The Toxicology of Mercury," *Critical Reviews in Clinical Laboratory Sciences* 34, no. 4 (1997): 369-403.

28 B. S. Drasar and D. Forrest, eds., *Cholera and the Ecology of "Vibrio cholerae"* (London: Chapman & Hall, 1996), 55.

29 Stephen Halliday, *The Great Stink: Sir Joseph Bazalgette and the Cleansing of the Victorian Metropolis* (Mount Pleasant, SC: History Press, 2003); Dale H. Porter, *The Life and Times of Sir Goldsworthy Gurney: Gentleman Scientist and Inventor*, 1793-1875 (Bethlehem, PA: Lehigh University Press, 1998).

30 John D. Thompson. "The Great Stench or the Fool's Argument," *The Yale Journal of Biology and Medicine* 64, no. 5 (1991): 529.

31 Halliday, The Great Stink; Johnson, The Ghost Map, 120; Solomon, *Water*, 258.

32 Kuhn, *The Structure of Scientific Revolutions*.

33 Porter, *Greatest Benefit*, 57.

34 데이비드 피슈맨David Fisman의 설명, 2015년 2월 10일.

35 Wootton, *Bad Medicine*.

36 Ibid.

37 Echenberg, *Africa in the Time of Cholera*, 31.

38 Porter, *The Life and Times of Sir Goldsworthy Gurney*.

39 Ibid.

40 Ibid.

41 Thompson, "The Great Stench or the Fool's Argument."

42 Halliday, *The Great Stink*.

43 "Location of Parliaments in the 13th Century," www.parliament.uk.

44 David Boswell Reid, *Ventilation in American Dwellings* (New York: Wiley & Halsted, 1858).

45 Robert Bruegmann, "Central Heating and Forced Ventilation: Origins and Effects on Architectural Design," *Journal of the Society of Architectural Historians* 37, no. 3 (Oct. 1978): 143-60.

46 Thompson, "The Great Stench or the Fool's Argument."

47 Halliday, *The Great Stink*.

48 Porter, *The Life and Times of Sir Goldsworthy Gurney*.

49 Koeppel, *Water for Gotham*, 141.

50 Blake, *Water for the Cities*, 171.

51 Koeppel, *Water for Gotham*, 287.

52 Duffy, *A History of Public Health*, 398, 418.

53 Rosenberg, *The Cholera Years*, 184; Allen, "5 Points Had Good Points."

54 Snowden, *Naples in the Time of Cholera*, 190.

55 Evans, *Death in Hamburg*, 292.

56 Snowden, *Naples in the Time of Cholera*, 69, 100, 190.

57 Evans, *Death in Hamburg*.

58 Nicholas Bakalar, "Milestones in Combating Cholera," *The New York Times*, Oct. 1, 2012.

59 Norman Howard-Jones, "Gelsenkirchen Typhoid Epidemic of 1901, Robert Koch, and the Dead Hand of Max von Pettenkofer," *BMJ* 1, no. 5845 (1973): 103.

60 Alfred S. Evans, "Pettenkofer Revisited: The Life and Contributions of Max von Pettenkofer (1818-1901)," *The Yale Journal of Biology and Medicine* 46, no. 3 (1973): 161; Alfred S. Evans, "Two Errors in Enteric Epidemiology: The Stories of Austin Flint and Max von Pettenkofer," *Review of Infectious Diseases* 7, no. 3 (1985): 434-40.

61 Echenberg, *Africa in the Time of Cholera*, 9.

62 Evans, *Death in Hamburg*, 497-98; Evans, "Two Errors in Enteric Epidemiology"; Christopher Hamlin, *Cholera: The Biography* (New York: Oxford University Press, 2009), 177.

63 Evans, *Death in Hamburg*, 292.

64 Alfredo Morabia, "Epidemiologic Interactions, Complexity, and the Lonesome Death of Max von Pettenkofer," *American Journal of Epidemiology* 166, no. 11 (2007): 1233-38.

65 Melosi, *The Sanitary City*, 94; S. J. Burian et al., "Urban Wastewater Management in the United States: Past, Present, and Future," *Journal of Urban Technology* 7 (2000): 33-62.

66 Ewald, *Evolution of Infectious Disease*, 72-73.

67 Hamlin, *Cholera*, 242.

68 Guerrant, "Cholera, Diarrhea, and Oral Rehydration Therapy."

69 Katherine Harmon, "Can a Vaccine Cure Haiti's Cholera?" *Scientific American*, Jan. 12, 2012.

70 Anwar Huq et al., "Simple Sari Cloth Filtration of Water Is Sustainable and Continues to Protect Villagers from Cholera in Matlab, Bangladesh," *mBio* 1, no. 1 (2010): e00034-10.

71 S. Fannin et al., "A Cluster of Kaposi's Sarcoma and Pneumocystis Carinii Pneumonia Among Homosexual Male Residents of Los Angeles and Range Counties, California," *MMWR* 31, no. 32 (June 18, 1982): 305-307.

72 Charlie Cooper, "Ebola Outbreak: Why Has 'Big Pharma' Failed Deadly Virus' Victims?" *The Independent*, Sept. 7, 2014.

73 Marc H. V. Van Regenmortel, "Reductionism and Complexity in Molecular Biology," *EMBO Reports* 5, no. 11 (2004): 1016.

74 Andrew C. Ahn et al., "The Limits of Reductionism in Medicine: Could Systems Biology Offer an Alternative?" *PLoS Medicine* 3, no. 6 (2006): e208.

75 Laura H. Kahn, "Confronting Zoonoses, Linking Human and Veterinary Medicine," *Emerging Infectious Diseases* 12, no. 4 (2006): 556.

76 Ewan M. Harrison et al., "A Shared Population of Epidemic Methicillin-Resistant *Staphylococcus aureus* 15 Circulates in Humans and Companion Animals," *mBio* 5, no. 3 (2014): e00985-13.

77 Mathieu Albert et al., "Biomedical Scientists' Perception of the Social Sciences in Health Research," *Social Science & Medicine* 66, no. 12 (2008): 2520-31.

78 래리 하리바 박사Larry Hribar와의 인터뷰, 2012년 2월 8일; "More than 1,000 Exposed to Dengue in Florida: CDC," Reuters, July 13, 2010.

8장_바다의 복수

1 Sonia Shah, *Crude: The Story of Oil* (New York: Seven Stories Press, 2004), 161.

2 Environmental Protection Agency, "Climate Change Indicators in the United States: Ocean Heat," Oct. 29, 2014.

3 Rachel Carson, *The Sea Around Us* (New York: Oxford University Press, 1951), ix (『우리를 둘러싼 바다』, 이충호 역, 양철북).

4 Sir Alister Hardy, *Great Waters: A Voyage of Natural History to Study Whales, Plankton, and the Waters of the Southern Ocean* (New York: Harper, 1967).

5 R. R. Colwell, J. Kaper, and S. W. Joseph, "*Vibrio cholerae, Vibrio parahaemolyticus, and Other Vibrios*: Occurrence and Distribution in Chesapeake Bay," Science, 198, no. 4315 (Oct. 28, 1977): 394-96.

6 리타 콜웰과의 인터뷰.

7 Anwar Huq, R. Bradley Sack, and Rita Colwell, "Cholera and Global Ecosystems," in Aron and Patz, *Ecosystem Change and Public Health*, 333.

8 Arnold Taylor, "Plankton and the Gulf Stream," *New Scientist*, March 1991.

9　Huq, Sack, and Colwell, "Cholera and Global Ecosystems," 336; Luigi Vezzulli, Rita R. Colwell, and Carla Pruzzo, "Ocean Warming and Spread of Pathogenic Vibrios in the Aquatic Environment," *Microbial Ecology* 65, no. 4 (2013): 817-25; Graeme C. Hays, Anthony J. Richardson, and Carol Robinson, "Climate Change and Marine Plankton," *Trends in Ecology & Evolution* 20, no. 6 (2005): 337-44; Gregory Beaugrand, Luczak Christophe, and Edwards Martin, "Rapid Biogeographical Plankton Shifts in the North Atlantic Ocean," *Global Change Biology* 15, no. 7 (2009): 1790-1803.

10　William H. McNeill, *Plagues and Peoples* (Garden City, NY: Anchor Press, 1976), 283 (『전염병의 세계사』, 김우영 역, 이산).

11　Oscar Felsenfeld, "Some Observations on the Cholera (El Tor) Epidemic in 1961-62," *Bulletin of the World Health Organization* 28, no. 3 (1963): 289-96.

12　Ibid.

13　Rudolph Hugh, "A Comparison of *Vibrio cholerae Pacini and Vibrio eltor Pribram*," *International Bulletin of Bacteriological Nomenclature and Taxonomy* 15, no. 1 (1965): 61-68.

14　Paul H. Kratoska, ed., *Southeast Asia Colonial History: High Imperialism* (1890s-1930s) (New York: Routledge, 2001).

15　C. E. de Moor, "Paracholera (El Tor): Enteritis Choleriformis El Tor van Loghem," *Bulletin of the World Health Organization* 2 (1949): 5-17.

16　Agus P. Sari et al., "Executive Summary: Indonesia and Climate Change: Working Paper on Current Status and Policies," Department for International Development and the World Bank, March 2007; Bernhard Glaeser and Marion Glaser, "Global Change and Coastal Threats: The Indonesian Case. An Attempt in Multi-Level Social-Ecological Research," *Human Ecology Review* 17, no. 2 (2010); Kathleen Schwerdtner Máñez et al., "Water Scarcity in the Spermonde Archipelago, Sulawesi, Indonesia: Past, Present and Future," *Environmental Science & Policy* 23 (2012): 74-84.

17　Felsenfeld, "Some Observations on the Cholera (El Tor) Epidemic."

18　"Far East Pressing Anti-Cholera Steps," *The New York Times*, Aug. 20, 1961; "Chinese Reds Blame U.S. in Cholera Rise," *The New York Times*, Aug. 19, 1961.

19　C. Sharma et al., "Molecular Evidence That a Distinct *Vibrio cholerae* 01 Biotype El Tor Strain in Calcutta May Have Spread to the African Continent," *Journal of Clinical Microbiology* 36, no. 3 (March 1998): 843-44.

20　Echenberg, *Africa in the Time of Cholera*, 125-27.

21　Oscar Felsenfeld, "Present Status of the El Tor Vibrio Problem," *Bacteriolog-*

413

ical Reviews 28, no. 1 (1964): 72; Colwell, "Global Climate and Infectious Disease."

22 Iván J. Ramírez, Sue C. Grady, and Michael H. Glantz, "Reexamining El Niño and Cholera in Peru: A Climate Affairs Approach," *Weather, Climate, and Society* 5 (2013): 148-61.

23 Bill Manson, "The Ocean Has a Long Memory," *San Diego Reader*, Feb. 12, 1998; Rosa R. Mouriño-Pérez, "Oceanography and the Seventh Cholera Pandemic," *Epidemiology* 9, no. 3 (1998): 355-57.

24 Ramírez, Grady, and Glantz, "Reexamining El Niño and Cholera in Peru"; María Ana Fernández-Álamo and Jaime Färber-Lorda, "Zooplankton and the Oceanography of the Eastern Tropical Pacific: A Review," *Progress in Oceanography* 69, no. 2 (2006): 318-59; Bert Rein et al., "El Niño Variability off Peru During the Last 20,000 Years," *Paleoceanography* 20, no. 4 (2005); Jaime Martinez-Urtaza et al., "Emergence of Asiatic Vibrio Diseases in South America in Phase with El Niño," *Epidemiology* 19, no. 6 (2008): 829-37.

25 Vezzulli, Colwell, and Pruzzo, "Ocean Warming and Spread of Pathogenic Vibrios"; Rafael Montilla et al., "Serogroup Conversion of Vibrio Cholerae non-O1 to Vibrio Cholerae O1: Effect of Growth State of Cells, Temperature, and Salinity," *Canadian Journal of Microbiology* 42, no. 1 (1996): 87-93; Luigi Vezzulli et al., "Dual Role Colonization Factors Connecting *Vibrio cholerae*'s Lifestyles in Human and Aquatic Environments Open New Perspectives for Combating Infectious Diseases," *Current Opinions in Biotechnology* 19 (2008): 254-59.

26 P. R. Epstein, "Algal Blooms in the Spread and Persistence of Cholera," *BioSystems* 31, no. 2 (1993): 209-221; Jeffrey W. Turner et al., "Plankton Composition and Environmental Factors Contribute to Vibrio Seasonality," The *ISME Journal* 3, no. 9 (2009): 1082-92.

27 Connie Lam et al., "Evolution of Seventh Cholera Pandemic and Origin of 1991 Epidemic, Latin America," *Emerging Infectious Diseases* 16, no. 7 (2010): 1130.

28 "Cholera Epidemic Kills 51 in Peru," *The Times* (London), Feb. 11, 1991.

29 Simon Strong, "Peru Minister Quits in Cholera Row," *The Independent*, March 19, 1991; Malcolm Coad, "Peru's Cholera Epidemic Spreads to Its Neighbors," *The Guardian*, April 18, 1991; "Cholera Cases Confirmed Near Border with U.S.," Montreal Gazette, March 18, 1992; William Booth, "Cholera's Mysterious Journey North," *The Washington Post*, Aug. 26, 1991;

"Baywatch Filming Hit by Cholera Alert," London Evening Standard, July 29, 1992; Barbara Turnbull, "Flight Hit by Cholera, 2 Sought in Canada," *Toronto Star*, Feb. 22, 1992; Les Whittington, "Mexico; Traffickers Blamed for Spread of Cholera," *Ottawa Citizen*, Sept. 11, 1991.

30 J. P. Guthmann, "Epidemic Cholera in Latin America: Spread and Routes of Transmission," *The Journal of Tropical Medicine and Hygiene* 98, no. 6 (1995): 419.

31 Jazel Dolores and Karla J. F. Satchell, "Analysis of Vibrio cholerae: Genome Sequences Reveals Unique rtxA Variants in Environmental Strains and an rtxA-Null Mutation in Recent Altered El Tor Isolates," *mBio* 4, no. 2 (2013); Ashrafus Safa, G. Balakrish Nair, and Richard Y. C. Kong, "Evolution of New Variants of Vibrio cholerae O1," *Trends in Microbiology* 18, no. 1 (2010): 46-54.

32 A. K. Siddique et al., "El Tor Cholera with Severe Disease: A New Threat to Asia and Beyond," *Epidemiology and Infection* 138, no. 3 (2010): 347-52.

33 R. Piarroux and B. Faucher, "Cholera Epidemics in 2010: Respective Roles of Environment, Strain Changes, and Human-Driven Dissemination," *Clinical Microbiology and Infection* 18, no. 3 (2012): 231-38.

34 Deborah Jenson et al., "Cholera in Haiti and Other Caribbean Regions, 19th Century," *Emerging Infectious Diseases* 17, no. 11 (Nov. 2011).

35 안와르 후크[Anwar Huq]와의 인터뷰, 2011년 1월 25일.

36 리타 콜웰과의 인터뷰; "The United Nations' Duty in Haiti's Cholera Outbreak," *The Washington Post*, Aug. 11, 2013.

37 Carlos Seas et al., "New Insights on the Emergence of Cholera in Latin America During 1991: the Peruvian Experience," *American Journal of Tropical Medicine and Hygiene* 62, no. 4 (2000): 513-17.

38 Luigi Vezzulli et al., "Long-Term Effects of Ocean Warming on the Prokaryotic Community: Evidence from the Vibrios," *The ISME Journal* 6, no. 1 (2012): 21-30.

39 Peter Andrey Smith, "Sea Sick," *Modern Farmer*, Sept. 11, 2013.

40 Colwell, "Global Climate and Infectious Disease."

41 Alexander, "An Overview of the Epidemiology of Avian Influenza."

42 Drexler, *Secret Agents*, 65.

43 Joan Brunkard, "Climate Change Impacts on Waterborne Diseases Outbreaks," International Conference on Emerging Infectious Diseases, Atlanta, GA, March 12, 2012; Violeta Trinidad Pardío Sedas, "Influence of Environmental Factors on the Presence of *Vibrio cholerae* in the Marine Environment: A Climate Link," *The Journal of Infection in Developing Countries* 1, no. 3 (2007): 224-41.

44   Jonathan E. Soverow et al., "Infectious Disease in a Warming World: How Weather Influenced West Nile Virus in the United States (2001-2005)," *Environmental Health Perspectives* 117, no. 7 (2009): 1049-52.

45   Peter Daszak, "Fostering Advances in Interdisciplinary Climate Science," lecture, Arthur M. Sackler Colloquia of the National Academy of Sciences, Washington, DC, March 31-April 2, 2011.

46   S. Mistry and A. Moreno-Valdez, "Climate Change and Bats: Vampire Bats Offer Clues to the Future," *Bats* 26, no. 2 (Summer 2008).

47   Lars Eisen and Chester G. Moore, "*Aedes (Stegomyia) aegypti* in the Continental United States: a Vector at the Cool Margin of Its Geographic Range," *Journal of Medical Entomology* 50, no. 3 (2013): 467-78; Diana Marcum, "California Residents Cautioned to Look Out for Yellow Fever Mosquito," *Los Angeles Times*, Oct. 20, 2013.

48   D. Roiz et al., "Climatic Factors Driving Invasion of the Tiger Mosquito (*Aedes albopictus*) into New Areas of Trentino, Northern Italy," *PLoS ONE* 6, no. 4 (April 15, 2011): e14800.

49   Laura Jensen, "What Does Climate Change and Deforestation Mean for Lyme Disease in the 21st Century?" Tick Talk, an investigative project on Lyme disease, SUNY New Paltz.

50   Andrew Nikiforuk, "Beetlemania," *New Scientist*, Nov. 5, 2011.

51   M. C. Fisher et al., "Emerging Fungal Threats to Animal, Plant and Ecosystem Health," *Nature* 484 (April 2012): 186-94.

52   Ibid.

53   Arturo Casadevall, "Fungi and the Rise of Mammals," *PLoS Pathogens* 8, no. 8 (2012): e1002808.

54   Arturo Casadevall, "Thoughts on the Origin of Microbial Virulence," International Conference on Emerging Infectious Diseases, Atlanta, GA, March 13, 2012.

55   Letter from Larry Madoff to Pro-MED mail subscribers, June 5, 2012.

56   Fisher, "Emerging Fungal Threats to Animal, Plant and Ecosystem Health."

9장_판데믹의 논리

1   Markus G. Weinbauer and Fereidoun Rassoulzadegan, "Extinction of Mi-

crobes: Evidence and Potential Consequences," *Endangered Species Research* 3, no. 2 (2007): 205-15; Gerard Tortora, Berdelle Funke, and Christine Case, *Microbiology: An Introduction*, 10th ed. (San Francisco: Pearson Education, 2010).

2   Kat McGowan, "How Life Made the Leap from Single Cells to Multicellular Animals," *Wired*, Aug. 1, 2014.

3   재채기하는 사람이나 수두 병변이 있는 사람의 사진을 본 피험자에게서 채취한 혈액 표본이 권총이나 가구 사진을 본 피험자에게서 채취한 혈액 표본보다 인터류킨-6가 23.6% 더 많았다. C. L. Fincher and R. Thornhill, "Parasite-Stress Promotes In-Group Assortative Sociality: The Cases of Strong Family Ties and Heightened Religiosity," *Behavioral and Brain Sciences* 35, no. 2 (2012): 61-79.

4   Sabra L. Klein and Randy J. Nelson, "Influence of Social Factors on Immune Function and Reproduction," *Reviews of Reproduction* 4, no. 3 (1999): 168-78.

5   Matt Ridley, *The Red Queen: Sex and the Evolution of Human Nature* (New York: Macmillan, 1994), 80 (『붉은 여왕―인간과 성의 진화에 숨겨진 비밀』, 김윤택 역, 김영사).

6   Michael A. Brockhurst, "Sex, Death, and the Red Queen," *Science*, July 8, 2011.

7   Makoto Takeo et al., "Wnt Activation in Nail Epithelium Couples Nail Growth to Digit Regeneration," *Nature* 499, no. 7457 (2013): 228-32.

8   Joshua Mitteldorf, "Evolutionary Origins of Aging," in Gregory M. Fahy et al., eds., *The Future of Aging: Pathways to Human Life Extension* (Dordrecht: Springer, 2010).

9   Jerome Wodinsky, "Hormonal Inhibition of Feeding and Death in Octopus: Control by Optic Gland Secretion," *Science* 198, no. 4320 (1977): 948-51.

10 Valter D. Longo, Joshua Mitteldorf, and Vladimir P. Skulachev, "Programmed and Altruistic Ageing," *Nature Reviews Genetics* 6, no. 11 (2005): 866-72.

11 조슈아 미텔도르프Joshua Mitteldorf와의 인터뷰, 2015년 2월 4일.

12 Catherine Clabby, "A Magic Number? An Australian Team Says It Has Figured Out the Minimum Viable Population for Mammals, Reptiles, Birds, Plants and the Rest," *American Scientist* 98 (2010): 24-25.

13 Curtis H. Flather et al., "Minimum Viable Populations: Is There a 'Magic Number' for Conservation Practitioners?" *Trends in Ecology & Evolution* 26, no. 6 (2011): 307-16.

14 적응 노화 이론에 따르면, 자살 유전자는 개인보다는 집단에 더 잘 적응한다. 소위 집단 선택이 일어나는 정교한 진화 메커니즘은 명확하게 밝혀지지 않았다. Joshua Mitteldorf and John Pepper, "Senescence as an Adaptation to Limit the Spread of Disease," *Journal of Theoretical Biology* 260, no. 2 (2009): 186-95.

15 Diogo Meyer and Glenys Thomson, "How Selection Shapes Variation of the Human Major Histocompatibility Complex: A Review," *Annals of Human Genetics* 65, no. 1 (2001): 1-26.

16 글레니스 톰슨Glenys Thomson과의 인터뷰, 2015년 2월 6일; Meyer and Thomson, "How Selection Shapes Variation of the Human Major Histocompatibility Complex."

17 Ajit Varki, "Human-Specific Changes in Siglec Genes," video lecture, CARTA: The Genetics of Humanness, April 9, 2011; Darius Ghaderi et al., "Sexual Selection by Female Immunity Against Paternal Antigens Can Fix Loss of Function Alleles," *Proceedings of the National Academy of Sciences* 108, no. 43 (2011): 17743-48.

18 Alasdair Wilkins, "How Sugar Molecules Secretly Shaped Human Evolution," io9, Oct. 10, 2011.

19 아지트 바르키Ajit Varki와의 인터뷰, 2015년 2월 9일; Bruce Lieberman, "Human Evolution: Details of Being Human," *Nature*, July 2, 2008.

20 Kenneth D. Beaman et al., "Immune Etiology of Recurrent Pregnancy Loss and Its Diagnosis," *American Journal of Reproductive Immunology* 67, no. 4 (2012): 319-25.

21 Annie N. Samraj et al., "A Red Meat-Derived Glycan Promotes Inflammation and Cancer Progression," *Proceedings of the National Academy of Sciences* 112, no. 2 (2015): 542-47.

22 F. B. Piel et al., "Global Epidemiology of Sickle Haemoglobin in Neonates: A Contemporary Geostatistical Model-Based Map and Population Estimates," *The Lancet* 381, no. 9861 (Jan. 2013): 142-51.

23 Elinor K. Karlsson, Dominic P. Kwiatkowski, and Pardis C. Sabeti, "Natural Selection and Infectious Disease in Human Populations," *Nature Reviews Genetics* 15, no. 6 (2014): 379-93.

24 David J. Anstee, "The Relationship Between Blood Groups and Disease," *Blood* 115, no. 23 (2010): 4635-43.

25 Karlsson, Kwiatkowski, and Sabeti, "Natural Selection and Infectious Disease in Human Populations."

26 Anstee, "The Relationship Between Blood Groups and Disease."

27 Gregory Demas and Randy Nelson, eds., *Ecoimmunology* (New York: Oxford University Press, 2012), 234.

28 Meyer and Thomson, "How Selection Shapes Variation of the Human Major Histocompatibility Complex."

29 Fincher and Thornhill, "Parasite-Stress Promotes In-Group Assortative Sociality."

30 McNeill, *Plagues and Peoples*, 91-92.

31 Fincher and Thornhill, "Parasite-Stress Promotes In-Group Assortative Sociality."

32 E. Cashdan, "Ethnic Diversity and Its Environmental Determinants: Effects of Climate, Pathogens, and Habitat Diversity," *American Anthropologist* 103 (2001): 968-91.

33 Carlos David Navarrete and Daniel M. T. Fessler, "Disease Avoidance and Ethnocentrism: The Effects of Disease Vulnerability and Disgust Sensitivity on Intergroup Attitudes," *Evolution and Human Behavior* 27, no. 4 (2006): 270-82.

34 Andrew Spielman and Michael d'Antonio, *Mosquito: The Story of Man's Deadliest Foe* (New York: Hyperion, 2002), 49 (『모기-인류 최대의 적』, 이동규 역, 해바라기).

35 Diamond, *Guns, Germs, and Steel*, 210-11.

36 Sonia Shah, *The Fever: How Malaria Has Ruled Humankind for 500,000 Years* (New York: Farrar, Straus and Giroux, 2010), 41-43.

37 R. Thornhill and S. W. Gangestad, "Facial Sexual Dimorphism, Developmental Stability and Susceptibility to Disease in Men and Women," *Evolution and Human Behavior* 27 (2006): 131-44.

38 A. Booth and J. Dabbs, "Testosterone and Men's Marriages," *Social Forces* 72 (1993): 463-77.

39 Anthony C. Little, Lisa M. DeBruine, and Benedict C. Jones, "Exposure to Visual Cues of Pathogen Contagion Changes Preferences for Masculinity and Symmetry in Opposite-Sex Faces," *Proceedings of the Royal Society B: Biological Sciences* 278, no. 1714 (2011): 2032-39.

40 Meyer and Thomson, "How Selection Shapes Variation of the Human Major Histocompatibility Complex."

41 Margaret McFall-Ngai et al., "Animals in a Bacterial World, a New Imperative for the Life Sciences," *Proceedings of the National Academy of Sciences* 110, no. 9 (2013): 3229-36; Gerard Eberl, "A New Vision of Immunity: Homeostasis of the Superorganism," *Mucosal Immunology* 3, no. 5 (2010): 450-60.

42 John F. Cryan and Timothy G. Dinan, "Mind-Altering Microorganisms: The Impact of the Gut Microbiota on Brain and Behaviour," *Nature Reviews Neuroscience* 13, no. 10 (2012): 701-12.

43 McGowan, "How Life Made the Leap from Single Cells to Multicellular Animals."

44 F. Prugnolle et al., "Pathogen-Driven Selection and Worldwide HLA Class I Diversity," *Current Biology* 15 (2005): 1022-27.

45 Kenneth Miller, "Archaeologists Find Earliest Evidence of Humans Cooking with Fire," *Discover*, May 2013.

46 Christopher Sandom et al., "Global Late Quaternary Megafauna Extinctions Linked to Humans, Not Climate Change," *Proceedings of the Royal Society B: Biological Sciences* 281, no. 1787 (June 4, 2014).

10장_새로운 전염병을 추적하며

1 Saeed Ahmed and Dorrine Mendoza, "Ebola Hysteria: An Epic, Epidemic Overreaction," CNN, Oct. 20, 2014.

2 Reuters, "Kentucky Teacher Resigns Amid Parents' Ebola Fears: Report," *The Huffington Post*, Nov. 3, 2014; Olga Khazan, "The Psychology of Irrational Fear," *The Atlantic*, Oct. 31, 2014; Amanda Terkel, "Oklahoma Teacher Will Have to Quarantine Herself After Trip to Ebola-free Rwanda," *The Huffington Post*, Oct. 28, 2014; Amanda Cuda and John Burgeson, "Milford Girl in Ebola Scare Wants to Return to School," www.CTPost.com, Oct. 30, 2014.

3 Matt Byrne, "Maine School Board Puts Teacher on Leave After She Traveled to Dallas," *Portland Press Herald*, Oct. 17, 2014.

4 Ahmed and Mendoza, "Ebola Hysteria"; CDC, "It's Turkey Time: Safely Prepare Your Holiday Meal," Nov. 25, 2014.

5 Khazan, "The Psychology of Irrational Fear."

6 Jere Longman, "Africa Cup Disrupted by Ebola Concerns," *The New York Times*, Nov. 11, 2014; "The Ignorance Epidemic," *The Economist*, Nov. 15, 2014.

7 Eyder Peralta, "Health Care Worker on Cruise Ship Tests Negative for Ebola," NPR, Oct. 19, 2014.

8 "'Ebola' Coffee Cup Puts Plane on Lockdown at Dublin Airport," RT.com, Oct. 30, 2014.

9   "Ottawa's Ebola Overkill," *The Globe and Mail*, Nov. 3, 2014.

10 Drew Hinshaw and Jacob Bunge, "U.S. Buys Up Ebola Gear, Leaving Little for Africa," *The Wall Street Journal*, Nov. 25, 2014.

11 Katie Helper, "More Americans Have Been Married to Kim Kardashian than Have Died from Ebola," *Raw Story*, Oct. 22, 2014.

12 H. Rhee and D. J. Cameron, "Lyme Disease and Pediatric Autoimmune Neuropsychiatric Disorders Associated with Streptococcal Infections (PANDAS): An Overview," *International Journal of General Medicine* 5 (2012): 163-74.

13 Jennifer Newman, "Local Lyme Impacts Outdoor Groups and Business-es," and Zameena Mejia, "On the Trail of De-Railing Lyme," Tick Talk, State University of New York at New Paltz, 2014.

14 Maria G. Guzman, Mayling Alvarez, and Scott B. Halstead, "Secondary Infection as a Risk Factor for Dengue Hemorrhagic Fever/Dengue Shock Syndrome: An Historical Perspective and Role of Antibody-Dependent Enhancement of Infection," *Archives of Virology* 158, no. 7 (2013): 1445-59; "Dengue," CDC website, June 9, 2014.

15 Sean Kinney, "CDC Errs in Levels of Dengue Cases in Key West," *Florida Keys Keynoter*, July 17, 2010.

16 Sean Kinney, "CDC Stands by Key West Dengue-Fever Report," *Florida Keys Keynoter*, July 28, 2010.

17 Denise Grady and Catharine Skipp, "Dengue Fever? What About It, Key West Says," *The New York Times*, July 24, 2010.

18 Bob LaMendola, "Broward Woman Gets Dengue Fever on Key West Trip," *Sun-Sentinel*, July 30, 2010.

19 "Woman in Florida Diagnosed with Cholera," CNN, Nov. 17, 2010; "Chol-era, Diarrhea and Dysentery Update 2011 (23): Haiti, Dominican Repub-lic," ProMED, July 26, 2011; Juan Tamayo, "Cholera Reportedly Kills 15, Sickens Hundreds in Eastern Cuba," *The Miami Herald*, July 6, 2012; Fox News Latino, "Puerto Rico: Cholera, After Affecting Haiti and Dominican Republic, Hits Island," July 5, 2011; "Shanty Towns and Cholera," editori-al, *The Freeport News*, Nov. 15, 2012.

20 "Why Pandemic Disease and War are So Similar," *The Economist*, March 28, 2015.

21 Deborah A. Adams et al., "Summary of Notifiable Diseases-United States, 2011," *MMWR* 60, no. 53 (July 5, 2013): 1-117.

22 Stephen S. Morse, "Public Health Surveillance and Infectious Disease

Detection," *Biosecurity and Bioterrorism* 10, no. 1 (2012): 6-16.

23   Baize, "Emergence of Zaire Ebola Virus Disease in Guinea."

24   Norimitsu Onishi, "Empty Ebola Clinics in Liberia Are Seen as Misstep in US Relief Effort," *The New York Times*, April 11, 2015.

25   레오 푼Leo Poon과의 인터뷰, 2012년 1월, 홍콩.

26   Karen J. Monaghan, "SARS: Down but Still a Threat," in Institute of Medicine, *Learning from SARS: Preparing for the Next Disease Outbreak* (Washington, DC: National Academies Press, 2004), 255.

27   Erin Place, "In Light of EEE Death, County Opts to Spray," *The Palladium-Times*, Aug. 16, 2011.

28   이반 게이튼Ivan Gayton과의 인터뷰, 2014년 6월 26일.

29   Aleszu Bajak, "Asian Tiger Mosquito Could Expand Painful Caribbean Virus into U.S.," *Scientific American*, Aug. 12, 2014; Pan American Health Organization, "Chikungunya: A New Virus in the Region of the Americas," July 8, 2014.

30   Charles Kenny, "The Ebola Outbreak Shows Why the Global Health System Is Broken," *BusinessWeek*, Aug. 11, 2014; Kus, "New Delhi Metal-lo-ss-lactamase-1"; 말릭 페이리스와의 인터뷰; Davis, *The Monster at Our Door*, 112.

31   레오 푼과의 인터뷰.

32   USAID, "Emerging Pandemic Threats: Program Overview," June 2010.

33   Martin Cetron, "Clinician-Based Surveillance Networks Utilizing Travelers as Sentinels for Emerging Infectious Diseases," International Conference on Emerging Infectious Diseases, Atlanta, GA, March 13, 2012.

34   제임스 윌슨James Wilson과의 인터뷰, 2013년 7월 31일; Wolfe, The Viral Storm, 213; Rodrique Ngowi, "US Bots Flagged Ebola Before Outbreak Announced," Associated Press, Aug. 9, 2014.

35   제임스 윌슨과의 인터뷰; Wolfe, The Viral Storm, 195, 213; Ngowi, "US Bots Flagged Ebola Before Outbreak Announced"; David Braun, "Anatomy of the Discovery of the Deadly Bas-Congo Virus," *National Geographic*, Sept. 27, 2012.

36   Gina Kolata, "The New Generation of Microbe Hunters," *The New York Times*, Aug. 29, 2011; Jan Semenza, "The Impact of Economic Crises on Communicable Diseases," International Conference on Emerging Infectious Diseases, Atlanta, GA, March 12, 2012.

37   Larry Brilliant, "My Wish: Help Me Stop Pandemics," TED, Feb. 2006.

38   피터 다스작과의 인터뷰.

PANDEMIC

39 Walsh, "Emerging Carbapenemases."

40 Alex Whiting, "New Pandemic Insurance to Prevent Crises Through Early Payouts," Reuters, March 26, 2015.

41 제임스 윌슨과의 인터뷰.

42 Christopher Joyce, "Cellphones Could Help Doctors Stay Ahead of an Epidemic," Shots, NPR's Health Blog, Aug. 31, 2011.

43 Pan American Health Organization, "Epidemiological Update: Cholera," March 20, 2014.

44 벨르 엉쓰는 제대로 관리되지 않는 원조 사업으로 곤란을 겪고 있는 유일한 곳이 아니다. 온 나라가 그러한 사업으로 어지럽혀 있다. 2012년 실시된 한 조사에 따르면 원조 단체에 의해 아이티에 설치된 우물(대부분 제대로 관리되고 있지 않다) 가운데 3분의 2 이상이 분변 세균에 오염되었다. 필자는 아이티의 수도인 포르토프랭스로 돌아와서 한 영국인 청년을 만났는데, 그는 자신의 신탁 자금을 활용해서 지역 학교에 화장실을 설치하고 있다고 자랑스럽게 말했다. 그러나 현재 진행 중인 콜레라 유행과 아이티 사람들이 생활환경 속에서 분변 오염에 주기적으로 노출되고 있다는 명백한 현실에도 불구하고 그는 화장실에서 나온 오물을 어디에서 처리할 것인지를 전혀 고려하지 않았다. 내가 묻자 그는 잠시 뜸을 들이더니 이렇게 말했다. "강이 되겠죠, 다른 사람들도 다들 그러는 걸요!" Jocelyn M. Widmer et al., "Water-Related Infrastructure in a Region of Post-Earthquake Haiti: High Levels of Fecal Contamination and Need for Ongoing Monitoring," *The American Journal of Tropical Medicine and Hygiene* 91, no. 4 (Oct. 2014): 790-97 참조.

423

PANDEMIC
바이러스의 위협

콜레라에서 에볼라까지, 그리고 그 이후

초판 1쇄 발행 2017년 6월 15일

지은이 소니아 샤
옮긴이 정해영
펴낸이 박정희

책임편집 양송희 편집 이주연, 이성목 디자인 하주연, 이지선
관리 유승호, 양소연 마케팅 김범수, 이광택 웹서비스 백윤경, 김설희

펴낸곳 도서출판 나눔의집
등록번호 제25100-1998-000031호
등록일자 1998년 7월 30일

주소 서울시 금천구 디지털로9길 68, 1105호(가산동, 대륭포스트타워 5차)
대표전화 1688-4604 팩스 02-2624-4240
홈페이지 www.ncbook.co.kr / www.issuensight.com
ISBN 978-89-5810-361-5(03470)

이 도서의 국립중앙도서관 출판예정도서목록(CIP)은 서지정보유통지원시스템 홈페이지
(http://seoji.nl.go.kr)와 국가자료공동목록시스템(http://www.nl.go.kr/kolisnet)에서
이용하실 수 있습니다. (CIP제어번호: CIP2017011922)

- 책값은 뒤표지에 있습니다.
- 잘못된 도서는 구입하신 서점에서 교환해 드립니다.